浙江名茶图志

罗列万 主编

中国农业科学技术出版社

图书在版编目（CIP）数据

浙江名茶图志/罗列万主编．—北京：中国农业科学技术出版社，2021.4

ISBN 978-7-5116-5145-7

Ⅰ.①浙… Ⅱ.①罗… Ⅲ.①茶叶－浙江－图集 Ⅳ.①S571.1-64

中国版本图书馆CIP数据核字（2021）第019308号

责任编辑 闫庆健　马维玲
责任校对 马广洋
责任印制 姜义伟　王思文
出 版 者 中国农业科学技术出版社
北京市中关村南大街12号　邮编：100081
电　　话 （010）82106639（编辑室）（010）82109704（发行部）
传　　真 （010）82106639
网　　址 http：//www.castp.cn
经 销 者 各地新华书店
印 刷 者 北京地大彩印有限公司
开　　本 710mm×1000mm　1/16
印　　张 21.75
字　　数 402千字
版　　次 2021年4月第1版　2021年4月第1次印刷
定　　价 198.00元

《浙江名茶图志》

编 委 会

主　　任　王岳钧

副 主 任　徐云焕

编　　委　徐云焕　罗列万　阮浩耕

主　　编　罗列万

副 主 编　冯海强　金　晶

参编人员　阮浩耕　申屠姣　韩　震　孙淑娟

柳丽萍　李腊梅　罗文文　顾冬珍

余玲静　林　雨　马军辉　官少辉

胡　双　马亚平

序

“待到春风二三月，石炉敲火试新茶。”古往今来，茶之于中国人，既是“柴米油盐酱醋茶”的烟火气，更是“琴棋书画诗酒茶”的阳春雪，是生活、是文化、是图腾、是情怀，是中国人的“滋味”。

世界茶乡看浙江。浙江地处东海之滨，属于典型的亚热带季风气候。这里四季分明、雨量充沛、空气湿润，境内丘陵起伏、溪谷遍布、林木繁多、土壤肥沃，生态条件十分适宜茶树种植，被誉为“丝茶之府”“中国茶都”。据史料记载，浙江名茶始于两汉、兴于唐宋、盛于明清，在漫长岁月的演变和发展中，茶树栽培技术不断改进，制茶工艺日臻完善，涌现出了以“西湖龙井”等为代表的一大批享誉海内外的茶叶名品。改革开放后，浙江率全国之先发展名优茶产业，成功走出了一条精品茶业、效益茶业、人文茶业的发展路子，不仅再续了浙江名茶的辉煌历史，也为中国茶产业的高质量发展提供了“浙江经验”。

“浙”里名茶荟萃。掀开历史的帷幕，“浙”里名茶承载了半部中国茶史：有名冠中国十大名茶之首的“绿茶皇后”西湖龙井；散发“浙江第一缕茶香”的永嘉乌牛早；培育了唐代贡茶文化的顾渚紫笋；被誉为炒青绿茶鼻祖的平水日铸茶；传承千年、久享盛誉的雁荡毛峰；千年惠明、百年名茶的金奖惠明；兴于唐、盛于宋，形成独特茶文化的径山茶；《茶经》记载、“因立莫祀，获大名焉”的瀑布仙茗；唐负盛名、明朝称贡的婺州东白；浙江红茶之首的九曲红梅等。

“浙”里茶技高超。在恢复发展历史名茶的进程中，茶叶科技人员依据地域优势与生态禀赋，以好喝为标准反复试制经典茶品，一款款创新名茶应运而生。它们形状各异，滋味丰富，香气高远，更包罗了针形、扁形、卷曲形、条索形等多种外形，各具特色：有致力茶叶深度开发、三产融合的绿剑茶；茶叶从“圆”改“扁”、声名鹊起的大佛龙井；特色鲜明、品质优异的泰顺三杯香；赋能再造、转型升级的武阳春雨；颗粒型绿茶代表羊岩勾青等。

“浙”里品牌响亮。在历史名茶与创新名茶的培育中，浙江坚持“一个公共品牌、一套管理制度、一套标准体系、多个经营主体和产品”发展模式，大力推进山川地理相近、人文历史相通的茶品牌整合重塑，加快建立健全品牌运行管理制度，强化商标使用管理和保护工作，打造了龙井茶、安吉白茶、开化龙顶、平阳黄汤等一大批叫得响的区域公用品牌，有力提高了浙江茶产业的竞争力。

“浙”里“六茶共舞”。如今在浙江，茶已不仅仅是一个产业，亦或是一张地方名片，更成为一种文化现象。浙江各地在深挖历史文化、弘扬地域文化、发挥资源优势中，将万千气象融入一片茶叶中，形成极具地方特色的农特精品。随着茶旅融合、乡村旅游的兴起，茶区变景区、茶园变公园、茶山变金山，喝茶、饮茶、吃茶、用茶、玩茶、事茶“六茶共舞”，“一片叶子富了一方百姓”的传奇正在持续上演。

由浙江省农业农村厅茶叶首席专家罗列万领衔编著的《浙江名茶图志》，全面翔实地载录了截至2018年浙江省境内具有一定生产规模及品牌影响力的名茶。全书图文并茂、内容丰富，寓文化性、知识性、趣味性于一体，集中展现了浙江省名茶荟萃的独特风采，是研究浙江茶产业和茶文化发展的重要参考书，对推动浙江名茶知识普及与品鉴、传播弘扬浙江茶文化、促进浙江茶产业振兴和茶文化繁荣将起到积极的作用。

是为序！

王通林

Mulu 目录

第一章　史录名茶

第二章　获奖名茶

第三章 龙井茶

第四章　名茶选介

第一章 史录名茶

名茶是指有一定知名度的好茶，通常具有独特的外形、优异的色香味品质。名茶的形成，往往有一定的历史渊源或一定的人文地理条件，除外界因素外，往往栽种的茶树品种优良，栽培管理较好，有一定的采摘标准，制茶工艺专一、独特，再加上茶界“能工巧匠”和制茶工艺师的创造性发挥。

浙江素有“鱼米之乡”“丝茶之府”之称，名茶历史源远流长。早在公元前5世纪，浙江就设有专业贡茶的御茶园。后经唐、宋、元、明、清的发

展，涌现出以“西湖龙井”为代表的一批誉享天下的茶叶名品。

浙江历史名茶众多，由于古代社会的生产发展极其缓慢，又受到文化、交通、通信等社会条件的限制，以及随着时代推移、社会变迁、技艺进步，其中部分名茶已湮没在历史长河中，仅能从历史文献中窥见一些踪影。经查找地方志及有关文献，本章将汉至民国期间的部分名茶以出现时间为序分别辑录，其中汉至唐前3种、唐至五代6种、宋代44种、元代4种、明代14种、清代及民国44种，共115种名茶。

第一节　汉至唐前

一、天台茶（天台大茗）

嘉定《赤城志》卷第二十一《山水门三》记天台："瀑布山在县西四十里……其山出奇茗。"

汉《天台记》："丹丘出大茗，服之生羽翼。"（原书佚，转引自《太平御览》卷八六七）丹丘，古指天台山。

唐陆羽《茶经·八之出》："浙东，以越州上，明州、婺州次，台州下。台州，始丰县生赤城山者，与歙州同。"

天台茶在宋代分紫凝、魏岭和小溪三品。

二、盖竹山茶（园茗）

相传始于东汉时葛玄仙翁。

南宋嘉定《赤城志》卷第十九《山水门》："盖竹山，在县南三十里……有竹如盖，故以为名。抱朴子云：此山可合神丹。有仙翁茶园，旧传葛玄（元）植茗于此"。

乾隆《浙江通志》卷一百五《物产》："园茗，盖竹山有仙翁茶园，相传葛玄植茗于此。"卷四十六《古迹·台州府》："茶园《云笈七签》：临海盖竹山，旧传葛元植茗于此，结庐而居焉。"

《临海文物志》载盖竹洞碑记："旧传东汉时，有陈仲林与许道居、尹林子、赵叔道三人居山得道，吴葛孝先尝营精舍，至今有仙翁茶园，及礼斗坛故址。"

三、温山御荈

晋及南北朝时湖州名茶。

南朝宋（公元420—479年）山谦之《吴兴记》："乌程温山，县西北二十里，出御荈。"温山，即今白雀与龙溪交界的弁山。陆羽《茶经·七之事》亦有引录："乌程县西二十里有温山，出御荈。"

明徐献忠《吴兴掌故集》在《山墟类》里另有一说："《茶谱》谓初生曰茶，既长曰荈。此当是常茶，非紫笋类也。然乌程自来无上供之茶，或御字有讹。"

当代吴觉农在《茶经述评》中谓："孙皓被封为乌程侯的乌程，是我国较早的茶产地。据南朝宋山谦之《吴兴记》记载：'乌程县西二十里有温山，生御荈。'一般认为，温山所出的御荈，可以上溯到孙皓被封为乌程侯的年代，并且还有当时已设有御茶园的推断。”

第二节　唐至五代

一、建德细茶（睦州细茶）

唐代睦州名茶。

《新唐书》卷四十一《地理志》：“睦州新定郡……天宝元年（742年）更郡名，土贡文绫、簟、白石英、银花、细茶。”

二、明州（禅）茶

唐代鄞州名茶。

唐陆羽《茶经》：“浙东以越州上，明州（明州鄮县生榆荚村名茶），婺州次……”。

根据宁波鄞县《金峨寺志》载，唐代高僧百丈怀海禅师是该寺的开山祖，制定了《百丈清规》。其中“赴茶”条：“方丈四节将为首座大众茶，库司四节将为大众首座大众茶、旦望巡堂茶、方丈点行堂茶等……”。其“清新住持”文中有“鸣僧堂中集众门……讲茶汤礼。法堂设两鼓，居东北者称‘法鼓’，居西北角者称‘茶鼓’，讲座说法擂法鼓，集众饮茶敲茶鼓。在寺院里设有‘打茶’，多至‘行茶四五匝’借以清心提神。”茶会成为佛事活动的内容。当时的天童禅寺、阿育王寺等名寺，不但有专门生产茶的茶园（场），而且寺院中佛茶一体交融极盛。

到宋代天童寺等寺院中，已形成一套肃穆庄严的寺院茶礼和茶宴。

清代还有乾隆年间《鄞县志》记天童寺禅茶诗一首：“太白尖茶晚发枪，濛濛云气过兰香。里人哪得轻沾味，只许山僧自在尝。”

三、永嘉白茶

唐代永嘉名茶。

唐陆羽《茶经·七之事》：“《永嘉图经》：永嘉县东三百里有白茶山。”

清乾隆《浙江通志》卷二十一《山川》，引录《茶经》所载。

清光绪《永嘉县志》卷二《叙山》：“茶山，在城东南二十五里，大罗山之支（谨按:《通志》载白茶山。《茶经·永嘉图经》：县东三百里，有白茶山。而里数不合，旧府县志亦未载，附识俟考）。一名五美园山（在十二都，产茶。巅有龙潭，其水不涸），有五美园岭。”

四、明月峡茶

唐代湖州名茶。

唐诗人张文规《吴兴三绝》诗有云:“蘋洲须觉池沼俗，苎布直胜罗纨轻。清风楼下草初出，明月峡中茶始生。吴兴三绝不可舍，劝子强为吴会行。”

明徐献忠《吴兴掌故集·山墟类》:“明月峡，与顾渚联属，绝壁峭立于大涧中流，乱石飞走，茶生其间者，尤为绝品。张文规所谓‘明月峡中茶始生’是也。”此后，明陈耀文《天中记》、清乾隆《浙江通志》等都有相同记述。

五、青岘啄木茶

唐代湖州名茶。

唐陆羽《茶经·八之出》:“浙西，以湖州上……生凤亭山伏翼阁飞云、曲水二寺、啄木岭，与寿州、常州同。”

明徐献忠《吴兴掌故集·山墟类》:“青岘山，(县)西六十里，多生竹箬，终冬常青。《茶经》谓啄木青岘茶，味与寿州同。啄木岭，(县)西北六十里，山多啄木鸟。唐时吴兴、毗陵二守造茶，会宴于此，有境会亭。白居易《夜闻贾常州崔湖州茶山境会想羡欢宴因寄此诗》。”

清乾隆《长兴县志》卷三《山》:“青岘山，在县治西六十里，高百丈，周二十里。《吴兴掌故》：多生箭竹，霜雪不凋。《县志》：陆羽云，青岘、竹(啄)木二山，茶味与寿州同。”

六、剡茶

唐代剡县(今嵊州市)名茶。

唐诗僧皎然有多首称道剡茶诗。《饮茶歌诮崔石使君》称:“越人遗我剡溪茗，采得金芽爨金鼎。素瓷雪色缥沫香，何似诸仙琼蕊浆。”《送许丞还洛阳》云:“剡茗情来亦好斟，空门一别肯沾襟。”《送李丞使宣州》有句:“聊持剡山茗，以代宜城醑。”

第三节 宋 代

一、宝云茶

宋代杭州名茶。

南宋咸淳《临安志》卷五十八《物产》:“茶，钱塘宝云庵产者名宝云茶。”

清翟灏《湖山便览》卷四《宝云山》:“宝云山在葛岭左，东北与巾子峰接，亦称宝山茶坞。宋《图经》载，杭州之茶，唯此与香林、白云所产入贡，余不与焉。王令《谢张和仲惠宝云茶》：故人有意真怜我，灵荈封题寄荜门。与疗文园消渴病，还招楚客独醒魂。烹来似带吴云脚，摘处应无谷雨痕。果肯同尝竹林下，寒泉犹有惠山存。张芬《宝云茶坞》：宝云楼阁入云平，宝云山茶玉辗轻。山女采茶不归去，杏花深处是清明。"

二、香林茶

宋代杭州名茶。

南宋淳佑《临安志》卷九《香林洞》："下天竺岩下，石洞深窈，可通往来，名曰香林洞。慈云法师有诗：'天竺出草茶，因号香林茶。'其洞与香桂林相近。"

南宋咸淳《临安志》卷五十八《物产》："茶，下天竺香林洞产者名香林茶。"

清翟灏《湖山便览》卷六《香林洞》："在法镜寺后，一称香桂林，其山即飞来峰之阳也。《临安志》云：下竺岩下石洞，通人往来。产茶，号香林茶。"

三、白云茶

宋代杭州名茶。

南宋淳佑《临安志》卷八《白云峰》："上天竺山后最高处，谓之白云峰。于是寺僧建堂其下，谓之白云堂。山中出茶，因谓之白云茶。"

南宋咸淳《临安志》卷五十八《物产》："茶，上天竺白云峰产者名白云茶。"

清翟灏《湖山便览》卷六《白云峰》："法喜寺主山也。相传寺始创时，人人远瞩，常有白云俨如幢盖覆其上，故名。出茶，与香林、宝云并称佳品。林君复有'白云峰下两枪新'句。"

四、垂云茶

宋代杭州名茶。

南宋咸淳《临安志》卷五十八《货之品·茶》："宝严院垂云亭亦产茶。东坡有《怡然以垂云新茶见饷报以大龙团戏作小诗》：妙供来香积，珍烹具大官。拣芽分雀舌，赐茗出龙团。《湖山便览》卷四《宝严院》：在葛岭后，后唐天成二年（公元927年）钱氏建，名垂云，宋治平二年（公元1065年）改额。"

五、萧山茗山茶

宋代萧山名茶。

南宋王十朋《会稽三赋》中《会稽风俗赋》："日铸雪芽，卧龙瑞草。瀑岭称仙，茗山斗好。”

南宋嘉泰《会稽志》卷九《山》：“茗山，在县西三里，多茗，下有二塘。”

清乾隆《浙江通志》卷一百四《物产四》：“茗山茶，《名胜志》：萧山县茗山产佳茗。”

六、西庵茶

宋代杭州名茶。

苏轼贬黄州（治今湖北黄冈市），杭州故人寄赠。有诗《杭州故人信至齐安》曰：“更将西庵茶，劝我洗江瘴。”

七、黄岭御茶

宋代於潜（今属临安）名茶。

南宋咸淳《临安志》卷二十八《岭》：“黄岭，在县西二十里地，出黄白枇杷，亦间生佳茗。”

清康熙《临安县志》卷一《山川》：“黄岭山，每年额贡御茶二十斤①，系庆仙乡二图黄岭地方办解。嗣因奉东新西二里亦产茶，贴近黄岭东南，庆仙人旁采越岭，以致争竞构讼。康熙七年（公元1668年），令陈提知亲往黄岭踏勘，众议：奉东新西二里每年帮庆仙茶七斤。犹恐色位不同，不堪作贡，奉东新居民竟将契买庆仙乡茶山二号付抵，每年帮茶七斤之数，详宪比富阳例办解。一勒碑仪门，一勒碑观音岭。”

清乾隆《临安县志》卷四《物产》：“御茶，咸淳《临安志》：黄岭出佳茗。万历《旧志》：黄岭岁贡御茶。康熙《旧志》：黄岭山每年额贡御茶二十斤，勒碑于仪门及观音岭。康熙三十三年（公元1694年）奉文折征，每斤价钱六分，共银三两二钱解司。”

八、化安瀑布茶

宋代余姚名茶。

宋嘉泰《会稽志》卷十七《日铸茶》：“今会稽产茶极多佳品，惟卧龙一种得名亦盛，几与日注相亚……其次则……余姚之化安瀑布茶。”

九、宁海茶山茶（盖苍山茶）

宋代宁海名茶。

---

① 明清时期1斤≈0.5968千克，全书同。

南宋嘉定《赤城志》卷二十二《山水门》："盖苍山在县东北九十里，一名茶山，濒大海，绝顶睇诸岛溆，纷若棋布，以其地产茶故名。"

光绪《宁海县志》卷二："盖苍山……奇花异草，骇兽惊禽，靡所不有，药品尤佳。"《舆地纪胜》："东北九十里濒大海。旧志：极高广，产茶，又名茶山。"

十、龙坡山子茶

宋代湖州名茶。

明陆树声《茶寮记》："龙坡山子茶，开宝（公元968—975年）中，窦仪以新茶饮予，味极美。奁面标云：龙坡山子茶。龙坡是顾渚之别境。"

十一、清茶

宋代德清名茶。

宋毛滂《东堂集》卷四《德清五兄寄清茶》诗："玉角苍坚已照人，冰肝寒洁更无尘。凤凰雨露生珍草，不比榛芜亦漫春。"

十二、卧龙山茶

宋代会稽（今绍兴市）名茶。

南宋嘉泰《会稽志》卷九《山》："卧龙山，府治据其东麓，山阴《旧经》云：种山，一名重山，越大夫种所葬处……地出佳茗，以山泉烹瀹为宜……范公《清白堂记》云：山岩之下获废井，视其泉清而白色，味之甚甘，以建溪、日铸、卧龙、云门之茗试之，甘液华滋，悦人襟灵。张伯玉蓬莱阁诗自注：卧龙山茶冠吴越。"卷十七《日铸茶》："今会稽产茶极多，佳品唯卧龙一种，得名亦盛，几与日铸相亚。卧龙者出卧龙山，或谓茶种初亦出日铸。盖有知茶者谓，二山土脉相类，及艺成信，亦佳品。然日铸芽纤白而长，其绝品长至三二寸，不过十数株，余虽不逮，亦非他产所可望，味甘软而永，多啜宜人，无停滞酸噎之患。卧龙则芽差短，色微紫黑，类蒙顶、紫笋，味颇森严，其涤烦破睡之功，则虽日铸有不能及，顾其品终在日铸下。自顷二者皆或充包贡，卧龙则易其名曰瑞龙，盖自近岁始也。"

清嘉庆《山阴县志》卷八《土产》："卧龙山产佳茗，芽纤短，色紫，味芬，名瑞龙茶。《会稽志》云：会稽产茶极多，佳品唯卧龙，得名亦盛，与日铸相亚。杜牧之诗云：山实东吴地（秀），茶称瑞草魁。"

十三、丁埂茶、高坞茶、小朵茶、雁路茶、茶山茶

宋代会稽（今绍兴市）名茶。为总名日铸茶之具体品种。

南宋嘉泰《会稽志》卷一七《日铸茶》：“今会稽产茶极多，佳品唯卧龙一种，得名亦盛，几与日铸相亚……其次则天衣山之丁埂茶，陶宴岭之高坞茶（一曰金家岙茶），秦望山之小朵茶，东土乡之雁路茶，会稽山之茶山茶，兰亭之花坞茶，诸暨之石笕茶，余姚之化安瀑布茶，此其梗概也。其余犹不可殚举。”

十四、丁坑茶

宋代会稽（今绍兴市）名茶。

陆游《剑南诗稿校注》卷二十五《秋日郊居》之三：“已炊藟散真珠米，更点丁坑白雪茶。藟散，米名，丁坑，茶名。”高似孙《剡录》云：“越产之擅名者，有……云门山之丁坑茶。”陆游《剑南诗稿校注》卷五十七有《北窗》诗云：“名泉不负吾儿意，一掬丁坑手自煎。”诗人自注：子虡寄惠山泉，丁坑盖日铸流亚也。

十五、花坞茶

宋代会稽（今绍兴市）名茶。

宋陆游《兰亭道上四首》其三：“兰亭酒美逢人醉，花坞茶新满市香。”诗人自注：“兰亭，官酤名也。花坞，茶名。”

十六、五龙茶、紫岩茶、鹿苑茶、焙坑茶、细坑茶

宋代剡县（今嵊州市）名茶。

宋高似孙《剡录》卷一〇《茶品》载：“余留剡几年，山中巨井，清甘深洁，宜茶。方外交以茶至者，皆精绝。箧中小龙么凤，至粗不击。唐僧皎然诗：‘越人遗我剡溪茗，采得金芽爨金鼎。’剡茶声，唐已著。仲皎《赠剡僧秀蕴点茶成梅花》诗：‘未飞三白雪，却报一枝春。’皆风流人也。作茶品：瀑岭仙茶、五龙茶、真如茶、紫岩茶、鹿苑茶、大昆茶、小昆茶、焙坑茶、细坑茶。”录剡茶凡九品。

清乾隆《嵊县志》卷二《茶之属》：“仙家岗（充贡）、瀑布岭、五龙山、真如山、紫岩、焙坑、大昆、小昆、鹿苑、细坑、蕉坑（俱产茶之地名，而西山者最佳）。”

十七、真如茶

宋代剡县（今嵊州市）名茶。

宋高似孙《剡录》卷一〇《茶品》："瀑岭仙茶、五龙茶、真如茶……"

黄庭坚《山谷集》卷三《以双井茶送孔常父》诗云："心知韵胜舌知腴，何似宝云与真如？"真如茶是与双井、宝云齐名的名茶。

十八、大昆茶、小昆茶

宋代剡县（今嵊州市）名茶。

宋高似孙《剡录》卷一《名茶》有载。清同治《嵊县志·物产》："茶。今大昆茶以孔村者为佳……今小昆茶以油竹潭为佳。"

十九、衢州柯山点茶（北山茶）

宋代衢县名茶。

清光绪《烂柯山志·物产》："柯山石刻有宋人祝绅、林英、刘彝、钱顗、梁浃、郑庭坚等六人斗茶题名。"按：朱彝尊游烂柯山诗有"昔贤斗茶地"云云，即谓此也。是山固产茶所也。宋曾几有《迪侄屡饷新茶》诗，末二句云："欲作柯山点，当令阿造分。"

民国《衢县志·食货志》："茗茶，植深山者佳，红叶为茗，谷雨前采之。衢旧有贡茶。《陈志》云：出北山者佳。《陈志》：明代旧贡额有礼部芽茶，清初尚有荐新折价，后废除。按：衢茶有南山、北山之分。"

清嘉庆《西安县志》卷二一："北山茶，旧志：西邑出茶不多，唯北山者佳。茶以山名。"

近人徐映璞（公元1892—1981年）《清平茶话》："衢亦产茶地，特乡居日少，未及遍尝。童年，随师长登烂柯山宝严寺，僧以茗尖饮客，细如胡麻，而色凝碧，味亦隽永，曰：'小子识之，此宋代相传之柯山点也。'其片极小，上尖下圆，如楷书之一点，后三十年，编入《烂柯新志》，今又四十余年，僧亡寺毁，志稿亦付劫灰，知者稀矣。"

二十、紫凝茶、魏岭茶、小溪茶

宋明天台名茶。

宋桑庄《续茶谱》："天台茶有三品，紫凝为上，魏岭次之，小溪又次之。紫凝今普门也，魏岭天封也，小溪国清也。"

明万历《天台山方外志》："瀑布山，一名紫凝，在县西四十里三十二都，山有瀑布，垂流千丈……其山产大叶茶。"

清乾隆《天台山方外志要》："桑庄《茹芝续谱》云，天台茶有三品：紫凝、魏岭、小溪是也。今诸处并无出产，而土人所需多来自西坑、黄顺坑、田寮、大园、西青诸处。"

二十一、紫高山茶

宋代黄岩名茶（明清两代紫高山属太平县）。

南宋嘉定《赤城志》卷三十六《货之属》："茶……今紫凝之外，临海言延峰山，仙居言白马山，黄岩言紫高山，宁海言茶山，皆号最珍，而紫高茶山，昔以为在日铸之上者也。"

明成化五年（公元1469年），析黄岩南境的方岩、太平、繁昌三乡置太平县。清代仍明旧制。乾隆《黄岩县志》曾记："紫霄山，在翠屏之东，山形峭耸，云雾不绝，土人多种茶于其上。"光绪《黄岩县志》则指其谬："以种茶名者乃紫高山，今属太平，非紫霄也。"

嘉庆《太平县志》："据嘉靖叶良佩《太平县志》：（茶）近山多有，唯紫高山、鹅鼻山者佳。"

光绪《太平县志》卷二："紫高山……亦曰紫皋山，顶平旷，土膏滋沃，产茶，出日铸上。"

二十二、延峰山茶

宋代临海名茶。

南宋嘉定《赤城志》卷三十六："茶……今紫凝之外，临海言延峰山，仙居言白马山，黄岩言紫高山，宁海言茶山，皆号最珍。"

明嘉靖《临海县志》："（茶）出延峰山佳。"

二十三、白马山茶

宋代仙居名茶。

南宋嘉定《赤城志》卷三十六："茶……今紫凝之外，临海言延峰山，仙居言白马山，黄岩言紫高山，宁海言茶山，皆号最珍。"

光绪《仙居志》："白马山在县西南百一十里。由上湖岭、官里山进，西接缙云之越尘。相传越王勾践避兵过之，失白马于此，后为崇，故名。"

1981年版《仙居县志·经济编》第十三章《土特产·七、茶叶》："相传春秋时期，吴侵越，越王勾践骑白马退至金坑（今本县溪港乡境内）歇息，口渴索饮，乡民跪献清茶，越王饮毕，赞不绝口，金坑白马山白马茶由此得名。"

第四节　元　代

一、范殿帅茶

元代慈溪名茶。

元忽思慧《饮膳正要》："范殿帅茶，系浙江庆元路造进茶芽，味色绝胜诸茶。"

元至正《四明续志》卷五《土产》："茶出慈溪县民山，在资国寺冈山者为第一，开寿寺侧者次之。每取化安寺水蒸造，精择如雀舌，细者入贡。"

清光绪《慈溪县志》卷六："《四明山志》云：下有开寿寺，产名茶，次于三女山所出。上有宋丞相史嵩之墓，殿帅范文虎因置茶局贡茶，冀史墓不至荒落。每岁清明前一日，县令入山监制茶芽，先祭史墓，乃开局制茶，至谷雨日回县。本朝永乐（公元1403—1424年）间，县官袭其旧，建局在山之西南，至期派办，供亿所费不赀，民无宁岁。嘉靖十五年（公元1536年）春，余至县，时薛应旗为令，议革入山故事，应办茶户，送县监制，永为定规，士民称便。况此山旧志产茶，今则无矣。应贡芽茶，实在他山采办，而县官顾人居此山，亦甚无谓也。"

清谈迁《枣林杂俎》："慈溪县茶（贡）三百六十斤。县西南六十里，宋宝佑间丞相史嵩之治墓，建开寿普光禅寺。其山颇产茶，殿帅范文虎因置茶局进贡。元明皆仍之。"

二、金字茶

元代湖州名茶。

元忽思慧《饮膳正要》："金字茶，系江南湖州造进末茶。"

三、玉磨茶

元代湖州名茶。

元忽思慧《饮膳正要》："玉磨茶，上等紫笋五十斤，筛筒净。苏门炒米五十斤，筛筒净。一同拌和，匀人玉磨内磨之成茶。"

四、上云峰茶

元代临海名茶。

明嘉靖《临海县志》："上云峰产茶，味异他处。宋濂有记。"可见上云峰产茶在元代已有名闻。

第五节　明　代

一、昌化茶

明清临安名茶。

明李日华《紫桃轩杂缀》:“昌化茶，大叶如桃枝柳梗，乃极香。余过逆旅，偶得手摩其焙甑，三日龙麝气不断。”

清乾隆《昌化县志·物产》:“茶，有雨前、雀舌、龙团诸品，出龙塘山者最胜。”

民国《浙江地理志·物产》:“昌化县，昌化茶以木竹坪为最。”

二、象山朱溪茶

明代象山名茶。

明程用宾《茶史·茶之名产》:“两浙诸山产茶最多，如天台之雁宕，括苍之大粲，东阳之金华，绍兴之日铸，钱塘之天竺、灵隐，临安之径山、天目，皆表表有名。又有四明之朱溪。”四明为旧宁波府的别称。

三、珠山茶

明代象山名茶。

明嘉靖《宁波府志·山志》:“珠山，县东北之别路三十里……土出白垩，更多异卉，茗尤佳。”

清乾隆《浙江通志》卷一百三《物产》:“郑行山产佳茗，珠山更多。”

清乾隆《象山县志》卷三《物产》:“茶，产珠山顶者佳。”

清道光《象山县志》卷之一《山川》:“珠山，县东北三十五里。一名珠严山……有白垩、茜石、异草、佳茗……”

四、五狮山茶

明代象山名茶，产于象山五狮山南麓五狮寺、北侧名相庵。

明嘉靖《宁波府志·山志》载:“五狮山，山产丹桂，佳茗，丁香”。

五、郑行山茶

明代象山名茶

明代嘉靖《宁波府志·山志》载所属慈溪、象山、镇海、南田、鄞县等县产茶。象山县郑行山“其山产丹桂、佳茗。”

六、胡岭茶

明代瑞安名茶。

清乾隆《浙江通志》卷一百七引万历《温州府志》:“茶，五县俱有……瑞安胡岭、平阳蔡家山产者亦佳。”堪与乐清雁山龙湫背茶相颉颃。

清嘉庆《瑞安县志·物产》：茶,《府志》：瑞安胡岭者佳。近梓岙、大罗亦产善茶，香味经久不变。

七、明茶、雨茶、紫茶（元茶）

明代雁荡山名茶。

明万历《雁山志·土产》：浙东多茶品，而雁山者称最。每春清明日采摘茶芽进贡，一枪一旗而白色者，名曰明茶，谷雨日采者曰雨茶，此上品也。……一种紫茶，其味尤佳，而香气尤清，难种而薄收，土人厌人求索，园圃中故少植，间有亦必为识者取去。

清乾隆《广雁荡山志》卷二十八《志余》:“茶，一枪一旗而白色者，名明茶，紫色而香者名元茶。其味皆似天池而稍薄。”

八、蔡家山茶

明代平阳名茶。

清雍正《浙江通志》卷一〇七《物产七》:“茶，万历《温州府志》，五县俱有，乐清雁山龙湫背者为上，瑞安胡岭、平阳蔡家者亦佳。”

九、岕茶

明清长兴名茶。

明许次纾《茶疏·产茶》:“近日所尚者，为长兴之罗岕，疑即古人顾渚紫笋也。介于山中谓之岕，罗氏隐焉故名罗。然岕故有数处，今唯洞山最佳……若在顾渚，亦有佳茗，人但以水口茶名之，全与岕别矣。若歙之松罗、吴之虎丘、钱塘之龙井，香气浓郁，并可雁行与岕颉颃。”

明冯可宾《岕茶笺·序岕名》:“环长兴境，产茶者曰罗嶰、曰白岩、曰乌瞻、曰青东、曰顾渚、曰筱浦，不可指数，独罗嶰最胜。环嶰境十里而遥，为嶰者亦不可指数。嶰而曰岕，两山之介也。罗氏居之，在小秦王庙后，所以称庙后罗岕也。洞山之岕，南面阳光，朝旭夕晖，云滃雾浡，所以味迥别也。”

清冒襄《岕茶汇钞》:“忆四十七年前，有吴人柯姓者，熟于阳羡茶山，每桐初露白之际，为余入岕，箬笼携来十余种，其最精妙不过斤许数，味老香淡，具芝兰金石之性。十五年以为恒……金沙于象明携岕茶来，绝妙。金沙之于精鉴赏，甲于江南，而岕山之棋盘顶，久归于家，每岁其尊人必躬往采制。今夏携来庙后、棋顶、涨沙、本山诸种，各有差等，然地道之极，真极妙，二十年所无。”

清乾隆《浙江通志》卷一百二《物产》：“《西吴枝乘》：湖人于茗，不数顾渚而数罗岕。然顾渚之佳者，其风味已远出龙井下，岕稍清隽，然叶粗而作草气。嘉靖《长兴县志》：罗岕在互通山西土地庙后，产茶最佳，吴人珍重之。凡茶以初出雨前者佳，唯罗岕立夏开园，梗粗叶厚，微有箫箬之气，还是夏前六七日如雀舌者最不易得。然庙后山西向，故称佳，总不如洞山南向，独受阳气专，称仙品，只数十亩而已。凡茶产平地，多受土气，故其质浊，罗茗产高山岩石，浑是风露清虚之气，故可尚。”

十、兰雪茶

明清会稽（今绍兴市）名茶。

明张岱《陶庵梦忆·兰雪茶》：“日铸者，越王铸剑地也，茶味棱棱有金石之气。欧阳永叔曰：两浙之茶，日铸第一。王龟龄曰：龙山瑞草，日铸雪芽。日铸名起此。京师茶客，有茶则至，意不在雪芽也，而雪芽利之，一如京式茶，不敢独异。三娥叔知松萝焙法，取瑞草试之，香扑冽。余曰：瑞草固佳，汉武帝食露盘，无补多欲。日铸茶薮，牛虽瘠，偾于豚上也。遂募歙人入日铸，扚法、掐法、挪法、撒法、扇法、炒法、焙法、藏法，一如松萝，他泉瀹之，香气不出，煮禊泉，投以小罐，则香太浓郁，杂入茉莉，再三较量，用敞口瓷瓶淡放之，候其冷，以旋滚汤冲泻之，色如竹箨方解，绿粉初匀，又如山窗初曙，透纸黎光。取清妃白，倾向素瓷，真如百茎素兰同雪涛并泻也。雪芽得其色矣，未得其气。余戏呼之兰雪。四五年后，兰雪茶一哄如市焉。越之好事者，不食松萝，止食兰雪。兰雪则食以松萝，而篡兰雪者亦食。盖松萝贬声价俯就兰雪，从俗也。乃近日徽歙间，松萝亦改名兰雪。”

清康熙《会稽县志·物产》：“茶，近多采之，名曰兰雪，味取其香，色取其白，价最贵。”

十一、上虞后山茶

明清上虞名茶。

明万历《绍兴府志》：“上虞县，县后山，在县署后北城经，其麓产佳茶。”

清雍正《浙江通志》卷一百四《物产四》：“嘉靖《浙江通志》茶之类有上

虞后山茶。”

清光绪《上虞县志》卷十九《山川》：“玉冈山，在县署后。山之后，曰布谷岭，去岭七里为县后山，产佳茶。”又卷二十八《物产》：“后山茶，嘉靖《通志》：茶之类，有上虞后山茶。《备稿》曰：今县北诸山多产茶，其在罗岩山上者，俗称云雾茶，味更佳。明韩铣有《后山茶》诗。”

十二、蒋富山茶

明清武义名茶。

乾隆《浙江通志》卷十七《山川》：“嘉靖《武义县志》：蒋富山，在县东南三十五里，周二十余里，山多产茶。传云，昔有蒋氏居此，致富，因名。”

宣统《武义县志·山川》亦有相同记述。

第六节　清代及民国

一、余杭伏虎岩茶

清代余杭名茶。

清嘉庆《余杭县志》载：“伏虎岩茶，岩在大涤洞西南峻壁间，若环堵之室，出佳茗，为浙右最。”

二、於潜王茶

清代於潜（今属临安）名茶。

清康熙《於潜县志·土产》：“货之属曰茶，邑之仰食于茶者十之七。”

清嘉庆《於潜县志》卷十《食货志》：“邑中各山皆产茶，出米坞者亦清美。在川前、川后、长者三乡，五月采者叶厚而色赤，汁尤浓郁，盛行于关东，与徽商大叶子相等，每岁设厂收买，集如市。俗称曰王茶，乡人大半赖以资生，利亦巨矣哉。”

三、十都绿茶、洪坑红茶、黄尖山茶

清及民国寿昌（今建德）名茶。

民国《寿昌县志》：“茶，每年出产约数千担，运销沪、杭一带。以十都之绿茶及十二都里洪坑红茶为最，曾得北京展览会褒奖超等褒状，及巴拿马赛会特奖头等金牌。”同书卷二《山川》又载：“黄尖山，在县西南十五里，高出云表，秀拔异常，出产名茶。”

四、太白茶

清代鄞县名茶。

清乾隆《鄞县志》卷二十八《物产》："鄞之太白茶为近出，然考舒懒堂《天童虎跑泉》诗：灵山不与江心比，谁为茶仙补水经。则宋时已有尝之者，因更名曰灵山茶，至今山村多缭园以植。茶，晚收者曰茗，曰荈，以太白山为上，凤溪次之，西山又次之。太白出者，每岁采制，充方物入贡。"

清同治《鄞县志·物产》："李邺嗣《鄮东竹枝词》注：太白山顶茶，山僧采摘不过一二斤，其上多兰花，故茶味自然清香。"

五、建峒岙茶

清代余姚名茶。

清康熙《余姚县志·物产》："茶之品，杖锡瀑布岭建隆岙者佳。并称四明茶。化安次之，童家岙又次之。雨前摘四明茶芽，瀹以山泉，绿波微动，香风徐来，其味淡而永。"

清光绪《余姚县志》卷二《山川》："石井山，亦名建峒岙。有石屋，有石蟹泉。其岭曰谢公，以安石得名。建峒产茶，谢公岭尤为名品。"

六、童家岙茶

清代慈溪名茶。

清光绪《余姚县志》卷六《物产》："童家岙茶《康熙志》：茶产瀑布岭建峒岙者佳，并称四明茶，化安次之，童家岙（注：今属慈溪市横河镇）又次之。"

七、天峯茶（蒙顶山茶）

清代象山名茶。

清道光《象山县志》卷二："蒙顶山，县西北四十五里，一名茶山。有花气岩，其绝顶名天峯，有佳茗。"

八、太峰巅茶

清代镇海名茶。

清乾隆《镇海县志》卷四《物产》："茶，出泰丘乡太峰巅者佳。"

清光绪《镇海县志》卷三十八《物产》："茶之出浙东，以越州上，明州、婺州次（《茶经》）。出泰丘乡太峰巅者佳（乾隆志）。瑞岩产茶最盛，茶干有大如碗者（《见闻谨述》）。"

九、凤山茶

清代瑞安名茶。

民国《瑞安县志稿·山川门》:“凤山，俗名赤岩山，去城东三十五里……山中土质佳良，多已开垦，除种番薯、豆、麦外，并有茶数百株。茶品最佳，高出雁山之上，俗名凤山茶。”

十、斗窟茶

清代雁荡山名茶。

清乾隆《广雁荡山志》卷一二《物产》:“斗窟茶，施志：斗窟山，在能仁寺东南山脊上。两山排夹里许，中有茶圃云雾时流其间，茶色味不下龙湫白云茶。”卷二八《志余·茶》:“劳大舆《瓯江逸志》：雁山五珍，龙湫茶……”

十一、薛锦乌龙

清末、民国湖州名茶。

民国《浙江续修通志稿·物产》:“丁巳(民国六年，公元1917年)茶叶价目册，杭州龙井茶八分半，湖州薛锦茶八分，宁绍平水茶七分半，绍兴玉芝茶六分半……”

民国二十一年(公元1932年)《农声》第154、第155期合刊载林家齐《我国茶业问题》:“产于杭州、湖州、金华、严州者，总称为杭州茶，是包括乌龙茶及绿茶。湖州为薛锦乌龙茶之产地，以太湖流域出产为最多。”

民国二十九年(公元1940年)《浙光》第7卷第14号芋香《浙茶概说》:“乌龙茶以半发酵之茶叶……此茶盛产于福建，本省产量则极少。”

十二、菱湖茶

清代湖州名茶。

清光绪《菱湖镇志》卷一一:“茶，新《府志》引《菱湖志》：本山茶色绿味薄，立夏前后，竞贩新茶转鬻。捆用布缚，售论缚不论斤，每缚约二百两。”

十三、张园茶

清代嘉兴名茶。

近人张宗祥《纪茶》[②]:“张园茶，园在嘉兴。相传有张姓者，爱蓺兰，辇山土实园地至厚以种兰。其后主人亡，兰尽萎，因改植茶，产量不多，年仅

② 载《茶博览》1994年第2期。

数十斤。拣选精，焙制不乞灵于茶香，故泡后叶皆一卷一舒成旗枪，无叶不然。色浅碧，有茶真香，味不厚，开水冲两次即淡甚。予任教秀水时，沈稚岩兄购二两相赠，语予曰：此与真南湖蟹、高透云寿字香，为嘉兴‘三绝’，请试之。予尝后，亦认为嫩茶中佳品，盖较安徽白毛为清纯。徽茶烘焙，杂以茉莉，且或过嫩，叶有枪而无旗也。清季每两价值银元二角，可供三小盏之用。解放后来杭，董巽观兄见访，偶询及张园，居然尚存，且为访购得二两，试之，则无所谓旗枪，叶皆老绿，不见白毛，形亦卷曲，茶色浓而味厚，若平水秋茶，岂树老采迟，抑土地变质耶。"

民国二十二年（公元1933年）《浙江省农产品展览会之回顾》载，嘉兴张园茶在民国二十一年12月举行的浙江省农产品展览会上获乙等奖③。

十四、木山云雾茶

清代海盐名茶。

清道光《澉水新志》卷一《土产》："茶，产鹰窠顶，类武夷；产木山，名云雾。"

清光绪《海盐县志》卷五《山水》："木山，伊《府志》：在邵湾之南。产茶最佳，号云雾茶。"

民国《澉志补录·物产》："茶。里中所产之茶，最上木山，次鹰窠顶及葫芦山。秦岫庵之雪窦泉，翠屏山之花婆井为上。每岁暮春之初，举村妇女相率采茶，笑语之声溢于山谷。"

十五、鹰窠山茶

清海盐名茶。

清雍正《浙江通志》卷一百二《物产二》："嘉兴府。茶，《贝琼游山记》：鹰窠山，崭然中高，旁杀，树皆合抱，产茶类武夷。"

清乾隆《海盐县图经》卷三《山》："鹰窠顶山，县南三十里。《云岫庵志》曰：山下有长水涧，由山麓至庵有九曲径、初憩亭、三休亭、狮头岩、合掌岩。庵前有泉，深丈许，旱涝不加盈涸，味甘洌，名雪窦泉……郡太守车大任记曰：山前临澉湖，后枕大海，形既壁立，路更纡回，凡九折而上，饶怪石及产奇茗，其上有庵，曰云岫庵。"

民国《澉志补录·物产》："茶。里中所产之茶，最上木山，次鹰窠顶及葫芦山。"

③ 载《浙江省建设月刊》第7卷第1期，民国二十二年7月出版。

十六、凤鸣山茶

清代上虞名茶。

清光绪《上虞县志》卷二十八《物产》：“凤鸣山茶，嘉庆《志》云：以山上瀑布泉烹之，色香味俱绝，或以县北老婆岭泉烹之，亦佳。”

十七、覆卮山茶、鹁鸪岩茶、隐地茶、雪水岭茶

清代上虞名茶。

清光绪《上虞县志·物产》：“越中产茶最盛，最著名者日铸之茶。虞邑所产，种类亦繁。后山茶。凤鸣山茶。覆卮山茶。鹁鸪岩茶，产岩之上下，采取烘干，有细白毛，名曰白毛尖，其味隽永，颇为难得。隐地茶，近以此茶为最佳。雪水岭茶。以上诸茶，皆以地得名。”

十八、布谷岩茶

清代上虞名茶。

清光绪《上虞县志校续》卷二一《山川》：“寒山（亦名翰山），在县南七十余里。其东北六七里，为衔水岩，纵横数十丈，岩下有白云洞，其右为布谷岩，产名茶。”

十九、五泄山茶、梓坞山茶

清代诸暨名茶。

隆庆《骆志》：“五泄山茶，在县西四十里。梓乌山茶，在县东七十里。”

二十、宣家山茶

清代诸暨名茶。

清乾隆《诸暨县志》卷三《山川》：“宣家山，万历《绍兴府志》：在县东七十里嵊县界。产茶甚佳。”

清宣统《诸暨县志·物产》：“宣家山茶，隆庆《骆志》：宣家山，在县东七十里。”

二十一、圆茶

清代诸暨名茶。

清宣统《诸暨县志》卷一九：“又有一种曰圆茶，揉挼一叶如丸，焙干，仿古龙团、凤团之制，售于外洋。”

二十二、对乳茶

清代诸暨名茶。

清乾隆《浙江通志》卷一百四："今诸暨各地所产茗叶，质厚味重，对乳茶最良。每年采办入京，岁销最盛，而昔人未有志及者，故特拈出。"

二十三、仙家岗茶、油竹山茶、龙口岩茶

清代嵊县名茶。

清道光《嵊县志》卷一："仙家岗，在县西七十里，剡茶品，此为最。油竹山，在县西剡源乡，太白之分支。产茶为剡最。龙口岩，在四明山。悬岩嵌空，状类龙口，土人筑室其下，水从龙口中出，落檐前，若垂帘然，下汇为潭，产茶甚佳。"

二十四、上坞山茶

清代嵊县名茶。

清同治《嵊县志》卷二〇《风土志·物产》："今之大昆茶，以孔村者为佳；小昆茶，以油竹潭为佳。而南山九州岛峯之上坞山茶甚甘美，寺横路尤佳。"

二十五、新昌白毫尖

清代新昌名茶。

民国八年（公元1919年）《新昌农事调查》第四篇："新昌于吴越王钱镠开平二年割台分剡置邑，邑东北一带古号剡东，西乡则为剡南，产茶素富。东南一带，毗连天台，高山所产之茶，又与华顶山云雾茶相类似。""本邑产茶区域，多在高山浓雾厚露之地，谚有平地桑、高山茶之称，如南乡烟山，西乡遁山，东乡里山，皆产茶最著最多之处，其山皆巍巍独出者也。""白毫尖，为茶种之特等者。叶面毫毛皆呈白色，质厚且软，味汁俱佳。"

二十六、红芽茶、对片茶、起蕻茶

清代新昌名茶。

民国八年（公元1919年）《新昌农事调查》第四篇："红芽茶，叶芽柔嫩致厚，且具红色，亦上品也，唯其种不繁，所睹无多耳。对片茶，是种叶芽发生，仅有二片，同时相长，叶量较少，质亦不甚良，故为品种之次。起蕻茶，叶芽起蕻颇繁，又皆柔嫩，虽采期多延数日，亦不老硬，故尚不失为佳品之目也。烟山、遁山二地所植者，多属此种。"

二十七、龙门茶

清代金华名茶。

清道光《金华县志》卷一："浙茶甲天下，而邑唯以龙门名。撷其茎数寸，缀叶三四，此不取稚（嫩），取其饱霜露极老者，京中下品耳。"

二十八、狮子岩白茶

清、民国汤溪（今属金华）名茶。

民国《汤溪县志》卷二《山川》："仙霞岭，其西平地突起，为茶山……分支东出为狮子岩，石塘东北，形如狮踞，上有石洞，如狮张口，相传古有寺，今产白茶。"又卷六《土产》："三源皆产茶，塔石、狮子岩之白茶、龙湫上之甜茶，最称珍异。"

二十九、汤茶、挪茶、撒花

清初名茶。产于浙江东阳县（治今浙江东阳市），外销饼茶。

清乾隆《浙江通志》卷一百六引《东阳县志》："大盆、东白二山为最。谷雨前采者谓之芽茶，更早者谓之毛尖，最贵，皆挪做，谓之挪茶。茶客反取粗大，但少炒之，谓之汤茶。转贩西商，如法细做，用少许撒茶饼中，谓之撒花，价常数倍。"

三十、江郎茶

清代江山县名茶。

清乾隆《江山县志》卷一三《物产》："茶，出詹村、上王、张村诸处，旧廿七都为尤盛。而生于江郎者第一。味甘色白，多啜宜人，无停滞酸噎之患，其价甚贵。"

三十一、太阳红

清代衢州名茶。

近人徐映璞《清平茶话》："（衢）县境狭长，江流中贯，南北嗜好殊异。南人喜浓，北人喜淡，南郊除柯山点外，更有翠微青、鱼山绿诸名色。太阳寺附近特别制红茶，曰'太阳红'，深如赭色染，北鄙所不欲也。"

三十二、高胥茶

清代云和名茶。

清咸丰《云和县志》卷十五《物产》："茶，随处有之，以高胥、云章者佳。今高胥茶亦稀少矣。"

第二章 获奖名茶

名茶评奖始于清末宣统二年（公元1910年）南洋劝业会，杭州鼎兴茶庄龙井贡茶获一等奖[①]。民国四年（公元1915年），景宁惠明茶在美国的巴拿马—太平洋万国商品博览会上获金奖[②]。同年举办的浙江展览会上，有杭县、余杭、绍兴、吴兴、武康等地20多款参展茶叶获奖。民国十八年（公元1929年）举办的西湖博览会上，有杭州翁隆盛、方正大茶庄等参展的30多款茶叶获奖。

中华人民共和国成立后，1979年举办首届浙江省名茶评选，径山茶、惠明茶等9款获省一类名茶。此后评选每年连续进行。1981年举办国家优质食品评选，狮峰特级龙井和特级珠茶分获金质奖和银质奖。此后1985、1989两年连续评选。1982年商业部举办全国名茶评选，浙江有西湖龙井、江山绿

① 上海图书馆编《中国与世博：历史记录（1851—1940）》，上海科学技术出版社2002年版。
② 《中华茶叶五千年》，人民出版社2001年版，第183页。

牡丹、顾渚紫笋、金奖惠明上榜。此后农业部等相继组织全国名茶评选。1984年浙江生产出口的天坛牌特级珠茶，首次参加世界优质食品评选，获得金质奖。此后相继参加4届评选，都有获奖。

除名茶评选之外，1999年国家质检总局实施农产品原产地保护（后变更为地理标志保护），全省有龙井茶、开化龙顶、安吉白茶等16款名茶获地理标志产品保护。2001年国家工商总局将地理标志保护产品纳入商标保护，全省已有50余款名茶获准注册地理标志证明商标。2008年，农业部实施农产品地理标志登记保护，2010年长兴紫笋茶等4款名茶首批获准登记。

2005年，浙江省人民政府公布首批非物质文化遗产名录，西湖龙井、婺州举岩制作技艺列入名录。2007年、2009年浙江省政府相继公布二、三批非物质文化遗产名录，又有天目云雾、羊岩勾青、九曲红梅等7款名茶制作技艺列入名录。2008年，西湖龙井、婺州举岩制作技艺列入国家非物质文化遗产名录。

第一节　清末、民国时期获奖名茶

清末、民国时期，全省多地茶叶先后参加南洋劝业会、巴拿马万国博览会、浙江展览会、西湖博览会和费城博览会，有多款名茶获得褒奖。

一、南洋劝业会获奖名茶

清宣统二年（公元1910年）南洋劝业会是历史上首次全国性博览会，展品分教育、图书、化工、机械、农桑、茶业等24部、440类，设教育、工艺、农业、机械、美术等8个专业馆和京畿、山东、直隶、四川、江西、福建、浙江等10多个省区自办展馆。农业馆内有农业、蚕桑、茶叶、园艺、林业、水产、狩猎和饮食8部。展会最终评选出奏奖（一等）、超等奖（二等）、优等奖（三等）、金牌奖（四等）和银牌奖（五等）共5 269件。在66件夺得奏奖（一等）的展品中，有8件是茶叶，其中包括杭州鼎兴茶庄的龙井贡茶。

二、巴拿马万国商品博览会获奖名茶

民国四年（公元1915年）2月，美国在旧金山举办巴拿马—太平洋万国商品博览会（图2-1），浙江有绍兴加饭酒、东阳雪舫蒋腿、景宁惠明茶、丽水麦秆剪贴画等获金质奖。茶叶类同时获奖的有安徽太平猴魁、祁门红茶等。

三、浙江展览会获奖名茶（表2-1）

表2-1　民国四年（公元1915年）浙江展览会获奖名茶

奖项	名称	生产者	名称	生产者
二等奖	茶叶	江山毛济美	茶叶	绍兴钱允康
	茶叶	平阳怡新春	桑芽茶	吴兴于辛翘
	茶叶	杭县乾兴公司	蝉目	嵊县王濂生
	红茶、顶谷茶	余杭赵思植	红茶	开化王敦仁
三等奖	凤山茶	瑞安林文泽	茶叶	建德方炳
	茶叶	杭县王养濂	顶谷茶	武康杨宙荣
	桑茶	长兴周维翰	茶叶	临海李思忠
	芽茶	定海钱嘉英	茶叶	杭县王贵能
	长湾茶	奉化宋伟甫	凤眉茶	开化裕泰祥
	凤眉茶	开化汪智蒸	茶叶	常山徐廷熊

续表

奖项	名称	生产者	名称	生产者
三等奖	茶叶	平阳赵尔亭	茶叶	桐庐黄竹生
	化安山茶	余姚陈尔勤	茶叶	鄞县李和生
	绿茶	武义楼恒久	雨前茶	嵊县周颂南

资料来源：民国四年（公元1915年）8月28日《浙江公报》附录。

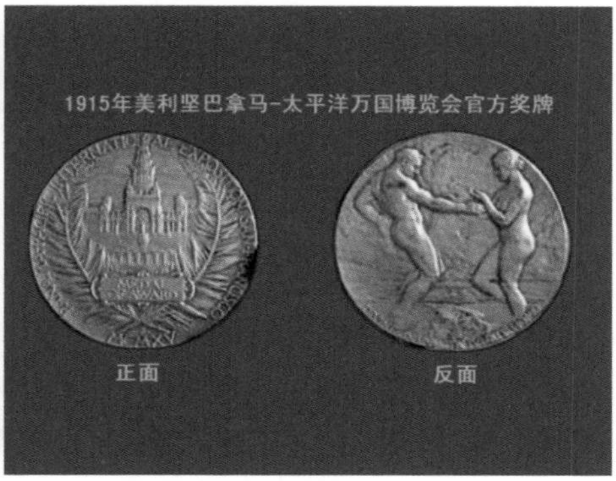

图 2-1 巴拿马万国博览会获奖证书和奖章

四、西湖博览会获奖名茶（表2-2）

表2-2 民国十八年（公元1929年）西湖博览会获奖名茶

奖项	名称	生产者	名称	生产者
特等奖	龙井茶	杭州茂记	—	—
优等奖	茶菊、玫瑰花	杭州吴恒有	寿眉茶	富阳吴远裕茶漆庄
	黄山毛峰茶	杭州方正大	天目东坑旗枪茶	临安张寿福
	龙井茶	杭州九溪茶庄	明前白毛峰茶	平阳吴滋庭
	绿茶	杭州杨元德（上泗乡桥村）	—	—
一等奖	狮峰春前茶	杭州吴恒有	桑顶茶	武康王回山
	奇峰茶	杭州允大茶行	青草茶	温岭段秉忠
	拣选白菊	杭州方仁大茶庄	明前茶	建德程氏农场
	宁白菊	杭州鼎兴	毓秀绿茶	桐庐永福昌茶号
	龙井虎咀茶	杭州大成茶庄	点铜茶	托瑞安吴恒吉
	明前桑顶茶	杭州翁隆盛	狮峰春前茶	杭州吴恒有
	最优龙井茶	杭州亨大茶庄	奇峰茶	杭州允大茶行

续表

奖项	名称	生产者	名称	生产者
一等奖	黄山毛峰茶	杭州方福泰	桑顶茶	武康王回山
	茶叶	杭县杭湖步联合会	青草茶	温岭段秉忠
二等奖	极品乌龙茶	杭县怡和茶庄	茶叶	镇海憩园主人戴惰僧
	红茶	杭县永春茶庄	里山名茶	余姚南乡黄子初
	红茶	杭县乾泰茶庄	雨前茶	金华仁泰茶号
	云雾茶等	海盐渤海云僧	茶叶	永康仁裕茶庄
	雨前茶	长兴王载舆	白毫毛峰茶	武义龙潭楼恒久

资料来源：民国十八年（公元1929年）《西湖博览会总报告书》。

五、费城博览会获奖名茶

民国十五年（公元1926年）美国费城举办的博览会上，杭州方正大、翁隆盛、大成、乾泰、亨大、仁泰、德兴祥、茂记、万泰元和万康元10家茶号，以及上海、江苏、福建等省的若干茶栈、茶行共26家获甲等大奖。

第二节　中华人民共和国成立后获奖名茶

一、国家优质食品评选获奖名茶

1981年国家优质食品评选，狮峰特级龙井获国家金质奖（杭州茶厂）、特级珠茶获国家银质奖（三界茶厂、绍兴茶厂）。

1985年国家优质食品评选，狮峰特级龙井获国家金质奖（杭州茶厂）、特级珠茶获国家银质奖（三界茶厂、绍兴茶厂）。

1989年国家优质食品评选，一级茉莉花茶获国家银质奖（金华茶厂）。

二、部委评选获奖名茶

1982年商业部在湖南长沙举办全国名茶评比，各省选送82个名茶（红茶、紧压茶类未及选样参评），评出全国30个名茶，浙江有西湖龙井、江山绿牡丹、顾渚紫笋、金奖惠明上榜（图2-2）。

1985年农牧渔业部在江苏南京举办全国名茶评选，浙江开化龙顶、径山茶、紫笋茶上榜，另遂昌银猴、鸠坑毛尖评为部优。

1986年商业部在福建福州举办全国名茶评比，浙江磐安云峰、鸠坑毛尖、金奖惠明、顾渚紫笋、临海蟠毫、西湖龙井上榜。

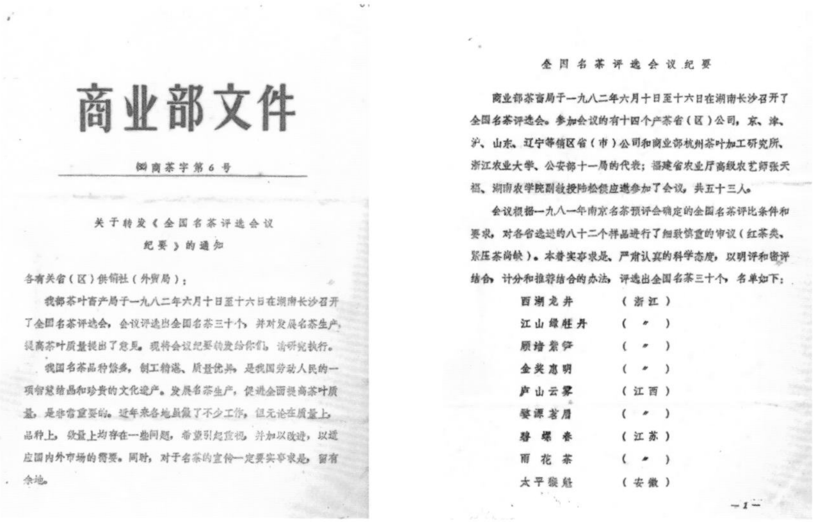

商业部文件

(82)商茶字第6号

关于转发《全国名茶评选会议纪要》的通知

各有关省（区）供销社（外贸局）：

我部茶叶畜产局于一九八二年六月十日至十六日在湖南长沙召开了全国名茶评选会，会议评选出全国名茶三十个，并对发展名茶生产，提高茶叶质量提出了意见。现将会议纪要转发给你们，请研究执行。

我国名茶品种繁多，制工精湛、质量优异，是我国劳动人民的一项智慧结晶和珍贵的文化遗产。发展名茶生产，促进全面提高茶叶质量，是非常重要的。近年来各地虽做了不少工作，但无论在质量上，品种上，数量上均存在一些问题，希望引起重视，并加以改进，以适应国内外市场的需要。同时，对于名茶的宣传一定要实事求是，留有余地。

全国名茶评选会议纪要

商业部茶畜局于一九八二年六月十日至十六日在湖南长沙召开了全国名茶评选会。参加会议的有十四个产茶省（区）公司，京、津、沪、山东、辽宁等销区省（市）公司和商业部杭州茶叶加工研究所、浙江农业大学、公安部十一局的代表；福建省农业厅高级农艺师张天福、湖南农学院副教授陆松侯应邀参加了会议，共五十三人。

会议根据一九八一年南京名茶预评会确定的全国名茶评比条件和要求，对各省选送的八十二个样品进行了细致慎重的审议（红茶类、紧压茶尚缺）。本着实事求是、严肃认真的科学态度，以明评和密评结合，计分和推荐结合的办法，评选出全国名茶三十个，名单如下：

西湖龙井　（浙江）
江山绿牡丹　（〃）
顾渚紫笋　（〃）
金奖惠明　（〃）
庐山云雾　（江西）
婺源茗眉　（〃）
碧螺春　（江苏）
雨花茶　（〃）
太平猴魁　（安徽）

—1—

图 2-2　1982 年商业部全国名茶评比文件

1989年农业部在西安举办全国名茶评选，浙江安吉白片、临海蟠毫、浦江春毫、望府银毫、西施银芽(优质茶)上榜。

1990年农业部在河南信阳举办全国名茶评选，浙江磐安云峰、西湖龙井、鸠坑毛尖、顾渚紫笋、临海蟠毫、开化龙顶上榜。

图 2-3　首届浙江省十大名茶（望海茶）

三、浙江省十大名茶

2004年浙江省农业厅组织首届省十大名茶评选：西湖龙井、大佛龙井、开化龙顶、安吉白茶、武阳春雨、松阳银猴、径山茶、金奖惠明茶、望海茶(图2-3)、绿剑茶上榜。

2009年第二届浙江省十大名茶评选：越乡龙井、大佛龙井、松阳银猴、开化龙顶、径山茶(图2-4)、武阳春雨、安吉白茶、绿剑茶、千岛玉叶、金

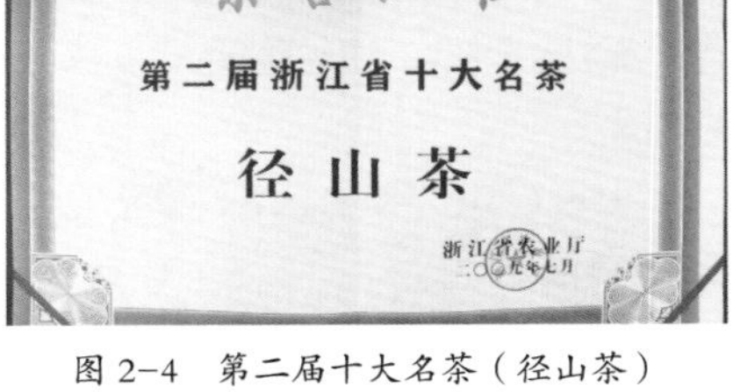

图 2-4　第二届十大名茶（径山茶）

奖惠明茶上榜，另鉴于西湖龙井在历史、文化、品牌、影响等方面的特殊地位和突出贡献，西湖龙井茶不参加第二届浙江省十大名茶评选，经第二届浙江省十大名茶评审委员会审议，浙江省农业厅授予西湖龙井茶“浙江省特别荣誉名茶”和“国家礼品茶——西湖龙井”称号。

四、获浙江省名茶证书名茶

1979年开始每年举行全省名茶评比，评选出省一类名茶，连续3年获省一类名茶者授予省名茶证书。1982年起至2003年共12次颁证，有76款名茶获得省名茶证书。

1982年，西湖龙井、径山茶、莫干黄芽、长兴紫笋（顾渚紫笋）、金奖惠明、香菇寮白毫、开化龙顶。

1983年，临海蟠毫、松阳银猴、普陀佛茶、双龙银针、婺州举岩、宁海望海茶（图2–5）、诸暨石笕茶。

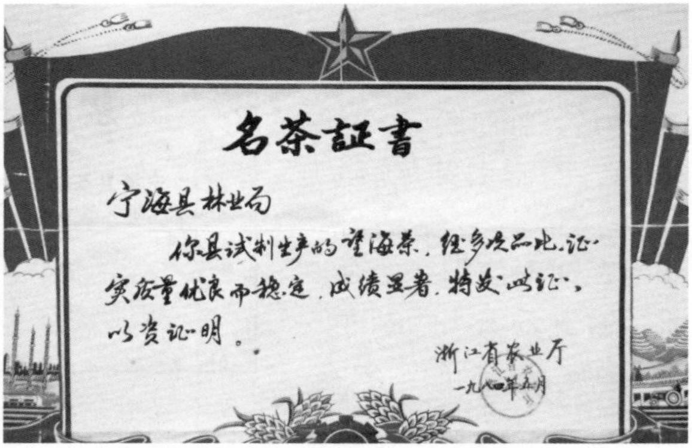

图 2–5 浙江省名茶证书（望海茶）

1986年，遂昌银猴、鸠坑毛尖、雁荡毛峰、天台华顶。

1988年，安吉白片、东阳太白顶芽、松阳玉峰、兰溪毛峰、缙云仙都笋峰。

1989年，浦江春毫、龙游方山、天目青顶、余杭谷雨春、缙云仙都曲毫、嵊县金钟、建德苞茶、磐安云峰、开化龙山银尖、余杭双径雨前、江山绿牡丹。

1991年，雪水云绿、碧玉春、天尊贡芽、春来早、东白春芽、千岛玉叶、泉岗辉白。

1993年，泰顺承天雪龙、仙居碧青、桐庐五云曲毫、诸暨西施银芽、泰顺黄汤。

1995年，处州莲芯、常山银毫。

1997年，福乐云毫。

1999年，富阳茗绿、白天鹅、东坑茶、新昌雪芽、云石三清茶、武阳春雨。

2001年，乌牛早、羊岩勾青、常山月牙春、大佛龙井、仙宫雪毫、桂岩雾尖、天目石门云片、衢州玉露、奉化曲毫。

2003年，方岩绿毫、青田御茶、云山银峰、三门龙毫、沁园翠芽、仙华毛尖、绿剑茶、绿里香、安吉白茶、越乡龙井、郁青香茶、莫干翠芽。

2003年后未颁证。

五、获地理标志保护名茶

国家对农产品实行的地理标志保护主要有三类，分别是国家质检总局的地理标志产品、农业部的农产品地理标志和国家工商总局的地理标志证明商标。

（一）地理标志产品

1999年国家出入境检验检疫局发布《原产地域产品保护规定》（2005年国家质检总局变更为《地理标志产品保护规定》），浙江共有20款名茶获准申请。

2001年10月，龙井茶通过申请。

2003年，开化龙顶茶、奉化曲毫茶、大佛龙井分别于2月、6月、8月通过申请。

2004年，安吉白茶、江山绿牡丹、乌牛早茶分别于4月、6月、12月通过申请。

2005年2月，羊岩勾青茶、临海蟠毫茶通过申请。

2007年3月，千岛玉叶通过申请。

2008年，松阳茶、建德苞茶分别于3月、5月通过申请。

2010年，惠明茶、嵊州珠茶、三杯香茶、天台山云雾茶分别于5月、8月、11月、11月通过申请。

2014年，径山茶通过申请。

2017年，兰溪毛峰通过申请。

2019年，磐安云峰、天台黄茶通过申请。

（二）农产品地理标志

2008年2月，农业部发布《农产品地理标志管理方法》，对农产品实行地理标志登记保护，同年首批农产品地理标志登记公布。

2010年，长兴紫笋茶（长兴县茶叶行业协会）、余姚瀑布仙茗（余姚市余姚瀑布仙茗协会）、千岛银珍（建德市千岛银珍茶叶专业协会）、泰顺三杯香（泰顺县茶业协会）等首批4款浙江名茶获准登记。

2011年，普陀佛茶（舟山市农学会）获准登记。

2012年，桐庐雪水云绿（桐庐县雪水云绿茶产业协会，2015年主体变更为桐庐县茶叶产业协会）、天目青顶（临安市茶叶产业协会）获准登记。

2014年，平阳黄汤茶（平阳县茶叶产业协会）获准登记。

2017年，鸠坑茶（淳安县农业技术推广中心）、莫干黄芽（德清县农业技术推广中心）获准登记。

2018年，径山茶（杭州市余杭区径山茶行业协会）、安吉白茶（安吉县农业局茶叶站）、雁荡毛峰（乐清市特产站）、江山绿牡丹（江山市农业技术推广中心）、平水日铸茶（绍兴市柯桥区茶叶产业协会）获准登记。

（三）地理标志证明商标

1995年开始，国家工商局对农产品以注册商标方式进行保护，2001年修订的《商标法》将地理标志纳入保护范围，截至2018年，共有32款名茶注册地理标志证明商标：天尊贡芽、天台山云雾茶、平水日铸、缙云黄茶、常山银毫、瑞安清明早、龙井茶、径山茶、桐庐雪水云绿茶、天目青顶、千岛玉叶、建德苞茶、西湖龙井、余姚瀑布仙茗、临海蟠毫、安吉白茶、莫干黄芽、普陀佛茶、大佛茶、嵊州珠茶、磐安云峰、苍南翠龙茶、松阳银猴、仙都笋峰茶、江山绿牡丹茶、开化龙顶、平阳黄汤、西湖龙井、文成贡茶、奉化曲毫、望海茶、长兴紫笋茶。

六、列入非遗名录名茶

2005年，浙江省人民政府公布第一批省“非遗”名录，西湖龙井、婺州举岩制作技艺列入。

2007年，浙江省人民政府公布第二批省“非遗”名录，西湖龙井、婺州举岩制作技艺再次列入。

2008年，国务院公布第二批国家“非遗”名录，西湖龙井、婺州举岩制作技艺列入。

2009年，浙江省人民政府公布第三批省“非遗”名录，开化龙顶、长兴紫笋、天目云雾、雁荡毛峰、羊岩勾青、安吉白茶、九曲红梅制作技艺列入。

2011年，国务院公布第三批国家“非遗”名录，径山茶宴列入名录，紫笋茶、安吉白茶制作技艺列入扩展项目名录。

2012年，浙江省人民政府公布第四批省“非遗”名录，平水珠茶、天台云雾茶、惠明茶制作技艺列入。

2016年，浙江省人民政府公布第五批省“非遗”名录，径山茶、开化御玺贡芽制作技艺列入。

七、世界优质食品评选获奖名茶（表2–3）

表2–3 世界优质食品评选获奖名茶

名 茶	奖 项	申报单位
天坛牌特级珠茶	1984年第23届世界优质食品评选会金质奖	中国土产畜产浙江茶叶进出口公司
天坛牌特级珍眉绿茶	1986年第25届世界优质食品评选会金质奖	中国土产畜产浙江茶叶进出口公司
狮峰牌极品龙井茶	1988年第27届世界优质食品评选会最高荣誉奖金棕榈奖	中国土产畜产浙江茶叶进出口公司
骆驼牌特级珍眉绿茶	1992年第31届世界优质食品评选会金质奖	中国土产畜产浙江茶叶进出口公司
骆驼牌特级珠茶	1996年第35届世界优质食品评选会金质奖	中国土产畜产浙江茶叶进出口公司

第三章 龙井茶

龙井茶以西湖龙井最负盛名，有“中国十大名茶之首”的誉称。千年前天竺、灵隐两寺间的一棵瑞茶，历经千年繁衍演变，至21世纪初，龙井茶区已遍及18个县（市、区），栽培面积几占全省茶园面积1/3，成为浙江第一名茶。

西湖产茶，唐代出南山天竺、灵隐二寺，宋代扩展至南北两山，茶以白云、香林、宝云、垂云名之。至明代脱颖而出始有“龙井茶”之名，至清代龙井茶一枝独秀，选为贡品，西湖群山所产茶叶，几乎都冠以“龙井”之名。至民国时期，龙井茶已扩大至省内多个茶区。吴觉农《浙江茶业瞻望》一文中述及：“龙井茶虽冠以西湖之名，而其产区实包括杭州附近，如杭县、余杭、临安、富阳，及至于於潜、昌化及绍属各县，产量极为可观。”民国《浙江通志稿》第二十一册《物产考·茶叶》：“真龙井茶产于龙井山、梅家坞、狮峰一带，年产五百担左右，最盛时期曾达一千二三百担之多。附近各县所产而称为龙井茶者，战前每年可产七万五千担。”抗日战争时期，浙江省农业改进所在丽水碧

湖、松阳横山等成立示范茶场采制龙井茶，金华润泰茶号在武义猴树乡开办专制龙井茶的仁泰茶庄。

中华人民共和国成立后，龙井茶产区划定为西湖区西湖乡，此外不得冠“龙井”名。1960年，杭州市郊上泗、留下和萧山的闻堰、长河以及个别国营农（茶）场生产少量四级以上龙井茶，列入“龙”字西湖龙井。1965年3月全省茶叶工作会议决定，萧山闻堰按传统龙井茶加工工艺炒制的产品，易名为湘湖旗枪。1980年，湘湖旗枪改名为浙江龙井，并将富阳、余杭和西湖区转塘、龙坞、留下都列入浙江龙井产区。1985年茶叶市场开放后，全省茶区仿制扁形茶，曾有用“浙江龙井”之名的，也有笼统称“龙井茶”的，或冠以地名为称“湘湖龙井”“新昌龙井”等。2001年10月，国家质量监督检验检疫总局发布《龙井茶原产地域产品保护》公告，龙井茶原产地域划分为西湖产区、钱塘产区和越州产区，涉及杭州、绍兴、金华、台州4市，覆盖18个县（市、区），共有110万亩茶园，38万户茶农。到2018年，龙井茶产量2.2万吨、产值43.5亿元，分别占全省茶叶总产量、总产值的11.8%和21.0%，已成为我国产区范围最广、涉及茶农最多、产业规模最大、区域优势最强、对茶产业贡献最大的地理标志绿茶品牌。

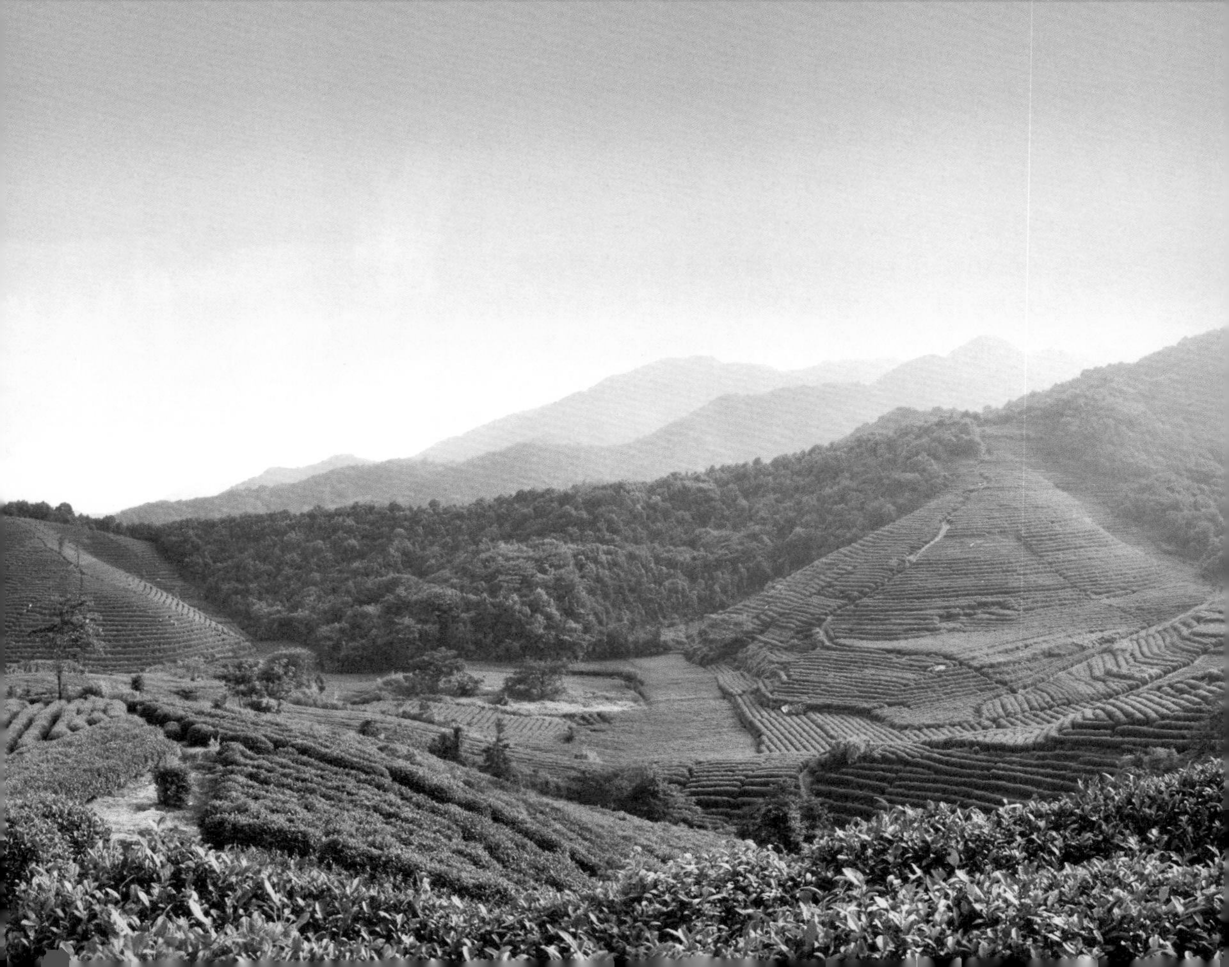

第一节　西湖龙井

龙井茶西湖产区包括杭州市西湖区（含西湖风景名胜区），所产龙井即为西湖龙井。

一、起源

龙井产茶闻于唐代至明代中叶已颇负盛名。西湖龙井茶始于明、盛于清，方兴未艾。

西湖群山产茶历史悠久，唐代《茶经》记载“钱塘生天竺、灵隐二寺”。北宋时期，下天竺香林洞产的香林茶，上天竺白云峰产的白云茶，葛岭宝云山产的宝云茶和宝严院垂云亭产的垂云茶已列为贡品（详见香林茶、白云茶、宝云茶、垂云茶）。南宋时期，杭州成为国都，但龙井茶尚不著名，只有一二诗人加以渲染而已。元代，龙井产茶始有记载。虞集《游龙井》诗云：“徘徊龙井上，云气起晴昼。澄公爱客至，取水挹幽窦。坐我薝蔔中，余香不闻嗅。但见瓢中清，翠影落群岫。烹煎黄金芽，不取谷雨后。同来二三子，三咽不忍漱。”

明代，龙井产茶已渐闻名，产量渐增。田汝成《西湖游览志》记载：“老龙井有水一泓，寒碧异常……其地产茶为两山绝品。郡志称宝云、香林、白云诸茶，乃在灵竺、葛岭之间，未若龙井之清馥隽永也。”成书于万历庚辰（公元1580年）的《四时幽赏录》云：“西湖之泉，以虎跑为最。两山之茶，以龙井为佳。谷雨前采茶旋焙，时激虎跑泉烹享，香清味洌，凉沁诗脾。每春当高卧山中，沉酣新茗一月。”高濂《遵生八笺·论茶品》又说：“杭之龙泓茶（即龙井也），茶真者，天池不能及也。山中仅有一二家，炒法甚精。近有山僧焙者亦妙，但出龙井者方妙。”冯梦祯《快雪堂漫录·品茶》：“昨同徐茂吴至老龙井买茶，山民十数家各出茶。茂吴以次点试，皆以为赝，曰真者甘香而不洌，稍洌便为诸山赝品。得一二两以为真物，试之，果甘香若兰。而山民及寺僧反以茂吴为非，吾亦不能置辨，伪物乱真如此……寺僧以茂吴精鉴，不敢相欺。他人所得，虽厚价亦赝物也。子晋云，本山茶叶微带黑，不甚清翠，点之色白如玉，而作寒豆香，宋人呼为白云茶。”

嘉靖《浙江通志》（公元1551年）云：“杭郡诸茶，总不及龙井之产，其茶作豆花香，色清味甘。词人多见称誉，唯明袁宏道谓其尚带草气，陶望龄作歌嘲之。每岁所产不过数斤，山僧收焙，以语四方人曰本山茶。”万历《钱塘县志·物产》:“茶，出老龙井者，作豆花香，色青味甘，与他山异。又有宝云山产者，名宝云茶；下天竺香林洞者，名香林茶；上天竺白云峰者，名白云茶。宝严院垂云亭、翁家山亦产茶。最下者法华山石人坞茶。而龙井法相僧收以语四方人，曰本山茶。”龙井茶闻名后，香林茶、宝云茶也便销声匿迹了。万历《钱塘县志·纪胜》:“凤凰之北为棋盘山，为狮子峰，为老龙井。老龙井茶品，武林第一。有冲泉，泉甚洌，宜茶。”明田艺蘅《煮泉小品》:“武林诸泉，唯龙泓入品，而茶亦唯龙泓山为最。其上有老龙泓，寒碧倍之，其地产茶，为南山绝品。”

西湖龙井茶的最大特点是外形挺直扁平（图3-1），这种形状的形成在明代隆庆至万历年间，炒制技艺应该是师承借鉴苏州虎丘茶或徽郡大方茶。明代天启年间谷应泰《博物要览》:“浙江省杭州有龙井茶、垂云茶、天目茶、径山茶、昌化茶，凡六品。”龙井茶在明代中晚期已成为杭州第一名茶。

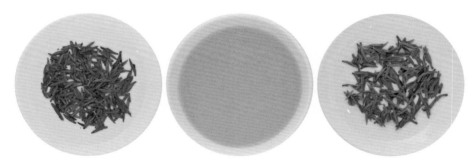

图 3-1 西湖龙井

清代，龙井茶发展较快，列为贡品。清初撰《玉几山房听雨录》载：西湖南北“两山产茶极多，宝云山为宝云茶，天竺香林洞名香林茶，上天竺白云峰名白云茶，葛岭名云雾茶，龙井名龙井茶。南山为妙，北山稍次。龙井色香青郁，无上品矣”。康熙年间，陆次云《湖壖杂记·龙井》：泉从龙口中泻出，水在池内，其气恬然，若游人注视久之，忽尔波澜涌起，其地产茶，作豆花香，与香林、宝云、石人坞、垂云亭者绝异。采于谷雨前者尤佳，啜之淡然，似乎无味，饮过后，觉有一种太和之气，弥沦乎齿颊之间，此无味之味，乃至味也，为益于人不浅，故能疗疾。其贵如珍，不可多得。乾隆六下江南，四次巡幸西湖天竺、云栖、龙井，观茶作歌，对龙井茶赞不绝口，使龙井茶名声远扬，龙井茶区威震东南（图3-2）。

乾隆《浙江通志·物产》：杭郡诸茶，总不及龙井之产。而雨前细芽，取其一旗一枪，尤为珍品。第所产不多，宜其矜贵也。

翟灏等《湖山便览》：风篁岭上为龙井，有龙井寺……茶坡在井西玉泓

图 3-2　十八棵御茶

池左，坡下有无碍泉。

杨秉杷《杨氏杂录·茗花》：浙产茶最盛，杭州诸山产茶尤多。龙井茶高三四尺，枝叶甚繁。秋末冬初，叶老开花如梅，五瓣，淡绿色可观。

二、产地演化

龙井茶产地的演化是一段漫长的过程。明末（公元1590年），龙井茶不过十数亩。产地区域大致在狮峰山麓至龙井寺一带。屠隆《茶说》："龙井不过十数亩，外此有茶，似皆不及。大抵天开龙泓美泉，山灵特生佳茗以副之耳。"

清乾隆时代，龙井茶有所发展，但产量还是不多。到了1840年鸦片战争以后五口通商，龙井茶随着全国茶叶出口贸易的激增有了较大的增长，生产渐多。清末民初之际，龙井茶"狮""龙""云""虎"四个字号划分。"狮"字号龙井茶产地以狮子峰为中心，包括四周胡公庙、龙井村、棋盘山、上天竺等地。"龙"字号龙井茶产于翁家山、杨梅岭、满觉陇、白鹤峰一带。"云"字号产地为云栖、五云山、梅家坞、琅珰岭西等地。"虎"字号龙井茶产于虎跑、四眼井、赤山埠、三台山一带。

中华人民共和国成立后，龙井茶产区发生了巨大变化。1949—1960年，政府积极扶持龙井茶发展，推广科学技术，组织经验交流，使整个龙井茶区生产技术水平得到提高。茶园面积从3 515亩增加到3 650亩。1961—1976年，新开辟龙井茶园600亩以上，推广"条播""密植速成""龙井43号"无性系良种。1976—1985年，推广茶园机械喷灌、龙井43号良种园、开展低老茶园改造。1985年1月11日，杭州市委为满足市场需求，作出了扩大西湖龙井茶产地面积的决定。据此，西湖区政府提出了建设西湖名茶商品生产基地的要求。1986年6月3日，国家农牧渔业部同意划定以西湖乡为中心的名茶生产商品基地9 600亩，西湖龙井茶区扩大为西湖乡、龙坞镇、留下镇、转塘镇、周浦乡5个乡镇的15个自然村。2001年7月16日，《杭州市西湖龙井茶基地保护条例》公布施行，划定一级保护区面积4 929亩，二级保护区面积为8 749.5亩，另设后备基地面积，一级为625.5亩，二级为2 436亩，合计3 061.5亩。2007年，西湖区调整行政区划，龙坞镇、转塘镇合并为转塘街道，周浦乡、袁浦镇并为双浦镇。根据2014年完成的西湖龙井茶园1：500测绘数据，西湖龙井茶产区茶园面积约2.6万亩。

三、文化

（一）西湖龙井地理文化

西湖优越的自然环境和优良的茶树品种是西湖龙井茶成名的物质基础。西湖龙井茶区位于杭州市西湖西面的连绵群山中，层峦叠翠，依山傍水，受一湖一江水气调节和东南季风的影响，气候温暖、潮湿、多雾。白云峰、白鹤峰、北高峰、南高峰、小和山、美人峰、如意尖形成抵挡西北寒流侵袭的自然屏障，这里大部分土壤属于“西湖石英岩”的残坡积物和黄泥沙土，土壤透水性、通气性较好；化学成分的特点是钙与含钾量中等，有机质和磷的含量适中，土壤pH值4.5~6（图3-3）。这些独特的自然条件，极有利于茶树生长和氨基酸、蛋白质及芳香物质的积累与组合，加上龙井群体种、龙井43等优良茶树品种，是形成西湖龙井茶优异品质的物质基础。

图3-3　西湖龙井茶园

（二）西湖龙井茶采摘炒制技艺文化

为保证西湖龙井的优异品质，必须偏早嫩采。自清明前后至谷雨是采制特、高级茶的最佳时节。高档龙井每炒制500克，需要采摘3.6万~4万个鲜嫩芽叶。

手工炒制龙井茶有一套独特的技艺和手法，其基本手法有：抓、抖、搭、拓、捺、推、扣、甩、磨、压10种。这10种手法要在青锅、炒二青、辉锅三道主要工序中灵活掌握，密切配合，协调运用。

（三）西湖龙井茶品牌文化

西湖龙井以其优越的品质，赢得了国内外消费者的喜爱和赞誉，并多次在国内国际茶叶质量评选中获奖。1981年，杭州茶厂的狮峰特级龙井茶获国家金质奖，1985年蝉联金奖。1988年，浙江茶叶进出口公司的狮峰牌极品龙井茶在第27届世界优质食品评选中获金棕榈奖。1999年5月，杭州市质量技术监督局首次发布了《西湖龙井茶》生产的地方标准（DB3301/T 005），之后，分别于2004年11月、2009年11月进行了两次修订。2008年西湖龙井茶手工炒制技艺被文化部列入国家级非物质文化遗产名录。2009年西湖龙井被授予浙江省“特别荣誉名茶”称号。2010年西湖龙井入选“中国世博十大名茶”。2011年，“西湖龙井”地理标志证明商标注册成功，获中国最具影响力农产品区域公用品牌称号；2012年被国家工商总局认定为驰名商标；2010—2014年，连续多年蝉联茶叶区域公用品牌价值评估中榜首；2017年，“十大茶叶区域公用品牌”之首，中国国际茶叶博览会品鉴用茶。

除此之外，历代名人留下了很多诗词、书法、绘画等作品赞美西湖龙井茶。杭州历代禅僧有的直接参与龙井茶的采摘加工过程，以茶促禅留下很多佳话。西湖龙井茶的茶企、茶庄、茶行、茶楼、研究机构等单位本身也是茶文化的重要载体。

四、产业现状

西湖龙井茶产区位于杭州市西湖、转塘、留下、双浦4个镇（街道），共涉及65个行政村（社区），其中西湖街道11个村（社区），西湖区54个村（社区）。2018年采摘茶园总面积23 521.7亩，年产量575吨，农业总产值32 151万元。全区现有茶企95家、茶叶专业合作社7家、茶叶专业批发市场1家、西湖龙井茶授权专卖店35家（覆盖全国各大城市）。中国驰名商标有“贡”牌、“御”牌，浙江名牌产品有“顶峰茶业”牌龙井茶、“龙冠”牌茶叶，浙江著名商标有“狮峰”牌等。

第二节 龙井茶·钱塘产区

龙井茶钱塘产区包括杭州市的萧山、滨江、余杭、富阳、临安、桐庐、建德、淳安8县（市、区）。有湘湖龙井、别有香龙井等名品。

一、湘湖龙井

湘湖龙井产于与西湖区一江之隔的贺知章故里——萧山。

萧山气候属于北亚热带季风气候区，总的气候特征为：冬夏长、春秋短，四季分明；光照充足，雨量充沛，温暖湿润。年平均气温16.8℃。年平均降水量1 440.6毫米。湘湖龙井产自风光旖旎的湘湖周边群山及南部崇山峻岭，境内气候条件优越，气温适宜，土质深厚肥沃，有机质含量丰富，宜茶环境得天独厚（图3–4）。

图 3–4 湘湖龙井茶园

萧山产茶历史悠久。唐代，萧山是陆羽《茶经》中越州茶的产地之一。宋代，著名政治家王十朋作《会稽风俗赋》，真实记载了“日铸雪芽”“卧龙瑞草”“瀑岭称仙”“茗山斗好，（山在萧山西，多奇茗）”四品目越州名茶，萧山湘湖边的茶叶，由此有了茗山的产地与茗山茶的名称。元代至正年间萧山县教谕赵子渐在《萧山赋》中写道“谷雨采茗山之芽，端阳凿仙岩之药”。

到了明代，许多与茶相关的诗文中，可以看到明时湘湖茶叶生产发展的概况。如明代兵部主事来三聘，明兵部职方主事来汝贤，明太常寺少卿、兵科左给事中来集之，明工部主事黄九皋作的诗中，有石岩山、杨岐山、冠山产茶、品茶的记述，这些山均在湘湖周边。

清代，萧山的茶叶生产继续发展，这在地方志书和文人诗作中都有记载。清乾隆《萧山县志·物产》卷，有萧山“枣新栗撰，酿美茶香”的记载。清代诗人蔡惟慧作《春日湘湖即事》“长塘十里柳生芽，来往儿童唱采茶”。

民国时期，茶叶在全县各地山区都有分布，民国《萧山县志稿》载：“萧山县茗山产佳茗，按今湘湖诸山俱产茶。河上乡及坎山亦有之。”当时，湘湖周边和所前等地的湘湖旗枪茶、白毛雨前茶和云石一带的狮山炒青茶，已久负盛名。

中华人民共和国成立后，20世纪50年代中期萧山旗枪茶产量占茶叶总产的一半以上。1960年，浙江省商业厅以商厅行（60）第45号文件，批复同意萧山的仿制龙井茶按西湖龙井“龙”字号价格收购。1980年，经当时的副省长王博平同志提议，浙江省物价委员会（80）25号、浙江省供销社（80）24号文件联合下达意见：“为了适应旅游事业发展的需要，经省财办同意，决定将萧山湘湖旗枪茶及邻近地区生产而品质与之相同的旗枪茶更名为浙江龙井茶”。

2008年，在萧山区政府的支持下，区茶业协会整合资源，创立湘湖龙井这一全区公共品牌。积极推行标准化生产技术，统一包装、统一管理、统一宣传，通过区茶业协会和有关茶叶企业的不断努力，湘湖龙井品质得到了有效的保证，品牌的市场竞争力和知名度得到了显著的提升，受到了越来越多消费者的青睐。

湘湖龙井适制茶树品种主要为群体种、鸠坑种、龙井43等，每年的3月中旬进入茶叶开采期，采摘标准为一芽一叶至一芽二叶初展，经摊放、青锅、摊凉回潮、辉锅等工序制成，外形平扁光滑、大小匀净、色泽嫩绿有光泽，香气清高持久、汤色嫩绿明亮、滋味甘醇爽口、经久耐泡、叶底幼嫩成朵的优异特征。国家茶叶质量监督检验中心高级工程师、国家一级评茶师沈红称湘湖龙井是“峡谷风霜仙龙井，妩媚碧翠绿波长”（图3-5）。据相关检测，茶多酚含量28.6%，其中儿茶素含量17.7%，氨基酸含量5.08%，咖啡碱含量4.65%。2013年5月，湘湖龙井被评为“中国杭州十大名茶”。2013年12月，湘湖龙井被评为了浙江区域名牌农产品。2015年5月被评为浙江绿茶博览会金奖产品。

到2018年，湘湖龙井茶园有2.11万亩，主要分布在闻堰、所前、进化、戴村和义桥等镇（街），产量418吨，产值8 900万元，主销杭州、上海、北

图 3-5 湘湖龙井

京等地。

二、别有香龙井

别有香龙井茶，于2005年，由位于杭州市淳安县的杭州绿润制茶有限公司创制出品，同年取得“别有香”商标。2004年公司已通过了IMO认证，生产产品符合欧盟（EC）、美国（NOP）有机标准。

茶园基地位于杭州千岛湖的姥山岛，有着独特的岛屿小气候，和天然水域屏障，基地执行有机茶栽培标准管理（图3-6）。别有香龙井茶原料采用鸠坑种茶树，以与西湖龙井工艺制作，具有生态、有机、浓醇、透花香的品质著称，是小区域的特色茶（图3-7）。

别有香龙井自2006年以来连续参加国际、国内大型茶叶、食品展会，提升品牌影响力。2006—2018年俄罗斯莫斯科国际食品展；2007年乌克兰国际食品展；2008年、2010年、2012年、2014年法国巴黎SIAL国际食品展；2009年、2011年、2013年、2015年德国科隆ANUGA国际食品展；2013年波兰国际食品展、中东国际食品展；2007年香港国际食品展；2009年中国-东盟博览会；2013年哈尔滨世界农业博览会；2017年、2018年中

图 3-6 别有香龙井茶园

国国际茶叶博览会。别有香龙井是国际茶市鲜见的中国茶企自主品牌产品之一，也是国内著名5星级酒店雷迪森特选用茶。

2018年，别有香龙井茶采摘面积459亩，生产量10吨，产值280万元。产品主要销往杭州、上海、北京、青岛、南宁等城市和俄罗斯、欧美等国家（地区）。

图 3-7 别有香龙井

第三节 龙井茶·越州产区

越州产区范围为：绍兴市越城区、上虞市、绍兴县、新昌县、嵊州市、诸暨市，以及磐安县、东阳市、天台县。有大佛龙井、越乡龙井、磐安生态龙井、东白龙井、天台山龙井等名品。

一、大佛龙井

大佛龙井，产于“中国名茶之乡”浙江省新昌县。因境内拥有1 600年历史的江南第一大佛而得其名。

新昌县位于浙江省东部，曹娥江上游，属浙闽低山丘陵，由天台山、四明山、会稽山三大风景文化名山环抱而成，地势由东南向西北呈阶梯状下降。新昌属亚热带季风气候，温和湿润，四季分明，雨量充沛。≥10℃以上的积温在4 500℃以上。尤其是“早春回温早，晚秋降温迟”这一特点，十分有利于茶芽发育，全年采摘期可持续8个月左右。年平均降水量为1 498毫米，个别山区为1 800毫米，可全面满足茶树对雨量的要求。山区多雾，常年云雾缭绕，空气湿度高，茶芽持嫩性好。新昌境内遍布茶园，主要分布在海拔200 ~600米的丘陵台地和山地之中，丘陵台地茶园多属红黏土和黄泥土；山地茶园土壤多属黄泥砂土与山地香灰土。茶园土壤土层深厚呈微酸性，适宜茶树生长(图3-8)。

图3-8 大佛龙井茶园

新昌建县于五代梁开平二年（公元908年），此前属剡县东部的13个乡，古称剡中或剡东。故建县前有关剡茶的历史，当包含新昌在内。南朝宋人刘敬叔《异苑》云："剡县陈务妻，少与二子寡居，好饮剡茗"，此为境内最早饮茶与栽茶的记载，距今约有1 500多年的历史。

魏晋南北朝时期，新昌茶叶就与儒、释、道文化相融合。以竺道潜、昙光等为首的十八高僧在新昌品茗悟惮，开创般若修禅，形成了"佛茶之风"，开唐代茶道之先河。全唐诗记载有278位诗人到过剡溪、沃洲、天姥，从而形成了"唐诗之路"的文化现象，李白、杜甫、白居易等著名诗人留有不少茶诗名篇。唐代著名的诗僧、茶僧皎然《饮茶歌诮崔石使君》云："越人遗我剡溪茗，采得金芽爨金鼎……。"他留传至今的25首茶诗不少是在新昌这一带写的。"茶圣"陆羽，多次沿剡溪来新昌考察，为茶经的著述提供了宝贵的第一手资料。

新昌建县后，历宋、元、明、清各代，一直是产茶大县。宋崇宁元年（公元1102年）新昌被朝廷列入置场榷茶（征茶税）的全国39个州县之一。18世纪至20世纪80年代，新昌一直是平水珠茶和天坛牌珠茶的主产地，主销欧美和非洲，曾风靡整个茶坛，被誉为"绿色的珍珠"。中华人民共和国成立后，新昌成为全国三大珠茶出口基地县之一，出口的"天坛牌"珠茶荣获第23届世界优质食品评选会金奖。

20世纪80年代开始，根据消费市场的需求和生产发展的需要，该县茶技人员成功开发试制了大佛龙井等名茶产品，90年代初形成了规模化生产。

大佛龙井的适制品种为迎霜、翠峰、乌牛早等茶树良种，每年3月底至4月初开采。采摘标准为一芽一叶或一芽二、三叶。高级茶的采摘标准为一芽一叶初展，芽长于叶。炒制工艺分为摊放、杀青、摊凉、辉干。1995年农业部茶叶质量检测中心在茶叶感观审评报告中称"新昌大佛龙井茶，经检验外形扁平，形似碗钉，色泽嫩绿，汤色杏绿，清香持久，滋味鲜醇，叶底嫩绿匀称，品质优良"（图3-9）。

图 3-9　大佛龙井

区分大佛龙井茶与其他龙井茶的特征，一是大佛龙井外形较肥壮重实，绿中带嫩黄，色泽鲜活；二是大佛龙井具有典型的高山茶风味，香气清而高，滋味鲜而浓，耐冲泡。可冲泡3~4次，滋味浓度不减。主要原因在于大佛龙井产区海拔高，雾天多，昼夜温差大，有利于氨基酸、蛋白质、多酚类和芳香油等有效物质积累丰富。

大佛龙井屡获殊荣。2001年被评为国家地理标志保护产品。2003年注册国家地理标志证明商标。2004年被浙江省农业厅评为浙江省十大名茶。2006年被评为中国著名品牌、浙江省著名商标。2007年被评为浙江省名牌农产品。2009年再次被浙江省农业厅评为浙江省十大名茶（第二届）。

2005年成为国民党主席连战首访大陆的招待用茶。2006年成为哥德堡号百年享宴的指定用茶。作为国礼馈赠了俄罗斯普京总统、瑞典国王等十多个国家元首。2009大佛龙井以17.34亿元的品牌价值成为中国农产品区域公用品牌百强，2010年“大佛龙井”再次以20.38亿元的身价，跻身中国茶叶区域公用品牌十强。此后连续十年进入中国茶叶区域公用品牌十强，2018年大佛龙井品牌价值达38.23亿元。2011年大佛龙井被国家工商总局认定为中国驰名商标。

大佛龙井成为新昌的一张金名片。1995年被国家农业部授予“中国名茶之乡”，2001年被国家农业部授予“全国茶叶标准化示范县”，2002年获“浙江省茶树良种化先进县”，2005年获“全国三绿工程示范县”，2008年被省政府授予“浙江省农业特色优势茶叶产业强县”，2009年被全国供销合作总社授予“全国茶叶科技创新示范县”，2010年被中国国际茶文化研究会授予“中国茶文化之乡”。2016年，新昌县被中国茶文化研究会授予“中国禅茶文化之乡”，被中国茶叶流通学会评为“2016年度中国十大最美茶乡”，2018年，新昌县荣获“2018中国茶业品牌影响力全国十强县（市）”称号，位列排行榜第一位。

品牌管理上，1998年新昌实施《新昌县大佛龙井品牌管理实施办法》及《“大佛龙井”浙江省地方标准》，对大佛龙井进行规范管理。1999年，成立名茶质量监督站，对各茶厂生产进行监督。2008年，新昌县与天福集团建立战略联盟，在800多家天福茗茶连锁店开设大佛龙井专柜。2010年4月，大佛龙井价格指数由中国茶叶流通协会在中国茶市发布，成为国内首个绿茶价格指数。

至2018年大佛龙井有基地12.5万亩，其中无性系良种茶园8.37万亩，产量4 695吨，产值8.305亿元，有中国茶市、诚茂实业两家省级龙头企业，标准化名茶加工厂106家，其中省示范茶厂、标准化名茶加工厂8家。大佛龙井形成以中国茶市为中心，17个乡镇产地市场为依托，百家企业、万人参与的市场网络，主销浙江本地及北京、上海、山东、广东等20多个省市。

二、越乡龙井

越乡龙井产于“中国茶叶之乡”——嵊州市，因嵊州亦为越剧之乡而得名。

嵊州市位于浙江省东部，曹娥江上游，全市地势自西南向东北倾斜，四明山、天台山、会稽山、嵊山四面环绕，中间平坦，剡溪贯穿全市腹地。嵊州市靠近东南沿海，属亚热带季风气候，年平均气温16.40℃，稳定在10℃以上的年活动积温（台地、丘陵）平均为4 900℃左右，全年无霜期平均为235天，年降水量为1 446.8毫米，年平均相对湿度为77.2%，年均日照时数为1 988小时。嵊州台地丘陵和低山区雾日较多，土壤以红壤、黄壤、侵蚀性红壤为主，利于茶树生长（图3–10）。根据1981年县农业土壤普查综合分析，旱地土壤平均养分状况为：有机质含量为1.99%，全氮含量0.098%，速效磷7.1毫克/千克，速效钾89.8毫克/千克。

嵊州古称剡，据史料记载，早在汉代就有种植、采制、饮用的习俗。晋代，捣制茶饼，常年煎饮已甚流行。在南朝宋刘敬叔著的《异苑》一书中即有“剡茶”记载：“剡县陈务妻，少与二子寡居，好饮茶茗”。到了唐代公

图3–10 越乡龙井茶园

元780年前后，剡县已是浙东著名的产茶大县。茶圣陆羽曾“月色寒潮入剡溪”，为后世留下了“剡茶声，唐已著”的记载。皎然在《饮茶歌诮崔石使君》的诗句中，赞誉嵊州剡溪茶清郁隽永的香气，甘露琼浆般的滋味，生动描绘了三饮的感觉。

之后宋、元、明、清各个朝代,“剡溪茶”作为名茶，历来都是朝廷贡品。宋《剡录》载:“会稽山茶，以日铸名天下，然世之烹日铸者，多剡茶也。”公元1102年，在越之剡设茶事官置司。到明代末年，嵊州所产茶叶已有现产珠茶的前身——圆茶的雏形。清代“泉岗辉白”茶被列为全国十大名茶。

民国二十五年(公元1936年)，当代茶圣吴觉农在嵊县三界创办了浙江省茶叶改良场，并开设茶叶专修班，毕业学生后都成为中国茶界精英，遍及全国产茶地和大专院校。20世纪80年代，嵊县“天坛牌”特级珠茶响誉国际。

1985年，嵊县林业局茶叶股承担“嵊县名茶创制”课题，在全县范围内开发名优茶。三年创制过程中恢复和开发了泉岗辉白、舜皇云尖、桂岩雾尖等21只名茶。1998年，嵊州市政府提出了打响一只品牌、带动一批产业的方针，经过在全市范围内对商标的征集、筛选，最后确定“越乡龙井”作为嵊州市龙井茶的主导品牌。

越乡龙井适制茶树品种为龙井43、龙井长叶、群体种等，开采时间一般在3月上中旬，采摘标准为一芽一叶初展至一芽二、三叶，经摊放、青锅、回潮、辉锅等工序制成，外形扁平光滑，大小匀齐，色泽嫩绿，香气馥郁，滋味醇厚，汤色清澈明亮、叶底嫩匀成朵，经久耐泡(图3-11)。其中尤以崿大山脉、会稽山脉所产龙井品质为佳。

1999年被评为省一类名茶。2001年获中国国际农业博览会名牌产品。2002年被评为浙江名牌产品。2003年获浙江名茶证书。2004年被评为浙江省著名商标。2009年被评为浙江省十大名茶。2010年获中华文化名茶、浙江十大旅游名茶。2011年获中国名茶评选金奖、浙江区域名牌。2012年被

图3-11　越乡龙井

评为最具影响力中国农产品区域公用品牌。2013年获第二届山西茶博览会斗茶大赛茶王状元。2014年获全国名特优新农产品。2015年获第一届亚太茶茗大奖金奖。2016年获浙江农业博览会金奖。2017年被评为浙江省知名农业品牌百强。2018年获全国农交会金奖、浙江区域名牌农产品。50多次获国内国际名茶评比金奖。

品牌管理方面，早在1998年，确定“越乡龙井”作为嵊州市龙井茶的主导品牌的同时，组建了嵊州市越乡茶业有限公司，由该公司注册“越乡”牌商标进行行业管理。1999年开始举办一年一次的越乡龙井炒制大赛。2008年市政府出资200多万元收购了“越乡”茶叶商标，由嵊州市越乡名茶协会与嵊州林业局林产品品牌建设办公室一起负责越乡龙井品牌的管理，并相继制定了《越乡商标管理办法》《越乡龙井包装管理办法》等管理制度，采用“越乡＋企业商标”即“母子商标”的形式对全市的龙井茶品牌进行整合，实行“品牌、包装、质量、标识、监管、宣传”六统一的行业管理。2009年嵊州市制定了越乡龙井品牌推介方案，于2009—2011年市财政安排1 000万元专项资金用于推动“越乡龙井”品牌建设。

2018年，越乡龙井基地面积18万亩，产量5 960吨，产品主销浙江本地及上海、山东、北京等20多个省市，其中山东市场的年销售量达到2 500吨，约占山东市场龙井茶销售量的40％。

三、磐安生态龙井

磐安生态龙井产于磐安县，因磐安为国家生态示范区、全国生态县而得名。

（一）自然条件

磐安古时属婺州（今金华市）东阳，1938年设县，1958年又并入东阳，1983年恢复县建制。磐安地处浙江中部，境内的大盘山脉，既是天台山、括苍山、会稽山、仙霞岭的发脉处，又是钱塘江、瓯江、灵江、曹娥江四大水系的主要发源地之一，素有“群山之祖、诸水之源”之称。全县森林覆盖率达80.1％，水质、大气环境质量常年保持一级标准。属亚热带季风气候，年平均气温为13.9～17.4℃，年平均降水1 551.8毫米。“九山半水半分田”地理概况，加上平均海拔500米的台地地形，形成山多林密、云雾缭绕、昼夜温差大、漫散射光多、气候温和、雨量充沛、土壤肥沃等独特的地理位置，优越的气候环境，十分适宜茶树生长（图3－12）。

大盘山北麓有“玉山古茶场”遗迹，初建于宋，清乾隆辛丑年（公元1781年）重修，是宋代设立的官方管理茶叶的专门机构。古茶场的建筑按

图 3-12　磐安生态龙井茶园

交易市场布局，是一处目前罕见的现存古代“茶叶交易市场”的实物遗存，2006年被国务院命名为全国重点文物保护单位，并列入国家级非物质文化遗产名录。

（二）历史渊源

磐安县有悠久的产茶历史。据民间传说，晋代许逊道士游历至磐安玉山，为解决当地茶叶滞销、民生困苦，乃与当地茶农研制“婺州东白”，四处施茶得八方好评，四方茶商云集形成茶叶交易市场——玉山古茶场，被当地百姓奉为“茶神”“真君大帝”。

唐代宝历元年（公元825年），李肇的《国史补》载：“风俗贵茶……婺州有东白”。陆羽《茶经》记载：唐代产茶地共十三省四十二州，被列为贡茶的共十五处，婺州东白排第十。明代《浙江通志》载“东白茶素负盛名”。明代许次纾《茶疏》载：江南之茶……近日所尚者……吴之虎丘，钱塘之龙井，香气浓郁。黄山，天池，浙之雁荡，大盘（现属磐安），东阳……此皆表表有名。清代《东阳县志》载：茶以大盘、东白二山为最。

当代茶圣吴觉农先生在《茶经述评》中曾经这样说过：东白山茶，以外形肥壮、具兰花香著称。陈宗懋主编的《中国茶经》载：“磐安茶叶生产历史悠久，唐代磐安产的‘婺州东白’为宫廷贡茶之一。”

1979年，磐安县秉承“婺州东白”之工艺特色，开始磐安云峰茶的创制，并于1985年获得成功。之后，磐安县推进茶类结构调整，磐安云峰成为区域品牌，除条形绿茶外还开发了扁形、卷曲形绿茶，2001年磐安县被列入龙井茶原产地域保护区，扁形磐安云峰又被称为磐安龙井，2002年磐安被命名为“中国磐安生态龙井茶之乡”，磐安生态龙井正式定名。

（三）其他

磐安龙井经摊放、青锅、回潮、辉锅制成，外形扁平挺秀、光润匀整，色泽翠中呈宝光色，香气清高鲜爽，滋味鲜醇爽口，汤色鲜绿明亮（图3–13）。

1992年，在浙江省第一届优质茶评比中获“优质奖”。2000年，在第二届国际名茶评比中获“银奖”。2010年磐安被评为“全国重点产茶县”“全国特色产茶县”。2016年磐安被评为为“全国十大生态产茶县”。

2007年，“磐安云峰”证明商标获准注册，磐安生态龙井作为磐安云峰区域公用品牌主导产品受由磐安县茶业协会管理。到2018年，磐安生态龙井茶基地面积6.2万亩，年产量2 200吨，产值3.4亿元，主要销售北京、山东、江苏、四川等14个省市。

图3–13 磐安生态龙井

四、东白龙井

东白龙井产于东阳市，因当地历史名茶东白茶、初产于东白林场、主产地东白山而得名。

（一）自然环境

东阳市位于浙江中部、金衢盆地东侧，属平原丘陵地区，会稽山、大盘山、仙霞岭延伸入境，形成三山夹两盆、两盆涵两江的地貌。东阳属典亚热带季风气候，并兼有盆地气候特征，冬夏季风交替显著，春季回暖较早，雨热同步，秋季光温互补，年温适中，四季分明，热量较优，年平均气温17.2℃，10℃以上积温4 900～5 300℃，500米以上的山地几乎没有高温天气出现。东阳光照充足，雨量充沛，空气湿润，年日照时数为1 714～2 032

时，常年相对湿度76%~77%。

龙井茶主产的北部、东北部山区，地势较高，海拔高度大多在350~900米之间，以红、黄壤土为主，土层厚、土壤熟化程度高，土壤pH值4.5~6.5。海拔500米以上的山地，有6 700余公顷（1公顷=15亩，全书同）的山地香灰土和山地黄泥土，巅积层厚实，土壤结构良好，土壤有机质丰富，有机质含量高达9.38%。600米以上的茶区，终年云雾绕山，日晴夜雨湿度大（图3-14）。

图3-14 东白龙井茶园

（二）历史渊源

1983年秋，聘请梅家坞技师在东白林场传艺试制龙井茶，部分销往北京，获得好评。1985年，由农业部门牵头引进人才和技术，建立巍山茶厂，以当地木禾茶群体种生产浙江龙井。1986年巍山茶厂生产的“巍龙牌”浙江龙井通过金华市级鉴定，并获1986—1987年度金华市科技成果三等奖。已故浙江农业大学张堂恒教授题词：“浙江多名茶，龙井质量佳，巍山技术好，鉴定巍龙牌”。

因东阳浙东龙井大受欢迎，1987年又建立了东阳第二茶厂，至1989年，东阳浙东龙井产量已达13.4吨，销往京、宁、沪、杭、甬、穗等大中城市。2000年前的东白龙井95%以上用当地木禾茶群体种生产。

2001年，东阳市被浙江省政府列入龙井茶原产地域保护区的越州产区，东阳市政府将东白龙井作为东阳市茶叶主导产品之一。

（三）工艺品质

东白龙井主要以东阳木禾群体种为原料，其品种特征为：发芽期中生偏早，年萌发轮次5次，育芽能力表现为芽粗伸展快，状如笋头，茸毛中等，有较强的抗逆性、抗病虫性和丰产性，适制龙井茶等绿茶。

东白龙井采摘以一芽一叶初展至一芽二叶初展为标准，采用“西湖龙井”的采制工艺，成品外形扁平光滑，茶芽挺直肥壮，色泽绿润嫩黄，大小匀齐，芽峰显露；香高、鲜嫩持久，味鲜、醇厚，汤色清澈明亮，叶底幼嫩成朵，嫩绿明亮（图3-15）。1986年经浙江农业大学茶业系茶叶生化教研组测定，“巍龙牌”浙江龙井的氨基酸、咖啡碱、多酚类含量分别为3.65％、3.93％、30.37％。

图 3-15　东白龙井

（四）荣誉

2005年获中国济南第三届国际名茶博览会金奖。2006年获第三届中国宁波国际茶文化节“中绿杯”中国名优绿茶评比金奖、北京马连道第七届茶业节暨浙江绿茶博览会金奖。2007年获得中国（杭州）国际名茶暨第二届浙江绿茶博览会金奖。2008年获得第四届中国（宁波）国际茶文化节金奖。2009年第八届“中茶杯”全国名优茶评比一等奖。

（五）行业管理演变

20世纪90年代以来，随着劳动力成本的增加，东白龙井产区向北部、东北部山区转移。

2002年成立了东阳市龙井茶原产地域保护管理委员会，由市政府分管领导任主任，对东白龙井进行行业管理。

2010年，东阳创办富坤农副市场，批发本地名优茶和铁观音，原三单、宅口、巍山三个区域性名优茶交易市场，三单、宅口名优茶交易市场转为鲜叶交易市场，巍山名优茶交易市场转为木材交易市场。

至2018年，东白龙井生产面积3.5万亩，产量650吨、产值1.4亿元，主要销往山东、江苏、安徽、上海、北京、杭州等地，其中山东占60%以上。

五、天台山龙井

天台山龙井茶产于天台县，因山得名。

天台县地处浙江省中东部，属中亚热带季风气候区，受断裂构造和新构造运动的影响，境内山系盘桓，溪流切割，21座海拔千米以上的大山环抱着14万余公顷低山丘陵，又具山区盆地气候特点，四季分明，雨量充沛，温暖湿润、热量充足，年日照在1 768~2 296小时，年平均降水量1 300~1 600毫米，年平均气温12.2~16.7℃，森林覆盖率达69.8%。天台山拥有以国清寺、石梁飞瀑、华顶归云、赤城栖霞、琼台仙谷、寒岩夕照、清溪落雁、罗溪吊艇、龙川峡、紫凝三折瀑、万年寺、高明寺、真觉寺、桐柏宫等为主的众多自然、人文风景名胜，并以佛宗道源，山水神秀著称，1988年被国务院列为国家重点风景名胜区和首批AAA级风景旅游区，2000年成为中国首批4A级旅游区，2015年被评为5A级旅游区（图3-16）。

据2004年杭州出版社《西湖全书·西湖龙井茶》开篇直叙“西湖茶树天台来”，记载南朝诗人、佛家谢灵运（公元385—433年）将天台山茶籽带至

图3-16　天台山龙井茶茶园

杭州灵隐寺下天竺香林洞一带种植，而演变成目前名冠天下的杭州西湖龙井。

据《天台县志》记载，天台欢岙、螺溪等地茶农原有生产部分旗枪、大方等扁形绿茶品种。1995年，新昌龙井茶炒制技术传入天台，白鹤、三州、雷峰、坦头、欢岙等地开始全面改制龙井茶。1996—1998年，县林特局邀请杭州西湖区炒茶师傅传授正宗西湖龙井茶炒制技术。2001年白鹤、三州、雷峰和平桥等8个乡镇被划入龙井茶原产地域越州产区。

天台山龙井茶加工兼具西湖龙井和新昌大佛龙井工艺特点，经摊放、青锅、回潮、辉锅制成，成品茶外形扁平光滑、色泽绿翠带黄，内质香气浓郁持久，滋味浓厚鲜爽、清冽回甘，汤色明亮，叶底嫩匀成朵，兼具高山云雾茶品质特色（图3–17）。

2001年，天台县划入龙井茶原产地域越州产区后，天台县人民政府成立了天台县龙井茶证明商标管理和保护委员会，专门从事龙井茶生产管理。

2018年茶园面积9.99万亩，年产量1 470吨，年产值18 800万元，主销宁波、上海、绍兴、江苏、山东等地。

图3–17　天台山龙井茶

六、十里坪有机龙井茶

十里坪有机龙井茶产于诸暨市东部山地省级现代农业园区东和十里坪，由浙江诸暨十里坪茶业有限公司在2009年创制。

十里坪有机龙井茶基地生态环境优越，四面环山，空气清新、鸟语花香、雨量充沛、日照丰富，具有典型的丘陵亚热带山地气候特征。常年平均气温16.4℃，年降水量平均为1 401.8毫米，年日照时数平均为1 801小时，无霜期年平均为233天。茶园土壤肥沃，低丘土壤以黄泥土、黄筋泥为主，土壤呈弱酸性，pH值在4.5~6.0，适宜茶树生长，自然环境条件优越，无任何工业污染，为有机茶生产创造了独特的环境条件（图3–18）。

十里坪有机龙井茶用连续化自动化加工生产线生产，经摊放、杀青、摊凉回潮、自动压扁、整形、冷却回潮、辉锅整形、炒干制成，外形扁平光滑，色泽绿润，香气清香持久，滋味鲜醇，汤色嫩绿明亮，叶底肥壮，嫩匀完整（图3–19）。

2009年，十里坪有机茶基地被评为“浙江省无公害茶叶基地”，十里坪商标被评为“中国驰名商标”，2010年底，批准为全国第四批有机食品生产基地，成为诸暨市首个全国有机食品生产基地，2011年获第二十二届中

图 3-18　十里坪有机龙井茶园

图 3-19　十里坪有机龙井茶

国哈尔滨国际经济贸易洽谈会浙江绿茶博览会金奖，2012年获浙江省·静冈县2012绿茶博览会金奖，2013年获浙江绿茶（南京）博览会金奖，2014年12月被认定为浙江名牌产品，2015年1月，被确认为浙江省著名商标，2015年获第十届浙江绿茶博览会金奖。

2018年，十里坪有机茶有生产基地1 200亩，产量18吨，产值1 080万元，产品销售以绍兴地区及上海地区为主。

七、山娃子龙井茶

山娃子龙井茶产于柯桥区会稽山脉一带海拔700多米高山上，于2000年创制（图3-20）。

山娃子龙井茶采用龙井茶炒制工艺，外形扁平挺秀，色泽翠绿，汤色清澈明亮，香气馥郁，滋味鲜醇甘冽。

2018年，面积1 100亩，产量7.5吨，产值300万元，产品主销本市及上海、南京等地。

图 3-20　山娃子龙井茶

第四章 名茶选介

浙江名茶，源远千年，名品迭出，绵流至今，创新不竭。20世纪80年代以来，改革开放给浙江名茶带来勃勃生机，是全省名茶生产历史上最好的时期。在省委、省政府的重视下，茶叶各产区进一步发挥特色产品区域优势，优化资源配置，突出主打品牌，提高产品知名度，扩大市场占有率，实现浙江茶叶经济增长方式的转变。经过40多年的不懈努力，形成了特色明

显、种类齐全的名优产业茶，传统名茶如西湖龙井、顾渚紫笋、径山茶、惠明茶、九曲红梅等得到继承保护与发展，又不断创新推出一大批当代名品，如雪水云绿、千岛玉叶、东海龙舌、绿剑茶、羊岩勾青、龙泉金观音等，涌现了大量“创一只名茶、扶一个龙头、兴一片产业、带一方经济”的生动事例。名茶已成为一种帮助浙江山区农民脱贫致富的模式，探索山区农业可持续发展的经验。

本章选录传统名茶52款，创新名茶143款，分别按地区序录。

第一节 传统名茶

浙江古代名茶中，至当代仍有一部分继承下来了，或曾有中断，经挖掘后重新恢复。这些名茶中有许多在采制工艺上有了新的改进和提高，产区范围也有了很大的扩展，但是还保持了一定的传统特色，故称之为“传统名茶”。

一、杭州市

（一）九曲红梅

九曲红梅产于钱塘江畔，杭州西南郊的周浦乡（图4-1）。

清末民初，杭州所产红茶颇有名气。徐珂《可言》中说：“杭茶之大别，以色分之，曰‘红’，曰‘绿’。析言之，则红者九：龙井九曲也、龙井红也、红寿也、寿眉也、红袍也、红梅也、建旗也、红茶蕊也、君眉也。”太平天国期间，当地几经兵火，乡民减半。有十三户农民上大坞山修建草舍，垦荒种粮，辟山栽茶，以谋生计。这些农民有制作红茶的经验，所制红茶品质优异，为沪杭一带茶商所赏识，高价收买，以至闻名于市。

大坞山高500米，山顶为一盆地，沙质壤土，土厚地肥。四周山峦环抱，林木葱郁，遮蔽风雪，掩映秋阳，加以地临钱江，江水蒸腾，山上朝夕云雾缭绕。茶树栽植其间，根深叶茂，芽嫩茎柔，品质优异。

图 4-1　九曲红梅茶园

由于大坞山所产有限，于是附近的湖埠、社井一带茶农相继仿制，产量大增，名声也日渐扩展，并把“龙井九曲”“龙井红”“红梅”等多种名称统一为“九曲红梅”。“九曲红梅”因产地不同，萌芽迟早不一，采摘期和茶叶品质各异。大坞山真品在谷雨前后采摘，茶品最优；上堡、张余、冯家一带的所谓“湖埠货”，在谷雨前开园，品质稍次；社井、上阳、下阳、仁桥一带的所谓“三桥货”，早在清明前后就开始采摘，品质又次之。

“九曲红梅”采摘标准要求严格。在新梢上，候早晨日出露干后按一芽一、二叶标准采摘。良好的茶香，主要是掌握适当的发酵和精心的烘焙而发挥出来的。

九曲红梅产品特点是外形细紧弯曲，干茶色泽乌润，茶汤呈铜红色（红艳明亮），具芳醇、清雅风味（图4–2）。

到2018年，九曲红梅茶面积1 583.1亩、产量59吨、产值1 050万元，主销江、浙、沪等地。

图 4–2　九曲红梅

（二）桂花龙井

桂花龙井产于西湖区，因杭州盛产西湖龙井与桂花，而窨制的花茶。

宋代的刘士亨写过一首《谢璘上人惠桂花茶》，诗云：“金粟金芽出焙篝，鹤边小试兔丝瓯。叶含雷信三春雨，花带天香八月秋……”

桂花龙井自明清延续至今，用西湖龙井茶为茶胚，前一天将茶胚移出冷库，升至常温，采未完全开放的鲜花，整理后将西湖龙井茶和桂花按比例搅拌均匀，其中桂花量占6%，窨制过程中，石灰与茶叶比例约1∶1，一层茶叶，一层石灰包，12~15小时后将花、茶分离，需经三次以上窨制而成。

桂花龙井既有西湖龙井茶独特品质，又有浓郁桂花香（图4–3）。

到2018年，桂花龙井生产面积2 000亩，产量约30吨、产值约800万元，主销杭州、上海、山西、福建等地；其中以杭州山地茶业有限公司生产的山地牌桂花龙井影响最大（图4–4）。

图 4–3　桂花龙井

图 4-4　桂花龙井茶园

（三）三清茶

三清茶，也叫云石三清茶，产地位于龙井产区的杭州市萧山区戴村镇。因其“香气清高持久，滋味清醇爽口，汤色清澈明亮”，而得“三清”之名。

云石产茶在明清间已颇负盛名，民间有着许多关于茶叶的传说。据传山民沈三清饮茶后长生不老，升为神仙，在当地石牛山同盘顶留有他升天时的脚印；还有朱元璋在避开元军追捕之后，曾于云石女娲殿附近摘茶品茗，明朝一建立即下旨将女娲殿周围所产茶叶列为贡品。此后，茶商将云石茶以“女娲殿茶”之名运销上海等地。

图 4-5　三清茶

1991年萧山区恢复开发三清茶。工艺主要借鉴龙井茶传统手工炒制方法，选用一芽一叶、一芽二叶鲜叶，经杀青、摊凉、辉锅、提香工艺加工而成，外形平扁光直，香气清高持久，滋味清醇爽口，汤色清澈明亮，叶底细嫩成朵（图4-5）。

三清茶荣获1991年杭州国际茶文化节名茶新秀荣誉证书和奖牌，并被省茶叶学会授予“名茶新秀”一等奖；1992年获首届中国农业博览会铜奖；1993年被省农业厅授予一类名茶证书；2000年，云石三清茶入编中国农业出版社《中国名茶志》历史名茶；2002年被杭州市评为十大名茶；2009年开始举办

"中国杭州三清茶文化节"；2010年被评为萧山区十佳旅游商品。

三清茶于1992年注册"三清""三清茶"商标，1993年成立杭州萧山云石农业综合发展公司进行管理，2008年合并杭州萧山云门寺生态茶场扩大规模，2018年拥有面积3 500亩，生产量35吨，产值2 660万元（图4-6，图4-7）。

图 4-6 三清茶茶园

图 4-7 三清茶茶厂

（四）径山茶

径山茶产于杭州市余杭区西北境内之天目山东北峰的径山，因产地而得名，范围涉及余杭区的径山、余杭、中泰、黄湖、鸬鸟、百丈、良渚等镇乡及临安市的横畈、高虹等镇乡。

径山风光绮丽，秀竹成林，主峰凌霄峰，海拔769.2米，境内竹木繁茂，浓翠欲滴，茶园多分布在海拔560米以上的黄红壤上，其土壤表层为黑褐色的“香灰土”，山地土质疏松、深厚。气温较平原低，冬季又偏长，雨量充沛，气候湿润，植被覆盖率高，山腰坞岙地带终年云雾缭绕，直射光减少，而漫射光增多，加上昼夜温差大，白天光合作用强，晚上呼吸作用弱，所以有效物质积累较多（图4–8）。

图 4–8　径山茶茶园

径山茶始产于唐。据清嘉庆《余杭县志》记载：唐天宝元年（公元742年），径山高僧法钦“尝手茶树数株，采以供佛，逾年蔓山谷，其味鲜芳，特异他产，今径山茶是也。”径山茶闻名于宋。宋代钱塘吴自牧在《梦粱录》中记载：“径山茶采谷雨前茗，用小缶贮馈之。”元、明、清时的径山茶仍享誉不衰。明代田汝成《西湖游览志》载：“盖西湖南北诸山及诸旁邑产茶，以龙井、径山尤驰誉也。”清代谷应泰在《博物要览》中也有记载：“杭州有龙井茶、天目茶、径山茶等六品。”

径山因寺而开，因佛而兴。早在宋时径山禅寺已成为江南“五山十刹”之冠，有“东南第一禅寺”之誉，吸引了大批国内外的高士名僧前来径山寺修业。“南宋后期，日本佛界名僧圆尔弁圆（公元1235年入宋，公元1241年回国）、南浦昭明（公元1259年入宋，公元1267年回国）等多人，先后来径山参研佛学，回国时带去径山茶种和种茶、制茶技术，在日本推广。同时传去供佛、待客等饮茶仪式，在日本传播”（新编《余杭县志》，1990年版）。据日本《类聚名物考》第四卷记：“正元年中，驻前国崇福寺开山南浦绍明，入唐时宋世也，到径山寺谒虚堂，而传其法。而皈，时文永四年也。”

径山茶于1978年恢复试制，为烘青型绿茶，原料用一芽一叶或一芽二叶初展鲜叶，制作分为摊放、杀青、理条、揉捻、烘焙五道工序，制成的径山茶干茶条索细嫩紧结，显毫，色泽翠绿；茶汤嫩绿明亮：叶底嫩匀成朵。径山茶除了常见绿茶冲泡方法外，还可以先放水、后放茶，茶叶会象天女散花般很快深入杯底，这是径山茶所独有的（图4-9）。1998年余杭区成立径山茶业管理协会，实施统一品牌，将原较有名气但产量很少的名茶，如“谷雨春”“双径雨前”“娘娘山茶”“余杭雀舌”等统一以“径山茶”冠名。2003年协会更名为余杭区径山茶行业协会，同年注册“径山茶”证明商标。

图4-9　径山茶

径山茶1979年荣获浙江省名茶评比第一名，1982年获浙江省名茶证书，1987年被评为全国名茶，获农牧渔业部颁发的优质农产品证书，1991年获得“中国文化名茶”称号，1999年获浙江省人民政府颁发的《浙江省农业名牌产品》证书，2002年荣获浙江省名牌产品，2004年荣获“浙江省十大名茶”称号，2006年“径山茶”品牌荣获浙江省十大地理标志品牌，2009年荣获“第二届浙江省十大名茶”称号，2010年被国家工商总局认定为“中国驰名商标”，2011年径山茶宴列入国家级非物质文化遗产名录，2014年被国家质监总局批准为国家地理标志产品保护，2018年获第二届中国国际博览会金奖。

2018年，径山茶面积6.45万亩，产量8 324吨，产值8.35亿元，主销杭州地区。

（五）安顶云雾茶

安顶云雾茶，产于富阳市境内，又称安顶茶、岩顶茶、富阳岩顶、岩顶茗毫，因产地安顶山而得名。

安顶山，又称岩顶山，系仙霞岭延伸之余脉，顶峰最高海拔790米。山顶常年云雾缭绕，雨量充沛；土质疏松肥沃，有机质含量丰富（图4-10）。

图 4-10　安顶云雾茶茶园

安顶云雾茶由来已久。据民间传说，明太祖朱元璋起兵反元，进攻杭州失利，单身避难至安顶山大西庵。庵中道士奉茶敬客。朱元璋见此杯热茶中，冒出“茶烟”凝聚，久而不散，清香四溢，绿叶衬映，呷了一口，醇冽心肺，精神大振。便问道士：“何茶？”次日道士引路，请朱元璋登顶峰田鸡坪观看了十几蓬茶树，并告：“此乃安顶茶”。当朱元璋在南京称帝后即下诏书，把“安顶茶”列为贡品，一直延至清代，年年进贡。“安顶茶”也随之从“十几蓬”扩展到整个安顶山区，成为“十里茶香”。清光绪《富阳县志》记载：“南北各乡均产，而南不及北之多，北不及南之美。”其所称“南之美”就是指产于富春江南岸安顶山的“安顶云雾茶”。

20世纪80年代后期，当地农业部门经过反复试验和示范推广，安顶云雾茶从手工炒青改制为扁形绿茶，并正式定名为“安顶云雾茶”。改制后的安顶云雾茶制作分摊放、炒青锅、摊凉回潮、炒辉锅四道工序，其外形扁平光滑、色泽绿润，内质具有地域香或扑鼻清香，滋味鲜爽，汤色绿明，叶底嫩绿明亮（图4-11）。

图 4-11　安顶云雾茶

安顶云雾茶自转型后，多次参加国家、省、市名茶评比。1986年被评为省一类优质名茶，2003年荣获第五届“中茶杯”名优茶评比一等奖，2008年注册“安顶云雾茶”商标，2009年被列入杭州市级非物质文化遗产名录。2016年2月注册为证明商标。

2018年，安顶云雾茶生产面积6.51万亩，茶叶产量达1 671吨，产值5.3亿元，主销杭州、上海、北京、山东、西安等地。

（六）天目青顶

天目青顶原称天目山茶、天目云雾茶、黄岭御茶，产于浙江省临安市。

天目山，古称浮玉山，主峰西天目和东天目，海拔均在1 500米左右。天目山区森林茂密气候温湿，树叶落地，形成灰化棕色森林土，腐殖质厚达20厘米左右，土壤疏松、色黑，有机质含量丰富，土质微酸性。天目山区属亚热带季风型气候，气温较低，相对湿度大，终年云雾笼罩。主要产茶地的海拔高度在350~380米，常年平均温度为14.6℃，年平均降水量在1 400~1 500毫米，十分适宜茶树生长（图4-12）。

天目青顶历史悠久。据《临安县志》记载，早在西汉元始年间，“寿春人梅福字子真，见王莽有篡志，挂冠来隐于九仙山中，种茶以自娱。”临安九仙山，悬溜山道观故址附近，或为临安最早的茶山之一。至唐代中叶，天目山茶已是闻名于世的上品名茶了，茶圣陆羽在《茶经·八之出》中写道：“杭州临安、于潜二县生天目山与舒州同”。明代屠隆著《考磐余事》中，有将“虎丘、天池、阳羡、六安、龙井、天目”六个茶品同列为佳品。

天目山茶列为贡品始于何时尚待考证，明万历《临安县志》载：“临安岁贡御茶，产于黄岭山，每年额贡御茶二十斤”，可见天目山茶在明代时已被列为封建帝皇的“御品”。清宣统《临安县志》载“天目云雾，天目各乡俱产，惟天目山者最佳”。1910年（宣统二年）天目云雾茶在江宁举办的南洋劝业博览会上荣获特等金质奖。后天目云雾茶工艺失传。

图 4-12　天目青顶茶园

1979年开始，临安县对天目青顶名茶进行了恢复和研究工作。恢复后的天目青顶为烘炒青绿茶，制作分摊放、杀青、炒二青、烘干四道工序，外形条紧略扁，形似雀舌，叶质肥厚，银毫隐露，色泽绿润，滋味鲜醇爽口，清香持久，汤色清澈明净，芽叶朵朵可辨（图4-13）。

图 4-13　天目青顶

1986年5月在浙江省食品工业协会举办的全国名茶评比中，被评为浙江省十大名茶之一；1988年在浙江省农业厅举办的全省名茶评比中又被评为“一类名茶”；1989年5月，获浙江省“名茶证书”；1990年东坑村基地通过荷兰有机食品认证机构SKAL检测，成为中国首例有机食品的诞生地；1991年杭州国际茶文化节名茶评比中获中国文化名茶奖。

天目青顶2009年注册得国家原产地证明商标，2012年获得农产品地理标志，2018年生产面积4.2万亩，产量383吨，产值20 390万元，主要销往上海、北京、杭州、嘉兴等大中城市。

（七）东坑茶

东坑茶产于临安市东坑村，因村得名。

东坑村位于临安市太湖源镇临目区块，居天目山的东北部。乾隆、宣统年间《临安县志》中均有东坑地名的记载。

东坑村，在总长16千米的深山坞里，由18个自然村组成，依山傍水，群山连绵，平均海拔600~800米。东坑村地域宽阔，生态优异，全村有土地总面积1 881.8公顷，其中林地面积1 724.6公顷，林地占总面积的92%，森林覆盖率为96.1%，居临安全市各村之首（图4–14）。

图4–14　东坑茶茶园

东坑村在古代就盛产茶叶，《临安县地名志》中载有“东坑源头高山产名茶，俗呼东坑茶。”太湖源镇临目区块境内有两条溪，一条发源于东坑村，称东坑溪，源头的神皇山是东坑茶的主要产地；另一条发源于白沙村的平顶山，因居东坑之西，而称西坑溪。这两条溪，尤其是西坑溪，水碧如黛，属矿泉，水质清澈，甘醇。用此溪水冲泡东坑茶，茶香四溢，茶汤格外鲜美，故早有“东坑茶叶西坑水”的美称。因东坑茶产地居天目山一侧，常年在云雾笼罩之中，在古时亦称“天目云雾茶”，当地人称东坑茶。

东坑茶过去一直用手制作，现改为机械制作配合部分手工辅助，工艺主要分摊放、杀青、揉捻、炒二青（理条）、烘干，制成的茶叶茶条紧结略扁，形似雀舌，叶质肥厚，条毫隐露，色泽绿润，滋味鲜醇爽口，清香持久，汤色清澈明净，芽叶朵朵可辨，色、香、味俱佳（图4-15）。

图 4-15　东坑茶

1929年，东坑茶获首届西湖国际博览会上获得优等奖。

1990年，东坑茶由临安茶厂通过浙江省进出口公司出口到欧洲市场，并经国际著名有机食品认证颁证机构SKAL（荷兰）颁证为有机食品（茶叶），这是我国首例出口到国外的有机茶。

1991年，太湖源镇天目名茶产业协会注册了东坑牌商标，授权东坑有机名茶专业合作社负责管理与使用。

1991年在中国农业博览会上获农博会金质奖，1997年获国家环保总局中国有机食品证书与1997中国国际茶会金奖，1998年获中国国际茶文化研究会中华文化名茶金奖，1999年获浙江名茶证书与国际名茶评比金奖，2002年获中国精品名茶金奖与第四届国际名茶评比金奖。

到2018年，东坑茶面积2 100亩，全部获得有机茶认证，年产量35吨，产值960万元。是临安天目青顶茶中产区中最突出的区域品牌，主销上海、杭州和临安本地。

（八）建德苞茶

建德苞茶，亦称严州苞茶，产于浙江省建德市，为兰花形半烘炒绿茶。

建德苞茶始于清同治年间（公元1870年）。当时严东关是浙西的水运要道，是皖南和浙西的物资集散码头。安徽茶商运销黄山毛峰经新安江水运来严东关，再转运各地销售。当时皖南的黄山毛峰货源供不应求，茶商在建德三都小里埠吸取黄山毛峰精髓的基础上，结合睦州细茶工艺，创制出一款别具特色，芽叶连柄带蒂，形似含苞待放的兰花的茶品，为黄茶类，取名“小里苞茶”，后商人们感到“小里”名气太小，便在“苞茶”前冠以“严州”二字，更名为“严州苞茶”。因原料规格不同，分为“顶苞”“次苞”两种。由于品质优异，销路迅速扩大，销量激增，到20世纪初曾销往杭州、苏州、汉口、天津、营口、广州等城市。据杭州庄源丰茶行记载，1919年还销往过苏联。历史上最高产量曾达20 000千克。中华人民共和国成立初期，产量下降颇剧，到20世纪70年代几近绝迹。

1979年，在浙江省农业厅茶叶专家的指导帮助下，几近停产的严州苞茶得到恢复，改黄茶类为绿茶类，并将产品名称定为建德苞茶，成为浙江省第一批恢复生产的古老名茶之一。后多次被评为省、市“一类名茶”，1989年获得省“名茶证书”，1991年荣获中国文化名茶。创新后建德苞茶改变原苞茶原料粗放和不揉不炒的简单加工，选一芽一叶至一芽二叶初展本地高山青叶，制作分摊放、杀青、揉捻、理条、初烘、整形、复烘、提香等工序。2008年，国家质检总局发布2008年第56号公告，建德苞茶通过审查实施地理标志产品保护。2010 年“建德苞茶”注册为地理标志证明商标，实现了从“品名”到“品牌”的历史跨越(图4-16)。

2015年7月《建德苞茶生产技术规范》升格为浙江省地方标准，2017年

图 4-16　建德苞茶茶园

建德市政府启动了“建德苞茶”区域公用品牌建设计划，将原较有名气但产量很少的名茶，如“新安江白茶”“黄金茶”等统一以“建德苞茶”冠名，并按茶树品种不同，分为三个系列，黄化系品种为金苞系列，白化系品种为钻苞系列，常规品种为翠苞系列，其典型品质特征是“月弯条、花苞形；汤色嫩绿明亮；香气幽香清甜；滋味鲜醇回甘 ；叶底嫩匀成朵”（图4-17）。建德苞茶从此进入了一个“正本清源、依托品牌、经营有序、健康发展”的崭新时期。

图 4-17 建德苞茶

2018年，建德苞茶生产面积已达6.3万亩，年产量达650吨，产值3.06亿元，获国家气候优质农产品，中国国际茶叶博览会金奖，中国国际茶叶博览会品鉴用茶、中华茶艺技能大赛比赛用茶等荣誉和称号，产品主要销往江浙沪地区，同时远销德国、法国、英国等欧盟国家。

（九）千岛银珍

千岛银珍产于建德市，为针芽形绿茶。

建德市地处浙西山区，境贯“三江一湖”（新安江、富春江、兰江、千岛湖），森林覆盖率近78%，贯穿境内的新安江常年17℃恒温，生态地理环境得天独厚，历来为中国重点茶区之一（图4-18）。

建德市产茶历史悠久。《新唐书. 地理志》（卷十一）记载：“睦州新定郡……天宝元年（公元742年）更郡名，土贡文绫、簟、白石英、银花、细茶。”此处的细茶即为建德细茶。

明代谈迁《枣林杂俎》：“建德县芽茶五斤”。《清朝全典》中也有记载：“本朝37府县贡，浙江有10府县”，当时浙江贡茶的十府县之一严州所贡之茶即为建德芽茶。可见明清时代，建德茶叶被列入贡茶。

20世纪80年代至90年代初，新安江沿岸茶农在建德细茶技艺基础上，生产单芽茶，获市场认可。1997年，为借助千岛湖名气，正式命名为千岛

图 4-18　千岛银珍茶园

银珍茶。1998年建德市人民政府举办了“建德首届千岛银针茶新闻发布会暨炒制技术擂台赛”，“千岛银珍茶”正式推向市场。1999年注册“千岛银珍”商标。

千岛银珍茶的加工有严格要求。统一标准选料，以优质春茶单芽为原料，一般每千克干茶，需6万个左右茶芽。经鲜叶摊放、杀青、初烘理条、复烘提香、精选分级等多道工序制成，具有“形似针、绿如翠、香如兰、味甘醇，泡饮时，茶在杯中亭亭玉立，缓缓立于杯底，令人赏心悦目”的产品特点（图4-19）。

图 4-19　千岛银珍

2010年千岛银珍茶批准登记为国家农产品地理标志产品，2013年获杭州十大名茶称号，2016年获得浙江省名牌产品，并多次浙江茶博会金奖。

截至2018年，千岛银珍茶主要由杭州茶乾坤有机食品有限公司（原浙江千岛银珍农业开发有限公司）生产和管理，面积1.5万亩，产量80吨、产值0.85亿元，产品主要销往杭州、上海、江苏、山东、北京等地市。

（十）天尊贡芽

天尊贡芽古称天尊岩茶，产于桐庐县歌舞乡，为针芽形绿茶。

歌舞乡（现属钟山乡）位于桐庐县中南边陲，境间群山逶迤、峰峦层叠、溪涧纵横。西北、西、西南边界诸峰海拔均在900米以上。茶园土壤以黄壤土类黄壤亚类的山地黄泥土为主，山地黄泥砂土为次，土层较深厚，有机质含量为5%左右，pH值5.3~5.4。气候及土壤条件颇为适宜茶树生长，尤因峰峦叠翠，漫射光比平原低丘多，且夏季多雷阵雨，早晨多雾，湿度大，昼夜温差大，极有利于茶叶芳香物质和内含成份的积累，芽叶的持嫩性较强（图4-20）。

天尊贡芽曾是南宋时的贡品，《分水县志》和《桐庐县志》：“……六研斋笔记（注：明·李日华撰）载：邑天尊岩产茶最芳辣，宋时以充贡”。在《浙江省桐庐县地名志》中载：“天尊岩在歌舞乡天尊岭东侧，海拔856米。其地巉岩陡峭，山势雄伟险峻，按义得名，俗称罗坞头，昔时产茶列为贡品”。桐庐县内有茶山名宋家山，据民间相传正是当年天尊贡芽所产地，因产贡茶而被宋高宗赵构封为宋家山，山上茶树迄今尚存，且生气盎然。

1984年，桐庐县政协会同县农业局成立课题组恢复研制天尊贡芽，由茶叶科技人员卢心寄主持。1986年通过县科委

图4-20　天尊贡芽茶园

的鉴定。浙江农业大学庄晚芳教授在鉴定会上建议天尊岩茶更名为天尊贡芽。恢复研制的“天尊贡芽”茶的采摘标准为一芽一叶初展，制作分摊青、簸片、杀青、轻揉、初焙、摊凉、复焙、辉锅提毫八道工序，制成的天尊贡芽冲泡后，嫩芽朵朵，状如雀舌；香气清高持久；外形似寿眉，银毫披露，绿中透翠；汤色嫩绿明亮，滋味鲜爽醇厚（图4–21）。

图 4–21　天尊贡芽

天尊贡芽恢复生产后，多次参加省、市名茶评比。1991年被授予省名茶证书；同年，在杭州国际茶文化节上被评为名茶新秀和“七五”全国星火计划博览会金奖。曾获“杭州市十大名茶”、杭州市著名商标、中华文化名茶等称号。

截至2018年，天尊贡芽有名茶基地0.65万亩，产量达40吨，产值0.85亿元，主要销往北京、上海、浙江、江苏等地市，也有少量产品销往中国台湾、香港以及日本等地。

（十一）**芦茨红茶**

芦茨红茶，产于桐庐县富春江镇芦茨村，地处“群峰起伏落云间，秀水环绕景清美”的龙门山脉林间腹地、生态优美之境，是《富春山居图》之精华—白云源、芦茨湾佳景地域（图4–22）。

芦茨红茶起自公元1341—1344年，因得刘基（伯温）点拨而扬名，早在明清时期已蜚名于市。据《浙江茶叶》（1985年版）中《浙江茶叶贸易》一文载：“清、民国期间……桐庐芦茨生产的红茶，为国内市场畅销的内销茶”。1955—1979年则以外销苏联等国为主。

进入21世纪后，杭州桐庐大自然茶业发展有限公司恢复创制芦茨红茶。芦茨红茶采摘标准为一芽一叶，高端者为一芽。加工要求薄摊凉青、适度萎

图 4-22　芦茨红茶茶园

凋、适中揉捻、轻度发酵、初烘保质、复烘提香。毛茶精制后的商品茶分极品、特级、一级。芦茨红茶形细紧、色乌润、显金毫，汤色红亮，叶底红明，甜香浓郁，滋味鲜醇（图4-23）。

芦茨红茶曾获上海世博会名茶评优红茶类优质奖、浙江绿茶博览会金奖、杭州优质红茶等称号。截至2018年，芦茨红茶有名茶基地0.35万亩，产量达30吨，产值0.38亿元，主销杭州、上海、北京等地区。

图 4-23　芦茨红茶

（十二）鸠坑毛尖

鸠坑毛尖，古称睦州鸠坑茶，产于淳安县鸠坑源。

鸠坑优越的自然环境和鸠坑良种茶的存在，是鸠坑毛尖成名的基础。鸠坑位于淳安西北部，北与安徽歙县相邻，紧靠白际山脉，这里山峦起伏，群峰连绵，阻挡着冷风的侵入。千岛湖延伸其内，冬暖夏凉，气候温和，年平均气温16.5℃，月均温最高为28℃，最低4.4℃。土壤深厚肥沃，表土质似香灰，有机质含量十分丰富。源内山高谷深云如海，茶树终日生长在云蒸霞蔚的环境中。采茶季正是山花烂漫时，使其品质更具高山茶之特色（图4–24）。

图 4–24　鸠坑毛尖茶园

鸠坑产茶历史悠久，早在唐代就享有盛誉。唐李肇《国史补》卷下《风俗贵茶》：茶之名品益众，剑南有蒙顶石花，或小方，或散芽，号为第一。湖州有顾渚之紫笋……婺州有东白，睦州有鸠坑……

唐杨晔《膳夫经手录》：睦州鸠坑茶，味薄，研膏绝胜霍山者。

五代蜀毛文锡《茶谱》：睦州之鸠坑极妙。

明王象晋《群芳谱·茶谱》：又有建州北苑先春、洪州西山白露、安吉州顾渚紫笋、常州宜兴紫笋、阳羡春池阳凤岭、睦州鸠坑……皆茶之极品。

明嘉靖《淳安县志·水利》：鸠坑源，在县西七十五里，其地产茶，以其水蒸之，香味加倍。

清光绪《淳安县志》卷一《山川》：鸠坑，在黄光潭，对涧二坑，分绕鸠岭。地产茶，以其水蒸之，色香味俱臻妙境。见《翰墨全书》。又卷五《土物》：茶，旧产鸠坑者佳，称贡物，宋朝罢贡，茶亦不甚称焉。范文正公诗云："潇洒桐庐郡，春山半是茶。新雷还好事，惊起雨前芽。"

1979年，鸠坑恢复生产鸠坑毛尖，在名茶评比中获得好评。1983年，浙江农业大学庄晚芳教授在参观鸠坑乡更新改造茶园后，作诗云："梅雨青溪访古茗，湖光景色倍增添；鸠坑陆羽茶经颂，味隽香清传世间。"1984年，在吸取消化全国名茶制作技术的基础上，制定了鸠坑毛尖的采制工艺技术规程，并在当年试制了样品。高档鸠坑毛尖茶的采摘标准为一芽一叶初展为主，制作分摊放、杀青、理条、揉捻、初烘、做形、足火七道工序。鸠坑毛尖外形硕壮，紧结挺直；色泽碧绿，银毫显露；香气清高，隽永持久；滋味浓鲜，醇爽耐泡；汤色嫩黄，清澈明亮；叶底黄绿，厚实匀齐（图4-25）。

图 4-25　鸠坑毛尖

鸠坑源是鸠坑良种的原产地。鸠坑种是我国第一批审定的茶树良种之一，是浙江绿茶的当家品种。鸠坑种具有芽长而壮，白毫显露，持嫩性强，内含物质丰富等特点。据测定，鲜叶中茶多酚的含量为25.27%，氨基酸含量为2.87%，咖啡碱含量为4.98%，水浸出物含量为41.70%。由于鸠坑种的优良特性，使精制而成的鸠坑毛尖不失其传统的风格，把鸠坑种的种性发挥得淋漓尽致。

鸠坑毛尖在1984年首次参加全省名茶评比，获同类茶第一名，被列为一类名茶。1985年参加农业部召开的名茶评比会，评为优质茶。1986年，被省农业厅授予浙江省名茶证书。同年，参加商业部组织的名茶评比，被评为全国名茶。1989年鸠坑毛尖在浙江省茶叶学会第二届斗茶会上获优秀名茶一等奖。1991年获国家科委“七五”星火计划成果博览会金奖。1992年浙江省茶叶学会理事长胡坪主编《千岛湖鸠坑茶》一书，由浙江科技出版社正式出版。2008年后，连续举办“鸠坑毛尖”茶文化节，寻根探源鸠坑茶、杭州推介会等茶事活动。2008年获中国宁波国际名茶博览会荣获“中绿杯”金奖第一，之后连续获得浙江绿茶博览会、省农博会、中茶杯、中绿杯、中国国际茶叶博览会等名茶评比金奖。2016年，鸠坑毛尖茶制作技艺列为杭州市非物质文化遗产。2017年，“鸠坑茶”获国家农产品地理标志登记。

2010年鸠坑毛尖茶生产面积370公顷，生产量81吨，产值1 330万元。2018年生产量76吨，产值1 580万元。产品主要销往湖州、上海、北京、杭州等地，并出口德国、日本等国家（地区）。

（十三）严家大方

严家大方茶，又称闻家大方，产于淳安县王阜、屏门乡一带。

王阜乡位于淳安县西北，属于白际山脉，四季分明，雨量充沛，温暖湿润，为中亚热带北缘季风气候区。严家大方茶大都生长在白际山脉的二级阶梯，海拔均在400～800米。因耐寒特性和早晚温差大、高山云雾缭绕的影响，茶叶香气高锐（图4–26）。

图4–26 严家大方茶园

严家大方茶为淳安县地方特有茶品，传说为游僧大方和尚漫游“顶谷寺”时偶得。据历史记载，五代即为贡品名茶。清陆廷灿的《续茶经》中，也引《旧五代史》记道：“乾化五年（公元915年）五月十二日，两浙进大方茶二万斛”。此大方茶，即有淳安县的严家大方茶。大方茶，有“素大方”和“花大方”之分，不窨花的叫“素大方”，窨花的即是“花大方”。严家大方进驻故宫的历史，起源于乾隆五十五年（公元1790年），出生在古徽州的曹文植（内阁大臣）为乾隆祝寿将徽班戏剧和朱兰大方、茉莉大方带入北京故宫。随着徽剧融合发展成为京剧，茉莉大方也慢慢被王公贵族接受，更在在慈禧太后时期成为贡茶，一时名声大噪。民国直至1980年左右严家大方在北京、天津、山东等地一直有销售，据当时在故宫工作的金禹民和吴镜汀（前北京画院院长）先生回忆，每年在故宫都见到有严家大方茶入宫。20世纪80年代后随着计划经济的退出，严家大方茶逐渐没落，并于1997年后停产。

严家大方，春夏秋三季均可采制，以鸠坑种为原料，采摘标准一芽二、三叶，经杀青、揉捻和磨矶锅拉胚、炒直（拷扁）制成。其中关键是第三道拉胚、炒直工序，以松柴加热传统特殊的“磨矶锅”，先刷适量菜油，再将揉捻叶放入，通过手工理条拉直、拷扁，直至足干，形成独特的长扁成片，似竹叶，有锋尖，色铁黑，有油润的外形。成品严家大方乌黑油润、硕壮挺直、形似铁钉，汤色杏绿、清澈明净，香气高烈、栗香明显，滋味浓醇、爽滑可口，叶底碧绿、细叶长芽（图4-27）。

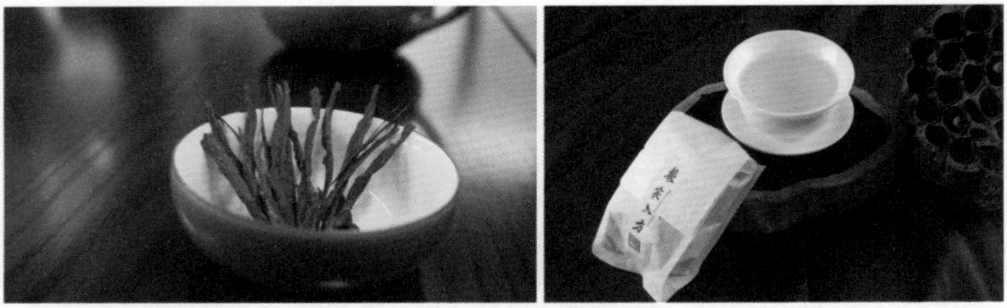

图4-27　严家大方

严家大方茶以严家、闻家、石柱为优。据《淳安县茶业志》记载，淳安1936年产大方茶251吨，1952年198吨，1983年177吨，1996年126吨，1997年后逐渐停产。据淳安县志1985年版记载，位于王阜乡（原严家乡）新合村的严家大方茶厂，成立于清末民国初，善经营，茶庄遍布大江南北。1955年后公私合营，由严家公社统一购销；1991年严家乡工办挂牌组建严家大方茶厂，于1997年歇业。直至2016年11月，王阜乡通过招商引资，利用原严家初中校舍，成立了淳安千岛湖严家大方茶业有限公司，并与故宫博物院取得联系，根据严家大方茶厂历史记载，并在严家、闻家一带寻访技艺传承人，终使严家大方茶得以恢复生产。2017年，严家大方正式复业；2019年5月12日，北京故宫博物院图书馆馆长向斯来赴严家，开展严家大方非物质文化遗产传承与故宫文献史料的调查研究。2019年6月30日严家大方茉莉花茶重返北京故宫永和宫喜迎贵宾。

2018年，严家大方茶生产面积300亩，产量12吨，产值260万元。主要销往北京、天津、山东、东北等市场。

二、宁波市

（一）余姚瀑布仙茗

瀑布仙茗，又称瀑布茶，产于余姚市四明山，传统为针形绿茶。

四明山，最早曰为句馀山，唐代改称沿用至今。地处浙东沿海，平均海拔约为500米，是道教圣地，被列为第九洞天，名曰“丹山赤水洞天”。由此吸引众多名人学子、道士高僧来此修道隐居，至今留有汉仙人丹丘子发现大茶树、刘（纲）樊（云翘）夫妇修道品茶成仙等传说。境内满山遍坡的茶树，犹如翠龙蜿蜒，与青山秀水为伴，以清风云雾为侣，使出产仙茗品质上乘。依其山青、水秀、谷幽、瀑奇之优，被誉为“天然氧吧”、人间“绿肺”（图4–28）。

瀑布仙茗是浙江最古老的历史名茶。首见晋《神异记》：永嘉中，余姚人虞洪入瀑布山采茗，遇一道士，牵三百青牛，引洪至瀑布山，曰：“吾丹丘子也，山中有大茗，可以相给，祈之他日瓯牺之余，乞相遗也”。虞因立

图 4–28 余姚瀑布仙茗茶园

奠祀，后常令家人入山，获大茗焉。二见唐代陆羽《茶经》三处提及，即：《四之器》《七之事》各引录《神异记》所载内容，《八之出》：浙东，以越州上。余姚县生瀑布泉岭，曰仙茗，大者殊异，小者与襄州同。三见南宋嘉泰《会稽志》卷十七有云：今会稽产茶极多，佳品唯卧龙一种……，其次则余姚之化安瀑布茶。四见清光绪《余姚县志》卷二“羊额岭”：崇宁（公元1102—1106年），进士孙彦温凿岭通之。此岭之所以名羊额也，一则旧志曾以刘樊乘羊过此，杜撰甚矣；二则《太平寰宇记》引《茶经》所载：越州，余姚茶生瀑布岭者，曰仙茗，疑即羊额岭也；而《余姚县志》卷六：化安山，在县东南二十里……，有化安泉，有剡湖。谢迁尝续书于此，其言曰：山川所汇，以其景物之胜似剡溪也。产茶为名品。五见清全祖望《十二雷茶灶赋序》：按陆氏云，浙东以越中为上，生余姚瀑布泉岭，曰仙茗，盖实即明州三女山之物，特以余姚瀑布泉制之，遂误指耳。而境内道士山、羊额岭、升仙桥、升仙山、丹山赤水等等茶事遗迹，又佐证了余姚茶的历史及其地位。

1979年，余姚市茶叶科技工作者在瀑布仙茗制茶工艺早已失传的情况下，在梁弄镇道士山村开展了瀑布仙茗创制恢复工作。创制的瀑布仙茗为针形绿茶，制作分摊青、杀青、摊凉、理条、摊凉、整形、提香等工序，制成的茶叶外形细紧挺直，稍扁似松针，香高味醇，耐冲泡耐储存（图4-29）。1980年在浙江省名茶评比会上荣获一类名茶称号，1982年为省二级名茶。1992年开始，为克服手工炒制随意性大，产品质量不稳定，生产成本高和难以形成规模生产等弊端，在湖东林场开展了机制瀑布仙茗的研究，并通过了市级鉴定。

1999年以“一市一品”为契机组建了余姚瀑布仙茗协会，对瀑布仙茗进行品牌管理和保护，并注册“余姚瀑布仙茗”证明商标。2001年建立了瀑布仙茗茶叶专业合作社，形成了“协会+合作社+企业（大户）+农户”经营模式。2009年，余姚市出台了编制《关于进一步加快茶产业发展的若干意

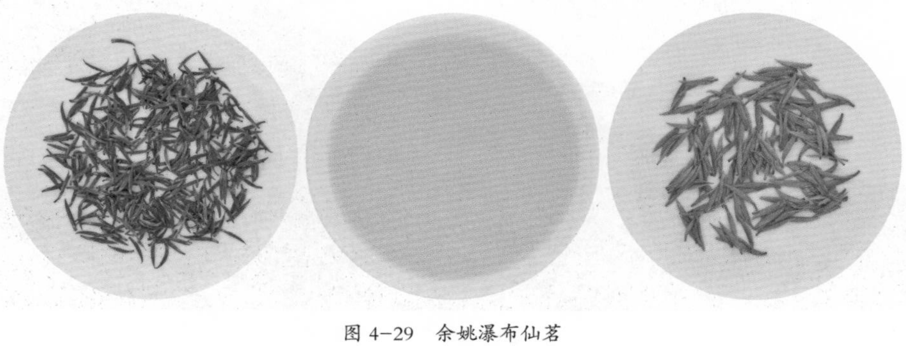

图 4-29　余姚瀑布仙茗

见》，以品牌为重点全面提升茶产业发展水平，并成立了余姚市茶叶产业指导管理办公室。同年制订《余姚瀑布仙茗》系列宁波市级标准。

2005年荣获"宁波市知名商标"。2006年获"浙江省十大地理标志区域品牌"称号。2007年"余姚瀑布仙茗"商标被认定为浙江省著名商标，12月司法认定为"中国驰名商标"，同年获"宁波八大名茶"称号。2009年获"中国鼎尖名茶""浙江省优质名茶"称号2010年获得农产品地理标志，成功入选"2010年上海世博会中国元素活动区礼品茶"，获"中华文化名茶"等众多荣誉。

截至2018年底，余姚瀑布仙茗生产单位（QS认证）达到46家，茶叶面积6.37万亩，建成自动连续化名优茶生产线3条，产量800吨，产值1.85亿元，主要销往宁夏、河北、上海、宁波等地，少量出口至中国香港、美国、加拿大等地。

（二）四明十二雷茶

宋代鄞县名茶，现产于余姚市陆埠区三女山、虹岭、上芝林一带，是宁波历史上明确记载成为贡品的茶叶。

清乾隆《浙江通志》卷一〇三"物产"：茶。《茶经》：出浙东，以明州次，明州鄮县（编者注：即今鄞县）生榆荚村。晁以道（编者注：即晁说之，宋人）诗：官有白茶十二雷。（注：2012年陈宗懋院士主编的《中国茶叶大字典》收录有"四明十二雷""四明白茶"两条目，指出两者为同一茶。）

清乾隆《鄞县志》"物产"：元以十二雷之区茶入贡，鄞之太白茶为近出。

清嘉庆《四明志征》"句章土物志"：茶，诸山所产，曰山茶，又曰野山茶。园中所植，曰园茶，唯车厩三女山所出者为最。

清全祖望《十二雷茶灶赋序》：吾乡十二雷之茶，其名曰区茶，又曰白茶。首见于景迂先生之诗，而深宁居士述之，然未尝入贡也。元始贡之。王元恭曰："以慈溪车厩岙中三女山资国寺旁所出称绝品，冈山开寿寺旁者次之，必以化安山中瀑泉蒸造审择，阳羡、武夷未能过焉。"顾诸公但言区茶之精，而不知早见于陆氏《茶经》。按陆氏云，浙东以越中为上，生余姚瀑布泉岭曰仙茗。盖实即明州三女山之物，特以余姚瀑布泉制之，遂误指耳。但十二雷者甚难致，近日山人亦无识者，嘉植沉沦甚为可叹。予自京师归，端居多暇，乃筑一廛于是山之石门，题曰十二雷茶灶。

清同治《鄞县志·物产》：区茶，元贡。范文虎进……《鲒埼亭集》：吾乡十二雷之茶曰区茶，又曰白茶，见晁以道诗。

四明十二雷茶自南宋时入贡，在明初每岁贡茶芽260斤，占浙江贡茶总量的一半，为浙江第一大贡茶。据原慈溪县衙仪门外碑传，至万历二十三年（公元1595年）时，“因无茶可采”才停止入贡。进贡历史长达400年左右。

1750年，清代史学大家全祖望来到车厩岙亲自造灶、复制四明十二雷，并对其进行详尽考证，留下了《十二雷茶灶赋并序》和《再赋区茶十二雷》两篇辞赋，产地当时仅在车厩岙至陆埠一带，后东扩至余姚大隐镇相邻山区。民国时，因抗日战争爆发而茶业荒废。

1986年，在车厩乡红岭茶场试制成功，四明十二雷茶得以千年第三度出产，其茶品外形挺直有锋，色泽翠绿、汤色嫩绿明亮、香郁味醇回甘（图4-30）。

2009年与获第二届中国农业博览会金奖名茶的“丞相绿”合并，成立了宁波十二雷茶业有限公司，同年四明十二雷茶制作被列为第三批余姚市非物质文化遗产名录，产品获中国（上海）国际茶业博览会金奖。2010年响应全市地区茶叶公共品牌建设，四明十二雷加入“余姚瀑布仙茗”大家庭。

2018年四明十二雷茶园面积达580亩，产量3吨，产值320万元，主销宁波、上海和江苏等地（图4-31）。

图4-30　四明十二雷

图4-31　四明十二雷茶园

（三）奉化曲毫

奉化曲毫产于奉化四明山脉和天台山脉茶区，尤以雪窦山地区久负盛名，产地包括尚田镇、大堰镇、溪口镇、莼湖镇、西坞街道、松岙镇和裘村镇等乡镇，为卷曲形绿茶。

奉化地处亚热带季风性气候，四季分明，温和湿润，年均气温16.3℃，降水量1 350～1 600毫米，日照时数1 850小时，无霜期232天，全市山地植被丰富，森林茂密，森林覆盖率达66％，属茶叶生产最适宜区。其中雪窦山为浙东四明山支脉的最高峰，海拔800米，有“四明第一山”之誉。山上有寺，始建于唐代。据《寺志》记载，唐宋时期雪窦寺先后受几代皇帝的41道敕谕，故千百年来香火旺盛、高僧辈出，南宋时被称为“天下禅宗十刹之一”。宋代雪窦寺住持广闻禅师作《御书应梦名山记》，记载：“北宋仁宗赵祯曾梦游雪窦山，南宋理宗赵昀追书‘应梦名山’四字，勒石御书亭”。自此，进山者得天地之灵气，取山中之幽兰（图4-32）。

奉化曲毫是历史名茶。北宋时期，雪窦寺主持雪窦重显（公元980—1052年）有茶诗《送山茶上知府郎给事》及《送新茶》二首传世，说明雪窦寺一带已批量产茶。元代已有雪窦茶之名，诗人咸廷珪《送澄上人游浙东二首》之一有句“晓饭天童笋，春泉雪窦茶。”清光绪《奉化县志・物产》中记载：“茶叶，如雪窦山……出者为最佳”。此后雪窦山一带虽栽茶不断，但曲毫茶却失传。

1996年，在奉化茶叶科技人员的共同努力下，奉化曲毫创制成功。重获新生的奉化曲毫鲜叶采一芽一叶至一芽二叶初展，制作分摊青、杀青、揉

图4-32　奉化曲毫茶园

图 4-33　奉化曲毫

捻、初烘、摊凉回潮、大小锅炒制及分筛和足烘等多道工序，所制茶叶外形肥壮蟠曲绿润显毫、清香持久、滋味鲜爽回甘、汤色绿明、叶底成朵、嫩绿明亮（图4-33）。

奉化曲毫以“色绿、香高、味醇、形美”品质先后囊括“浙江省名茶证书”（2001年）、“国际名茶金奖”（2000年）、“首届世界绿茶大会最高金奖”（2007年）、“中茶杯”特等奖（2009年、2015年）、“中绿杯”（2004年至2018年）金奖等国内外四十多个奖项。2009年，“雪窦山”牌奉化曲毫被认定为“浙江省著名商标”，2010年获“中国驰名商标”，2015年获得浙江省名牌产品。2017年获得“国家生态原产地产品保护”，2018年夺得第二届中国国际茶叶博览会金奖，2019年国家地理标志证明商标注册成功。

2002年奉化成立雪窦山茶叶专业合作社经营生产奉化曲毫，到2019年合作社有社员132名，茶园基地面积12 000亩，生产“雪窦山”牌奉化曲毫名茶125吨，销售额达到6 000万元，主要销往宁波、上海、北京、南京、深圳、沈阳等地。

（四）望海茶

望海茶产于国家级生态示范区——宁波市宁海县，为针芽形绿茶，因始制于望海岗而得名。

宁海于西晋太康元年（公元280年）建县，位于象山港和三门湾之间，四明山和天台山两大余脉在境内交汇，形成“七山一水两分田”地貌，生态环境十分优异，雨量充沛，森林覆盖率达62%，为宁波市首个国家级生态县和省可持续发展实验区，宁波优质水源供应地（图4-34）。

宁海产茶历史悠久。宋代陈耆卿所著的《嘉定赤城志》（公元1208—1225年）载：“宁海禅院十一有二，宝严院在县北九十二里，旧名茶山，宝元（公元1038—1040年）中建，相传开山初有一白衣道者植茶，本于山中，故今所产特盛，治平中，僧宗辩携之人都，献蔡端明襄，蔡谓其品在日铸上。”可见北宋宁海已有产茶。《嘉定赤城志》卷二十二载：“盖苍山，在县东北九十里。一名茶山，濒大海，绝顶睇诸岛溆，纷若棋布，以其地产茶，故名。”《嘉定赤城志》卷三十六《土产·货之属》下“茶”条记载：“茶，……今紫凝之外，临海言延峰山，仙居言白马山，黄岩言紫高山，宁海言茶山，皆号最珍。而紫高、茶山，昔以为在日铸之上者也。”可见当时宁海茶品质居古台州诸茶之首。

随着时间推移，宁海名茶被湮没在历史的长河中，1980年，宁海县农林部门为全县名茶的开发作积极努力。选择在天台山余脉、国家级森林公园南溪温泉之巅的千米高山望海岗，利用此地历史上种茶，终年云雾缭绕，空气湿润，土壤肥沃，生态环境特别适合茶树生长的自然环境，开发了望海茶。

关于望海岗的历史种茶，曾记载：望海岗原有一座明清时代的海云寺，寺前种有18丛茶蓬，供僧人采制饮用。1957年，马岙村茶农见这18丛茶蓬代代相传，一直长盛不衰，颇有领悟，便开始在千米高山上大面积种茶；1964年建成望海岗茶场。

1980年，宁海县农林部门在望海岗开始历史名茶的恢复工作，并取其登高极目可与东海相望之意，取名望海茶。经过重新研发后的望海茶，既传承了宁海千年名茶之余韵，又具有鲜明的高山云雾茶之独特风格，其外形细嫩挺秀，色泽翠绿，香高持久，滋味鲜爽回甘，汤色清澈明亮，叶底嫩绿成朵，在众多名茶中独树一帜，从此历史名茶得以重放光彩（图4-35）。

图4-34　望海茶茶园

图 4-35　望海茶

1980年望海茶参加浙江省名茶评比获一类名茶奖，1984年荣获浙江省名茶证书，1993年获泰国中国优质农产品展览会银奖，1995年获第二届中国农业博览会金质奖，1999年获第三届“中茶杯”全国名茶评比一等奖，2002年获浙江名牌产品，2003年获浙江省著名商标，2004年被认定为浙江省十大名茶，2008年获浙江农业名牌产品，2009年获中国鼎尖名茶，2004年以来连续多次获“中绿杯”“国饮杯”金奖，2010年获“中华文化名茶”称号。2016年获国家工商总局“地理标志证明商标”，2018年获第二届中国国际博览会金奖。

1999年，宁海县人民政府实施“树一个品牌，舞一个龙头，建一批基地，带一行产业”的望海茶品牌战略，确立望海茶为宁海茶叶区域公用品牌，宁海县茶业协会为质量和品牌管理机构，将原较有名气但产量不高的名茶，如“梁皇山”“汶溪玉绿”“裕竺”“妙雲”等统一以“望海茶”冠名，并制订出台《望海茶系列标准》和《望海茶管理办法》，建立一批高标准的生产基地，产业化水平得到显著提高。2004年，望海茶推出“天地之间一壶茶”的品牌形象。2009年，宁海县人民政府与中国国际茶文化研究会在杭州联合举办“望海茶论坛”，发表了《望海茶杭州共识》，确立于先导型茶品、科技型茶品、文化型茶品、生态型茶品的发展方向。2011年，又专门成立茶叶产业化办公室和茶文化促进会，通过望海茶品牌的带动，有效助推了全县茶产业的发展。

2018年，望海茶面积5万余亩，产量860吨，产值2.2亿元，主要销往宁波、上海等地。目前，望海茶主要龙头企业有宁波望海茶业发展有限公司、宁海县望海岗茶场、宁海县茶业有限公司、宁海县润发茶业有限公司、宁海县珠花茶庄、宁海县深圳七星塘茶场、宁海县天顶山茶场、宁海县桑洲镇紫云山茶场、宁海县桥头胡兰茗良种茶场等。

三、温州市

（一）雁荡毛峰

雁荡毛峰，又称雁山茶，产于乐清市雁荡山境内，因山而得茶名。

乐清市地处浙江东南沿海，境内山峦起伏，溪涧纵横，风景秀丽，终年雨润风湿，雾罩云遮，茶区密布。在天下奇秀的世界地质公园雁荡山，这里群峰出没云表，流霞飞瀑点缀其间，终年云蒸雾罩，无纤尘之染（图4-36）。

雁山茶闻名于明代。明隆庆《乐清县志》卷三《财用，物产》：茶，近山多有，唯雁山龙湫背，清明采者极佳。明永乐二年（公元1404年）纳入朝廷贡品。

清乾隆《浙江通志》卷一〇七《物产》：温州府。茶，万历《温州府志》：五县俱有，乐清雁山龙湫背者为上，瑞安胡岭、平阳蔡家山产者亦佳。《雨航杂录》：雁山五珍，谓雁山茶与观音竹、金星草、山乐官、香鱼也。《雁山志》：浙东多茶品，而雁山者称最。每春清明日采摘茶芽进贡，一枪一旗而白色者，名曰明茶，谷雨日采者曰雨茶，此上品也。又一种紫茶，香味尤佳，难种薄收，土人厌人求索，园圃中少植，间有之，亦必为识者取去。

清乾隆《广雁荡山志》卷十二《物产》：茶，一枪一旗而白色者，名明茶，紫色而香者名元茶。其味皆似天池而稍薄……瓯水味薄，唯雁山水为佳，此山茶亦为第一。

清劳大舆《瓯江逸志》：按卢仝《茶经》（编者注:《茶经》应为《茶歌》）云，温州无好茶，天台瀑布水、瓯水味薄，唯雁山水为佳，此山茶亦为第一。曰去腥腻，除烦恼，却昏散，消积食。但以锡瓶贮者得清香味，不以锡瓶贮者，其色虽不堪观，而滋味且佳，同阳羡山岕茶无二无别。采摘近夏，不宜早。炒做宜熟，不宜生。如法可贮二三年。愈佳愈能消宿食醒酒。此为

图4-36　雁荡毛峰茶园

最者。茶非瓯产也，而瓯亦产茶，故旧制以之充贡，及今不废。张罗峰当国，凡瓯中所贡方物，悉与题蠲，而茶独留……雁山五珍谓雁茗、观音竹、金星草、山乐官、香鱼也。茶即明茶，紫色而香者名玄茶。其味皆似天池而稍薄。1954年被遴选为国家名茶。

旧时雁荡山茶园多为寺院道观僧道所有，茶叶自给自足，饮茶驱睡，论禅诵经，或招待佛徒香客，茶叶制作方法秘不外传。到中华人民共和国成立前夕，加工技术已经失传。1964年，乐清县农业局和温州茶厂在雁荡乡能仁村试制了一批名茶，质量好，满披毫毛，定名为“雁荡毛峰”。1980年，浙江省农业厅在雁荡山召开第二届名茶评比会，县农技干部探索试制了几千克茶样，选送参评，获得了一类优质名茶奖。1982—1983年，县农业局干部走访老茶农，座谈搜集名茶采制技术，改革雁荡毛峰的工艺规程，分采摘、摊放、杀青、揉捻、理条、烘焙、拣剔和提香八道工序，外形紧结，肉质细嫩，芽毫隐藏或显露，色泽绿润，滋味鲜爽，回味甘甜，汤色浅绿，清澈明亮，清香高雅，叶底嫩绿鲜活、肥壮，芽叶成朵（图4–37）。

图 4–37　雁荡毛峰

1984年、1986年连续获得省一类名茶称号，从而取得浙江省名茶证书。1988年，浙江省人民政府授银质奖。2005年被评为深受消费者喜爱的浙江省十大旅游名茶，同年开始举办乐清市茶文化节。2009年雁荡毛峰制茶技艺被列入浙江省非物质文化遗产名录；2018年“雁荡毛峰”被中华人民共和国农业部认定为中华人民共和国农产品原产地保护产品；核心产区雁荡镇能仁村被列为“雁荡毛峰”全国一村一品示范村。

2018年，雁荡毛峰茶园面积2.3万亩，以雁荡山风景区、大荆镇、芙蓉镇、白象等乡镇为主要生产基地，年产260吨，产值1.8亿元，主销全国各地。

（二）永嘉乌牛早

永嘉乌牛早主产于乌牛、三江街道等区域，为扁平形绿茶。

乌牛早茶原产地域位于括苍山南麓，瓯江下游北岸。全县总面积2 674.3平方千米，总人口90万人。境内有国家级名胜风景楠溪江，素以山青水秀、岩石洞幽、瀑多滩美而享有“天下第一江”的美誉。七山二水一分田的丘陵地带的地理特点和典型的亚热带海洋季风性气候，构成了独特的有利于茶树生长发育的气候、土壤、水分、植被等四大要素优化组合的自然条件，为芽叶的生理过程和物质代谢提供了良好的、稳定的生态环境，为乌牛早茶香高味醇的品质奠定了基础（图4–38）。

永嘉茶叶的最早文字记载，见中唐卢仝《茶歌》。《唐书·食货志》有永嘉、安田、横阳、乐成四县产茶的记载。据光绪《永嘉县志》记载，明万历《府志》：“永嘉岁进茶芽十斤，茶产楠溪之五十都及五十一、二都。”《温州市志》记载，乾隆《温州府志》：“瓯北乌牛有眉茶，春分早发，形似雀舌，质胜屯绿。”

乌牛早既是茶名，又是树名，原称“岭下茶”。约200多年前，罗东乡龙头村村民金某路过乌牛镇岭下村，见山坡上一丛茶树生长茂盛，发芽抽梢特别早，这位村民就将此丛茶树夹土带回种植，由于该茶树春分前后就可采

图 4–38　永嘉乌牛早茶园

摘(一芽二、三叶)，比其他品种提早15天左右，故取名“乌牛早”，当地农民习惯称之为“岭下茶”。经若干年发展，罗东、乌牛一带普遍种植，成为当地的当家品种。20世纪30年代，乌牛早良种制作炒青，精制成珍眉、秀眉、贡熙等，注册商标为“天都珍眉”，主要销往上海，每担价格比其他同类花色高10个银元，品质优于徽州绿茶(安徽屯溪绿茶)。50年代以来，先后加工成红毛茶、烘青、炒青。80年代中期，乌牛早良种被开发利用，重放光彩。

永嘉乌牛早加工技术与西湖龙井工艺相似，经摊放、青锅、回潮、辉锅等工艺制成，外形扁平光滑，挺秀匀齐，芽锋显露，微显毫，色泽嫩绿光润；内质香气高鲜，滋味甘醇爽口，汤色清澈明亮，叶底幼嫩肥壮，匀齐成朵(图4-39)。据测，乌牛早茶含氨基酸7.4%，咖啡碱3.8%，茶多酚26.6%，水浸出物46.4%，略高于其他绿茶的理化指标。

图 4-39 永嘉乌牛早

1987年，永嘉乌牛早第一次参加名茶评比，在省首届斗茶会上获优秀名茶奖，以后陆续获省市一类(等)名茶、优质名茶、优良名茶称号。1995年，获第二届中国农业博览会金质奖和1995香港优质食品博览会金质奖。1999年，永嘉县被评为“中国乌牛早之乡”。2003年，制定乌牛早茶地方标准(DB33/604-2006)。2005年8月，成立永嘉县茶叶产业协会，对永嘉乌牛早进行行业管理。2004年，成功申报乌牛早茶国家地理标志产品。2007年，“乌牛早”牌被认定为中国驰名商标产品。2009年，永嘉县被列为全国重点产茶县。

截至2018年，永嘉乌牛早有基地5.2万亩、产量700吨、产值2.5亿元，主销全国各地。

（三）清明早

清明早，原名早茶，产于瑞安市，为扁平形绿茶。

瑞安种茶历史悠久。《唐书. 食货志》载，唐时“浙江产茶10州，55县，有永嘉、安固、横阳、乐城县。”安固即今瑞安。明《万历志》记（温州）“茶叶五县皆有，乐清雁山龙湫者为上，瑞安湖岭、平阳蔡家山亦佳”。据民国《瑞安县志·稿》“茶叶作饮料，产北部风山者味逾龙井”，又称“植茶者，茶种不甚注意，而制法又颇陈旧”，制茶揉捻采用“以脚践踏”。民国三十六年《瑞安政情》记有“瑞安种茶2 650亩，年产茶2 000担”。民国县志记载“茶树品种仅有一种（清明早茶），由于制法不同，有红茶、绿茶、旗枪、黄汤、炒青、箱茶等6种。”

清明早茶树品种，原产瑞安市潘岱乡，系当地茶农单株选育而成，为灌木型中叶早生品种，树姿半开张，分枝较密，叶片上斜或水平状着生。芽叶绿带紫色，茸毛少，一芽三叶百芽重61.9克。芽叶生育力较强，持嫩性中等，一芽一叶盛期在3月中旬。春茶一芽二叶干样约含氨基酸3.9%、茶多酚19.9%、咖啡碱3.3%，适制绿茶。1992年浙江省农作物品种审定委员会认定为省级品种。

1954年瑞安科技人员，根据早茶发芽早，于清明前采摘，改名为清明早茶，简称清明早。加工分摊青、青锅、回潮、辉锅，制成的茶叶外形条索紧结，色泽绿润，香气高、鲜，汤色嫩绿、明亮，滋味浓、鲜爽，叶底黄绿明亮，叶质略厚、柔软、匀嫩（图4-40）。

图4-40　清明早

到2018年，清明早茶共有基地1.22万亩，主要分布在瑞安市西部山区赵山渡库区的南、北两岸，以高楼镇营前社区一带为中心的海拔400~600米的五凤山上，产量88.6吨，产值2 575.3万元，主销温州地区（图4-41）。

图 4-41 清明早茶园

（四）文成贡茶

文成贡茶，又名刘基贡茶，产于文成县，为扁平形绿茶。

文成地处浙南山区的飞云江中上游，是明朝开国元勋刘基的故里，因刘基谥号文成而得名。

文成地处浙南山区的飞云江中上游，是明朝开国元勋，著名的政治家，军事家和思想家——刘基的故里。刘基字伯温，谥号文成，文成县由此得名。据《太平环宇记》记载，天下七十二福地，文成南田居其一。

文成县境属亚热带海洋季风气候区，四季分明，雨量充沛，冬无严寒，夏无酷暑。年平均气温为14～18℃，全年无霜期278天，平均降水量1 772.4毫米。土壤以红壤和黄壤为主，森林覆盖率达70.6%，大气和水质均为一级（图4-42）。

据民间传说，刘基曾将此茶献于明太祖朱元璋，朱元璋饮后大喜，提笔敕为“文成贡茶”。

20世纪90年代，文成县农业局恢复开发文成贡茶，以一芽一叶初展至一芽二叶鲜叶为原料，经摊放、青锅、摊凉、筛分、回潮、辉锅等工序制成，条索扁平光滑，挺秀尖削，芽峰显露，色泽嫩绿光亮，滋味鲜嫩爽口，回味甘甜，香气幽雅馥郁持久，带花香，汤色清澈嫩绿明亮，叶底嫩绿成朵（图4-43）。

图 4-42　文成贡茶茶园

图 4-43　文成贡茶

文成贡茶由文成贡茶协会进行品牌和行业管理，主要企业有文成县茶龙茶叶专业合作社、文成县周山茶业发展有限公司、文成县日省名茶开发有限公司、文成县岱口茶叶专业合作社、文成县静润茶业有限公司等，主要商标有“日省”“伯温”“百丈漈”等13个。2016年“文成贡茶”商标被国家工商总局批准为国家地理标志证明商标。

2018年，文成贡茶面积2.13万亩，产量457吨，产值1.11亿元，主要销往全国各地。

（五）平阳黄汤

平阳黄汤产于平阳县，为黄茶类中的黄小茶。

平阳地处浙江南部的东海之滨，建县于西晋太康四年（公元283年），属中亚热带海洋性季风气候，全县气候温暖湿润、雨水充沛，四季分明，常年平均气温为17.9℃，年总积温6 539℃，年＞10℃的有效积温为5 653℃，无霜期277天，年日照数1 866.85小时，年降水量1 631.6毫米，春季回暖早，秋冬降温慢。土壤母质属于岩浆一沉积岩风化的产物和第四纪松散沉积物，土壤类型随地形地貌的不同各不同，以红黄壤为主，有机质含量1.1%~3.9%，全氮0.087%~1.75%，全磷0.04%~0.98%，全钾1.25%~2.13%，pH值4.5~6.5，极适宜茶树生长（图4-44）。

平阳产茶历史悠久。早在唐代，平阳就已产茶，据《唐书·食货志》载："浙产茶十州，五十五县，有永嘉、安固、横阳（注：今平阳）、乐城四县名"。宋崇宁元年（公元1102年），平阳作为产茶区就已实施"禁榷法"，所产茶叶被官府征收专卖。

平阳黄汤据说创制于公元1798年前后，当时平阳就已盛产茶叶，主销北京、天津和上海等大城市。因当时茶场设备简单，不能及时烘干，常有闷堆变黄，反而因滋味醇和受顾客喜爱。独特的品质深受朝廷青睐，列为贡品，一直到光绪、宣统年间，该茶仍作为贡品进奉朝廷。到20世纪30年代初，平阳黄汤每年有千余担销往北京、天津等北方市场，之后逐渐失传。

图 4-44　平阳黄汤茶园

直到1982年恢复生产，但产量非常有限，市场难觅其踪影。平阳黄汤择选平阳特早茶或本地群体种，鲜叶采摘标准为一芽一叶初展至一芽二叶，经摊青、杀青、揉捻、“九闷九烘”等工序，历时72小时以上精制而成，干茶色泽嫩黄、汤色杏黄明亮、香气香高持久、滋味甘醇爽口、叶底嫩匀成朵，呈“干茶显黄、汤色杏黄、叶底嫩黄、玉米甜香”典型三黄一香特征（图4-45）。

图 4-45 平阳黄汤

2010年，平阳县农业局开发的“平阳黄汤茶叶加工工艺”获得国家发明专利。

近年来，平阳黄汤获国际、全国性金奖50多枚。平阳县先后获“中国黄茶之乡”和“中国茶文化之乡”称号，平阳黄汤获“中华文化名茶”称号。

2018年，平阳黄汤茶园面积4.95万亩，产量38吨，产值5 600万元，通过网络、品牌专卖店等方式销往全国各地。

（六）泰顺银针

泰顺银针属于白茶类，也称白毫银针，始产于清乾嘉年间，是清朝主要名茶之一。原产于泰顺五里牌、东溪、泗溪一带，现产区扩大到雅阳、罗阳、仕阳、月湖等乡镇（图4-46）。

1979年恢复生产，1986年在浙江省名茶品评会上获得一类名茶奖。

泰顺银针选芽叶肥壮、茸毛特多的福鼎大白毫、福云六号等良种的一芽一叶初展至一芽一叶原料，经萎凋、拣剔、干燥（烘焙）三道工序制成。其外形毫色如银，条秀似针；内质香气清芬、滋味鲜醇，汤色浅明，冲泡杯中芽身直立，上下浮沉可供观赏（图4-47）。

2018年，泰顺银针茶园面积400亩，产量400千克，产值40万元，主要销往全国各地。

图 4-46　泰顺银针茶园

图 4-47　泰顺银针

（七）泰顺红茶

泰顺红茶产于泰顺县，为小种红茶。

浙江红茶制作始于清代同治年间，主要产区在温州，简称“温红”。清末到民国期间，红茶初制十分简陋。中华人民共和国成立初期，因港口遭美国封锁，珠茶出口受阻，中国茶叶公司决定大规模改制红茶，浙江省红茶产制得到很大发展，泰顺也随着改制红茶（即红毛茶）。

1952年，浙江省人民政府及有关部门明令温州地区的泰顺平阳茶区转产绿茶，当时称为“红改绿”，泰顺红茶曾一度消失。进入21世纪后，有些地方又恢复了生产。泰顺红茶专选泰顺本地小叶种的一芽二叶初展至一芽三叶初展鲜叶为原料，经萎凋、揉捻、发酵、干燥等工艺制成。具有高山红茶特点，亦称高山韵红。外形条索紧细有苗锋，色泽乌润金毫显；香气呈复合型高山韵香持久；汤色红亮，呈琥珀色镶金圈，冷后浑现象明显；滋味醇厚鲜活，甘甜爽滑，口感丰富饱满，反复冲泡，韵味犹存；叶底芽叶肥壮，色泽明亮，均匀一致，略显古铜色（图4-48）。

2018年，泰顺红茶茶园面积3万亩，产量450吨，产值6 000万元，主要销往全国各地（图4-49）。

图 4-48　泰顺红茶

图 4-49　泰顺红茶茶园

（八）泰顺黄汤

泰顺黄汤产于泰顺县，是温州黄汤中出类拔萃的佳品。

泰顺地处浙南山区，山地起伏，林木葱郁，云山逶迤，雾霭漫漫，溪流纵横交错，穿谷挂巅。境内有乌岩岭国家级自然保护区和疗养、旅游胜地承天氡泉。泰顺距海洋较近，亚热带季风气候突出，春夏“水热同步”，秋冬“光温互补”，四季分明，昼夜温差大。茶园土壤结构良好，酸度适宜，土层深厚肥沃，有机质含量丰富（图4-50）。

图 4-50　泰顺黄汤茶园

泰顺黄汤始产于清乾、嘉年间。明崇祯《泰顺县志》“土产”：茶近山多有，唯六都泗溪、三都南窍独佳。近人俞寿康《中国名茶志》：温州黄汤产于浙南的泰顺、平阳、瑞安、永嘉等地，品质以泰顺的东溪和平阳北港为最好。

1951年温州专署茶叶指导所《泰顺茶叶生产调查总结》称：泰顺黄汤茶在抗日战争以前，产品远销我国的上海、天津、香港等地，茶价高达30石米，泰顺一般黄汤也要8石米。县境内在泗溪、五里牌、东溪、雅阳设行收购，设厂加工多至二三十家。抗战开始后，销路受阻，生产遭到严重破坏，加工技术失传。

1978年，泰顺县茶叶科技工作者研制恢复这一名茶，用泰顺本地种的一芽一叶或一芽二叶初展鲜叶，经杀青、堆闷、摊凉、初烘、复闷、复烘、足火等工序，外形色泽金黄、白毫显露、条索匀整，内质香气清高深远、汤色橙黄明亮、滋味甜醇爽口、叶底嫩黄完整，呈“三黄一高”品质特色（图4-51）。

图 4-51　泰顺黄汤

1979年、1980年被评为省级一类名茶，1985年通过省级鉴定，1993年获省名茶证书。

2018年，泰顺黄汤茶园面积200亩，产量300千克，产值60万元，主要销往温州地区。

（九）苍南翠龙茶

苍南翠龙茶，主产于苍南县桥墩镇境内，为扁平形绿茶。

苍南县产茶历史悠久。在五代时期，苍南境内已盛产茶叶，吴越国政府在望里镇南茶寮、北茶寮村搭草寮专供茶户居住，收取茶税充实国库，留下了这两个至今还在使用的村名。据清代《平阳县志》记载："茶出南北港多，品质均以玉苍山麓莒溪（注：今在苍南县）所产为最佳，多为黄汤、工夫红茶及旗枪"。清末至民国中后期，"刘广生"等四大茶行的创办和发展壮大，使莒溪成为当时浙闽两省交界处平阳、福鼎、泰顺、寿宁等县的茶叶集散市场，上海、温州等地茶商都在莒溪设站收购高档茶，主要有旗枪、黄茶及工夫茶等。中华人民共和国成立后，鹤顶山茶场生产的高档茶大多以旗枪为主。

20世纪80年代末，为适应市场的需求，苍南县把"旗枪"茶改名为"明前龙井"，1993年该茶被浙江省农业厅评为省二类名茶称号。20世纪90年代末，浙江省划定浙江龙井茶生产范围，温州不在范围内，将"明前龙井"茶名正式改为"苍南翠龙茶"。1999年，被浙江省农业厅评为省一类名茶。

苍南翠龙茶经摊放、炒青锅、回潮、辉锅等工序制成，外形扁平直，色泽翠绿，滋味醇和，香气高锐，叶底明亮成朵（图4-52）。

2018年，苍南翠龙茶基地面积已达2.18万亩，产量达150吨，产值4 330万元，主要在本省销售（图4-53）。

图 4-52　苍南翠龙茶

图 4-53　苍南翠龙茶园

（十）温州黄汤

温州黄汤，产于温州市，为黄茶类的黄小茶。

温州黄汤始于1798年前后创制的平阳黄汤，后来泰顺、苍南、永嘉、瑞安等县也纷纷学制，故统称温州黄汤。后因制作工序复杂难以把控，温州黄汤的生产加工越来越少。

2000年后，平阳和苍南重新恢复生产温州黄汤，并对工艺加工改进。采用一芽一叶鲜叶，经杀青、揉捻、闷堆、初烘、闷烘而成，香气清高，味醇甘爽，汤黄明亮，芽壮多毫，匀齐明亮（图4-54）。2008年第六届温州早茶节获金奖。

2018年，温州黄汤茶园面积22 000亩，产量75吨，产值8 000万元，主要销往全国各地（图4-55）。

图 4-54　温州黄汤

图 4-55　温州黄汤茶园

（十一）墩门红茶

墩门红茶始于清末，1918年参加巴拿马国际食品博览会获得银质奖。

据民国《中国实业志》载：民国二十二年（公元1933年）平阳（含苍南）茶园有2.799万亩，产茶545吨，其中红茶产量320吨，绿茶225吨，红茶产量居浙江省第三位。20世纪80年代，浙江省出台“红改绿”政策，温州红茶慢慢衰落。

2008年，浙江银奥茶业发展有限公司重新挖掘历史，开发了墩门红茶（工夫红茶），以五凤本地群体种为佳，采一芽一叶或一芽二叶，制作工序分萎凋、揉捻、解块、发酵、毛火、足火、风选等7道工序历时30多个小时制成。墩门红茶以高香著称，被国内外茶师称为焦糖香，并蕴藏有兰花香，清高而长（图4-56）。

图 4-56　墩门红茶

2009年在上海国际茶文化节评为中国名茶金奖产品，2019年获得“浙茶杯”红茶银奖。

2018年，墩门红茶茶园面积1 000亩，产量18吨，产值1 000万元，主要销往全国各地（图4-57）。

图 4-57　墩门红茶茶园

四、湖州市

（一）莫干黄芽

莫干黄芽古称武康塔山茶，产于德清县莫干山区，传统为黄茶，现为黄茶、绿茶两种。

莫干山属东天目山余脉，方圆百里，群山连绵，海拔大多在500～700米。海拔700米以上山峰有5座，主峰塔山720米。境内有毛竹9 330多公顷，形成连绵几十千米的“竹海”，森林覆盖率达92%，形成夏无酷暑、冬少严寒的四季清凉特色。山区土壤大多是山地黄泥砂土，土层深厚，土质肥沃，有机质含量在2.5%以上，是形成茶树鲜叶优良品质的理想生态条件（图4-58）。

莫干山位于德清县西部（1958年前称武康县），产茶历史悠久。唐陆羽《茶经·八之出》：浙西，以湖州上……生安吉、武康两县山谷，与金州、梁州同。宋《天池记》载："浙，莫干山土人以茶为业，隙地皆种茶。"

清道光《武康县志》卷二《山川》：吴康侯《天泉山记》……昔人遗垣、断灶、水碓故址犹存焉。绝顶平田顷亩，四时流泉，昔之人引为沟渠，注为陂池，插禾藝黍，隙地遍植茶、苎、桑、栗、林檎、金橘之属。吴康侯《游天池寺登莫干山记》：……有古塔遗迹，俗呼塔山，实质莫干之顶矣。寺僧种茶其上，茶吸云雾，其芳烈十倍恒等。又卷五"风俗"：谷雨，山中产茶处，妇女竞出采之，名谷雨茶，其先一二日采者，曰雨前茶。

民国时期，莫干山成为外国传教士和中外商界、政界名人避暑圣地，莫干山区农民采制的细嫩芽茶（时称"莫干山芽茶"）为中外客商所争购。中华人民共和国成立后，莫干山茶区改制炒青绿茶，只有部分世代居住在莫干山上的山民，仍每年采摘高山林荫中的野茶，炒制少量莫干山芽茶。

1979年春天，在浙江农业大学庄晚芳、张堂恒两位教授倡议、指导下，由德清县农业局、县土特产公司联合，在该县南路乡横岭村林（茶）场、莫

图4-58 莫干黄芽茶园

干山乡梅皋坞村茶场试制成功古法黄茶类莫干黄芽。其品质外形细紧嫩黄，香气幽雅馥郁，滋味鲜醇，汤色嫩黄明亮，叶底嫩黄细嫩。因当时莫干黄芽采一芽一叶，亩产干茶只有0.5千克左右，且夏秋季易被误认为是绿茶陈茶，市场认可度低，到20世纪80年代末，产量只有50千克左右。

1991年，茶叶干部向浙江省农业厅茶叶科汇报此情况，经研究后决定："莫干黄芽"茶名称不改，加工方法改为绿茶工艺，取消闷黄工艺，采摘标准放大至一芽二叶。绿茶类的莫干黄芽经摊放、揉捻、初烘、理条、足干制成，外形细紧绿润，香气嫩香持久，滋味鲜爽甘醇，汤色嫩绿明亮，叶底嫩绿细嫩（图4–59）。产量也从1995年的不到10吨发展到2005年超过80吨。

图 4–59　莫干黄芽

1995年9月成立德清县茶叶协会。1998年，德清县质量技术监督局发布莫干黄芽县级地方标准。2001年，由省质量技术监督局发布《DB 33/304—2001 莫干黄芽茶》省级地方标准。2009年，莫干山镇农业综合服务中心注册"莫干黄芽"地理标志证明商标。

2017年，莫干黄芽获农业部农产品地理标志登记保护。

2018年，莫干黄芽行业标准由中华全国供销合作总社供销科社发布。

到2018年，全县茶园面积3.0万亩，莫干黄芽产量489吨，产值1.63亿元，主要销往湖州、上海、天津、江苏、山东等地。

（二）紫笋茶

紫笋茶，史称"顾渚紫笋"或"湖州紫笋"，产于长兴顾渚山麓，为兰花形绿茶。

顾渚山位于太湖之滨，北面与江苏宜兴接壤，群峦起伏，自西向东延伸到太湖沿岸，形成一堵自然屏障，阻挡北方冷空气侵袭，西南面也是重峦叠冈，连绵不断，自西北向东南延伸插入太湖南岸的丁新平原，东面是太湖，每到春季高压后部偏东气流把太湖湖面上蒸发的水气阵阵吹进山里，汇集于岕坞纵横的顾渚山谷。这里的雨量充沛，空气湿润，小气候条件优越。土壤肥沃，质地疏松（图4-60）。

图 4-60　紫笋茶茶园

唐陆羽《茶经·八之出》：浙西，以湖州上。湖州生长城县（编者按：唐时长城县在今长兴县治）顾渚山谷，与峡州、光州同。

紫笋茶入贡，早在唐高祖武德年间。据《新唐书·地理志》载："武德四年（公元621年）以吴郡之乌程县，置土贡……紫笋茶……金沙泉。"

宋钱易《南部新书》卷戊：唐制，湖州造茶最多，谓之顾渚贡焙，岁造一万八千四百八斤。焙在长城县西北。大历五年（公元770年）以后，始有进奉，至建中二年（公元781元），袁高为郡守，进三千六百串，并诗刻石在贡焙。

南宋嘉泰《吴兴志》卷五"渚"：顾渚，在长兴县西北三十里，《山墟名》云，昔吴夫概顾其渚，次原隰平衍，可为都邑之地。今崖谷之中多生茶茗，以充岁贡。

南宋嘉泰《吴兴志》卷十八《食用故事》：唐义兴县《重修茶舍记》云，义兴有贡茶非旧也，前此，故御史大夫李栖筠典是邦，僧有献佳茗者，会客尝之，野人陆羽以为芬香甘辣，可荐于上，栖筠从之，始进万两，此其滥觞也。厥后因之，征献浸广，遂为任土之贡。故玉川子诗云：天子须尝阳羡茶，百草不敢先开花。旧编云：顾渚与宜兴接，唐代宗以其岁造数多，遂命长兴均贡。自大历五年（公元770年）始分山析造，岁有定额，鬻有禁令，诸乡茶芽，置焙于顾渚，以刺史主之，观察使总之。裴汶《茶述》云：顾渚、蕲阳、蒙山最上，其次寿州、阳羡。李肇《国史补》云：蒙顶第一，顾渚第二，宜兴第三。《郡国志》云：生顾渚山谷，与峡州、光州同，生山桑、儒师二坞白茅山悬脚岭者与襄、荆、申三州同；生凤亭山伏翼涧飞云、曲水二寺，青岘、啄木二岭，与寿州同。贞元五年（公元789年），置合溪焙、乔冲焙。岁贡凡五等，第一陆递，限清明到京，谓之急程茶。张文规有诗云："牡丹花笑金钿动，传奏吴兴紫笋来。"李郢诗云："十日王程路四千，到时须及清明宴。"其余并水路进，限以四月到。贞元初，刺史袁高茶山诗曰："黎甿辍农桑，采掇实苦辛。一夫且当役，尽室皆同臻。扪葛上欹壁，蓬头入荒榛。终朝不盈掬，手足皆鳞皴。悲嗟遍空山，草木为不春。阴岭芽未吐，使者牒已频。"可见当时之害民亦不少。又与毗陵交界，争耀先期，或诡出柳车，或宵驰传驿，争先万里，以要一时之泽。贞元八年，刺史于頔始贻书毗陵，请各缓数日，俾遂滋长。开成三年（公元838年），刺史杨汉公表奏，乞于旧限特展三五日，敕从之。先是两州析造时，供进五百串，稍加至二千串，会昌中至一万四千八百斤。每造茶时，两州刺史亲至其处。故白居易有诗曰："盘下中分两州界，灯前合作一家春。青娥递舞应争妙，紫笋齐尝各斗新。"《统记》云：长兴有贡茶院，在虎头岩后，曰顾渚。右斫射而左悬臼，或耕为园，或伐为炭，唯官山独深秀。旧于顾渚源建草舍三十余间，自大历五年至贞元十六年于此造茶，急程递进，取清明到京。袁高、于頔、李吉甫各有述。至贞元十七年，刺史李词以院宇隘陋，造寺一所，移武康吉祥额置焉。以东廊三十间为贡茶院，两行置茶碓，又焙百余所，工匠千余人，引顾渚泉亘其间，烹蒸涤濯皆用之，非此水不能制也。刺史常以立春后四十五日入山，暨谷雨还。

南宋嘉泰《吴兴志》卷二十《土贡》：唐岁贡紫笋茶一万串。宋朝太平兴国三年（公元978年）贡紫笋茶一百斤、金沙泉水一瓶。其瓶浪银打成，并锁钥，重五十六两。

明许次纾《茶疏》：江南之茶，唐人首称阳羡，宋人最重建州，于今贡茶两地独多。阳羡仅有其名，建茶亦非最上，唯有武夷雨前最胜。近日所尚者为长兴之罗岕，疑即古人顾渚紫笋也。

清乾隆《浙江通志》卷十二《山川》：顾渚山即茶山。《方舆胜览》：茶山在长兴县西，产紫笋茶。万历《湖州府志》：山在县西北四十七里，西达宜兴。吴夫概顾其渚，宜茶，后其产果然，乃充贡。下有贡茶院，旁有金沙泉，甚美。山中有明月峡，绝壁峭立，大涧中流，其茶所生，尤为异品。杜牧《春日茶山呈宾客》诗：笙歌登画船，十日清明前；山秀白云腻，溪光红粉鲜；欲开未开花，半阴半晴天；谁知病太守，犹得作茶仙。

清乾隆《浙江通志》卷一〇二《物产》：顾渚茶，《茶经》：浙西茶，以湖州为上。《太平寰宇记》：长兴县金沙泉，每岁造茶所也。茶产在邑界，有生顾渚中者，与峡州、光州同；生山桑、儒师二坞，白茆山悬脚山岭者，与襄、荆、申三州同；生凤亭山伏翼涧飞云、曲水二寺，青岘、啄木二岭者，与寿州同。《天中记》：明月峡在顾渚侧，二山相对，石壁峭立，大涧中流，茶生其间，尤为绝品。张文规所谓“明月峡中茶始生”是也。《国史补》：唐时以宜兴造数多，命长兴均贡，限清明日到京，谓之急程茶。《避暑录话》：顾渚在长兴县，所谓吉祥寺也，其半为今刘侍郎希范家所有。两地所产，岁止五六斤，余求于刘氏，过半斤则不复佳。盖茶味精者在嫩，取其初萌如雀舌者，谓之枪，稍敷而叶者，谓之旗，旗非所贵，不得已取一枪一旗犹可。《茶谱》：袁州界桥，其名甚著，不若湖州之研膏紫笋，有绿脚垂下，故公淑赋云：云垂绿脚。《吴兴掌故》：今茶品已定，与唐不同。大抵南产优而绝无用团者，紫笋、旗牙、雀牙之品大著矣。陆羽所谓常州，即阳羡也，与顾渚故同。而湖茶必先顾渚云。《蔡宽夫诗话》：湖州紫笋入贡，每岁以清明日贡到，先荐宗庙，后赐近臣。其生顾渚，在湖常之间。以其萌茁紫而似笋，故曰紫笋茶。《脞说》：湖州长兴县啄木岭金沙泉，每岁造茶之所，泉处沙中。居常无水。湖、常二郡太守至，于境会亭具牺牲拜敕祭泉，其夕，水溢，造御茶毕，水即微减，供堂者毕，水已半之，太守造毕，即涸矣。杜牧《题茶山》诗：山实东吴秀，茶称瑞草魁。剖符虽俗吏，修贡亦仙才。溪尽停蛮棹，旗张卓翠苔。柳村穿窈窕，松涧渡喧豗。等级云峰峻，宽平洞府开。拂天闻笑语，特地见楼台。泉嫩黄金涌，牙香紫璧裁。拜章期沃日，轻骑疾奔雷。舞袖岚侵涧，歌声谷答回。磬音藏叶鸟，雪艳照潭梅。好是全家到，兼为奉诏来。树阴香作帐，花径落成堆。景物残三月，登临怆一杯。重游难自克，俯首入尘埃。王十朋《谢章季子惠顾渚茶》诗：白齿新芽不出山，青囊谁遣到人间。午窗惊觉还乡梦，纱帽笼头捧兔斑。

清乾隆《长兴县志》卷三《山》：顾渚山，去县治西北四十七里。高一百八十丈，周十二里，即茶山。《方舆胜览》：茶山，在长兴县西，产紫笋茶。《吴兴掌故》：吴夫概于此顾望，原隰可为城邑，故名。唐时有贡茶院。程《府志》：吴夫概顾其渚，宜茶，后其产果然，乃充贡。按：夫概时未尝饮茶，又安知渚之宜茶，真附会之可笑者。又韩志以夫概为夫差，此大误。县志：陆龟蒙尝置茶园于此。《山游记》：顾渚山骨现于顶，而胸背多肤，大约以态胜，以毛发奇。《石柱记笺释》：顾渚山下有唐贡焙院，院侧有清风楼。绝壁峭立于大涧中流，乱石飞走，曰明月峡，茶生其间，尤为绝品。张文规诗：清风楼下草初出，明月峡中茶始生。《县志》：贞元中，刺史李词以贡焙奏乞立寺，诏以武康寺移建于此，名吉祥寺。陆羽置茶园，作《顾渚山记》二篇。有枕流亭、息躬亭、金沙亭，又有忘归亭，俯瞰太湖；又有木瓜堂，植木瓜于庭，引泉入焙，今俱废。贡茶院，元改为磨茶院。陆羽《茶经》：蒙山顶第一，顾渚第二，宜兴第十（编者按：陆羽《茶经》无此说法）。旧编云：顾渚与宜兴接境，唐代宗时，以宜兴岁造数多，命长兴均贡。

皎然《顾渚行寄裴方舟》：我有云泉邻渚山，山中茶事颇相关。鶗鴂鸣时芳草死，山家渐欲收茶子。伯劳飞日芳草滋，山僧又是采茶时。由来惯采无近远，阴岭长兮阳崖浅。大寒山中叶未生，小寒山下叶初卷。吴婉携笼上翠微，蒙蒙香刺罥春衣。迷山乍被落花乱，度水时惊啼鸟飞。家园不远乘露摘，归时露彩犹滴沥。初看抽出欺玉英，更取煎来胜金液。昨夜西峰雨色过，朝寻新茗复如何。女宫露涩青芽老，尧市人稀紫笋多。紫笋青芽谁得识，日暮采之长太息。清冷真人待子元，贮此芳香思何极。

清费南辉《野语》：顾渚茶。俞剑花云：言茶者必推顾渚，其地在长兴界中。吴小匏刺史未通籍时，与数友为碧岩之游，过一山家，竹篱茅舍，幽洁特异。主人延客入，瀹茗以进，瓷瓯精好，揭盖视之，碧花浮动，清香袭人，佳茗也。方冀复进，俄而长须奴提一紫砂宜兴壶置几上，客窃笑其遽易粗品。而主人起立，另取小杯手斟，奉客甚殷勤。受饮之，甘回舌本，珍胜头纲，觉陆羽卢仝品题，犹未尽也。异而问之，则曰：顷所进虽佳，不过产于高山，摘自雨前者，兹则真顾渚茶也，生于高崖绝巘，人迹罕到之处，吾每岁春仲，倩人采而藏之，亦不可多得。满座赞叹不已，濒行，小匏乞少许以归。粗枝大叶，绝不作二旗一枪之状，而味佳特甚。

紫笋茶，唐朝为蒸青碾压饼茶；宋朝为蒸青、研膏、模压龙团茶；明朝为散茶。中国人民共和国成立之前，顾渚山茶园已荒芜无存，20世纪50年代仅水口公社顾渚大队有茶园500多亩，年产茶300余担。1978年在茶叶专家庄晚芳倡议下，恢复试制紫笋名茶，采取半烘炒工艺，经摊青、杀青、第1次理条、摊凉、做形、第2次理条、烘干制成。庄晚芳有诗云：史载贡茶唐最先，顾渚紫笋冠芳妍；境亭胜会留人念，绿蕊纤维今胜前（图4-61）。

紫笋茶在1982年被评为全国名茶，1985年荣获农牧渔业部优质农产品证书和奖杯，长兴县被列为全国名茶商品生产基地。1986年被商业部评为部优产品，1989年经农业部复评，又一次评为部优产品。紫笋茶的开发项目，在1994年被长兴县列为中华人民共和国成立以来十大科技成果之一。2004年《紫笋茶》产品标准被批准为农业行业标准。2010年，成为2010年上海世博会特许经营产品。

2018年，紫笋茶生产面积15万亩，产量为5 230吨，总产值13.13亿

图 4-61　紫笋茶

元，销往浙江、江苏等地。

（三）安吉白茶

安吉白茶，产于安吉县，是用当地独有白化品种白叶一号制成的扁平形或兰花形绿茶。

安吉地处浙西北天目山麓，上海黄浦江源头。建县于东汉灵帝中平二年（公元185年），汉灵帝赐名“安吉”，取《诗经》“安且吉兮”之意。安吉属典型的亚热带季风性气候，气候温和，四季分明，雨量充沛，气候湿润。年平均气温12～16℃，最高气温38.3℃，≥10℃的活动积温4 932℃，无霜期226天左右。多年平均降水量1 509毫米，降雨时空分布不均，一般集中在春秋两季。气候特征是春季回暖慢，秋冬降温快，冬夏长而春秋短，地形起伏高差大，温光热水时空变化大。土地多为高山、丘陵，土壤多为红黄壤，土层深厚，有机质含量高达6%，土壤pH值为4.3～6.5，适宜安吉白茶种植（图4-62）。

图 4-62　安吉白茶茶园

安吉白茶早在北宋就有记载。宋徽宗赵佶在《大观茶论》中，有一节专记白茶："白茶自为一种，与常茶不同，其条敷阐，其叶莹薄，崖林之间，偶然生出。虽非人力所可致。有者不过四、五家，生者不过一、二株。""芽英不多，尤难蒸焙，汤火一失则已变而为常品，须制造精微，运度得宜，则表里昭彻，如玉之在璞，它无与伦也。"据茶叶专家对安吉白茶和六大茶类中的白茶对比考证，其所记为安吉白茶。自有这个记载一直到明代的350多年间，没再有过发现白茶的记录。

1930年，据《安吉县志》记载，在孝丰镇的马铃冈发现野生白茶树数十棵，"枝头所抽之嫩叶色白如玉，焙后微黄，为当时金光寺庙产"。

1982年在天荒坪镇大溪村横坑坞800米的高山上又发现一株百年以上的白茶树，茶叶纯白，胫脉呈绿色，很少结籽（图4-63）。当时县茶叶技术人员在4月4日剪取插穗繁育成功。在1989年浙江省第二届斗茶会上以"玉凤"茶名获99分的最高分，次年又获99.3分，1991年再获浙江省一类名茶奖。1998年获浙江省优质农产品金奖。

2000年，其干茶更名为"安吉白茶"，茶树品种定名为"白叶一号"。白叶一号是低温敏感型的白化自然突变体，表现在春季发芽时新梢嫩叶叶色的逆性白化现象，在白化过程中，新梢叶绿素含量急剧下降和氨基酸含量显著上升，其白化表达的温度阈值在19～23℃，且仅在芽萌发初期发挥作用，复

图4-63　安吉白茶祖

绿启动温度在16～18℃。安吉白茶用白叶一号品种一芽一叶初展至一芽三叶鲜叶，经杀青、清风、压片、干燥四道工序制作而成，干茶有龙型（龙井形）和凤型（兰花形）两种，凤型安吉白茶形似凤羽，色泽嫩绿鲜活泛金边，光亮油润，香气鲜爽馥郁，幽兰嫩香持久，滋味鲜醇，回味甘甜，汤色鹅黄，清澈明亮，叶白脉翠，可谓形美、香醇、色明、味鲜。龙型安吉白茶扁平光滑，挺直尖削，嫩绿显玉色（图4-64）。因安吉白茶氨基酸含量高出一般茶1～3倍，为5%～10.6%，多酚含量却只有一般绿茶的1/2，2000年以后安吉白茶种植面积和品牌知名度快速上升。

图4-64　安吉白茶

2001年1月，安吉白茶获得原产地保护证明商标，并实行“母子商标”管理。同年开始举办安吉白茶节。2002年4月18日，从安吉白茶王上采摘的100克野生白茶在上海拍得4.05万元的价格。

2003年4月9日，时任浙江省委书记习近平到安吉溪龙乡黄杜无公害白茶基地走访，赞誉：“一片叶子成就了一个产业，富裕了一方百姓。”同年，安吉名茶获浙江省著名商标，安吉白茶街竣工。

2004年安吉白茶获得国家原产地域产品保护，并获首届浙江省十大名茶。2006年4月在上海豫园商城举行的安吉白茶拍卖会上，50克安吉白茶极品拍出了5万元高价。2008年，被认定为中国驰名商标。2009年，蝉联浙江省十大名茶。2010年，成为上海世博会指定礼品茶。

1997年制定了《安吉白茶》地方标准，2005年为省级标准，2006年为国家标准GB/T 20354—2006。

2016年，安吉龙王山茶叶开发有限公司和陆羽茶交所达成合作，“龙王山”牌安吉白茶将在陆羽茶交所上市，这是安吉县内第一个安吉白茶品牌在该所挂牌，标志着安吉白茶创新营销方式又前进了一步，为其他茶企在安吉白茶示范、推广和品牌建设上开了先河。

2017年，在首届中国国际茶叶博览会期间，安吉县参加中国十大茶叶品牌评选活动，获中国优秀茶叶区域公用品牌。

2017年，安吉白茶被农业部评为中国特色农产品优势区名单（第一批）第一位。2018年，安吉白茶品牌价值达37.76亿人民币，连续九年跻身全国茶叶品牌价值十强（列第六位），成为浙江省上榜次数最多、持续时间最长的茶叶品牌。

2018年，安吉白茶获得农业农村部农产品地理标志。

2018年，安吉县溪龙乡黄杜村党员提出向贫困地区捐助1 500万株茶苗，得到习近平总书记的批示。至2019年年底，已向贵州省普安县和沿河县、四川省青川县、湖南省古丈县等三省四县捐赠白叶一号茶苗1 665万株，种植面积5 217亩，帮助1 826户5 839名建档立卡贫困人。下步还将捐赠补苗235万株，合计捐赠1 900万株脱贫友谊苗，实现贫困地区产业脱贫。

到2018年，安吉白茶面积已达17万亩，总产量1 890吨，总产值 25.30亿元，主要销往江、浙、沪、京、津、冀等全国各地。

五、绍兴市

（一）平水日铸茶

平水日铸茶产于绍兴市柯桥区，为颗粒形绿茶。

平水日铸茶因地得名。日铸岭位于绍兴东南之平水镇，会稽山脉北侧。宋吴处厚《青箱杂记》云："昔欧冶子铸剑，他处不成，至此一日铸成，故名日铸岭。"宋嘉泰会稽志载："岭下有僧寺名资寿，其阳坡名油车，朝暮常有日，产茶绝奇，故谓之日铸茶"。《青箱杂记》曰："越州日铸茶为江南第一，纤白而长，其绝品至二、三寸，不过十数株。"唐至北宋，制茶是以蒸青、研碾方法制成压型之团、饼茶为主，宋代，草茶兴起，绍兴会稽县平水日铸岭所产之日铸茶，用炒青法制作的条形散茶，改蒸为炒，改碾为揉，改团饼为散茶，使茶叶形质为之一变，冲泡后其色、香、味、形更佳。陆游《安国院试茶》诗自注云："日铸则越茶矣，不团不饼，而曰炒青，曰苍鹰爪，则撮泡矣。"清人金武祥则谓日铸茶"遂开千古茗饮之宗。"故平水日铸茶不仅开茶叶炒青法之先河，而且是茶叶撮泡法之鼻祖。清代在日铸岭专辟"御茶湾"并专设"御茶监"。

历代名人对日铸茶赞誉有加：唐代茶圣陆羽所著《茶经》中，日铸茶即被誉为珍贵仙茗。宋代，日铸茶为京师达官贵人间的馈赠礼物。欧阳修《归田录》赞："草茶盛于两浙，两浙之品，日注（铸）第一"；杨彦龄《杨公笔录》

也有“会稽日铸山，茶品冠江浙”的评述；苏辙诗：“君家日铸山前住，冬后茶芽麦粒粗。磨转春雷飞白雪，瓯倾锡水散凝酥。溪山去眼尘生面，簿领埋头汗匝肤。一啜更能分幕府，定应知我俗人无。”前四句写日铸茶特色，后四句写饮服后的感受；范仲淹则赞誉日铸茶“甘液华滋，悦人襟灵”；南宋陆游：“囊中日铸传天下，不是名泉不合尝。”明许次纾《茶疏》将日铸茶列为全国五大名茶之一。著名书画家陈洪绶《又乞日铸茶》诗云：“夜月成团日铸茶，曾思湖上拨琵琶。肯分数片莲翁否？待看西陵白耦华。”

1980年，日铸茶恢复试制，并在全省供销系统名茶评比会上，被评为省一类名茶。以后产量逐年增加，到1988年共试制达500千克，同年注册商标。

平水日铸茶产于常年云雾缭绕之日铸岭一带的无公害或绿色食品基地茶园（图4-65），采用一芽二叶至一芽三叶初展的茶树嫩芽为原料精心制作而成，外形绿润鲜活，盘花卷曲，颗粒重实，汤色绿明亮，滋味醇厚回甘，栗香持久，叶底嫩绿，完整成朵（图4-66）。

“平水日铸”茶2012年被中国国际茶文化研究会授予“中华文化名茶”称号，2013年被国家工商总局认定为中国地理标志证明商标，2015年荣获浙江省著名商标和浙江省区域名牌产品称号，2018年被评为浙江省区域名牌农产品。平水日铸茶还多次在国际名茶评比、浙江省绿茶博览会和上海中国名茶评比等活动中屡获金奖。

图4-65　平水日铸茶茶园

图 4-66　平水日铸茶

2018年平水日铸茶生产面积2.2万亩，产量1 800吨，产值3.49亿元，销售以本地为主，外销至北京、上海、山东、江苏等地。

（二）觉农·翠茗

翠茗茶，产于上虞区，为珠形绿茶。

上虞历史悠久，是传说中大舜的故乡，建县迄今已有2 200年。据上虞县志记截，明嘉靖、万历年间，上虞丰惠后山的凤鸣山茶名噪一时（图4-67）。

2002年，上虞市舜龙茶业有限公司改革了历史名茶凤鸣山茶的传统手制工艺，用名茶机械加工来代替手工制作并保留了它的风味和特点，定名为翠茗茶并成批量生产。翠茗茶采用一芽一、二叶初展至一芽二叶鲜叶，经芽叶摊青、杀青、摊凉、揉捻、解块、初烘、炒制、烘干制成，外形卷曲

图 4-67　觉农·翠茗茶园

盘花、色泽翠绿、嫩香清高、滋味鲜嫩回味甘爽具有浓郁高山茶的风格（图4–68）。

翠茗茶具有鲜明的地方特色，产量产值均居全区首位，成为上虞的主导名茶。2018年，为全力打造公用品牌，绍兴市上虞觉农茶业有限公司把注册的“觉农翠茗”商标无偿转让给了政府。以“觉农·翠茗”为公用品牌，既表达了对上虞乡贤当代茶圣吴觉农先生的纪念，也蕴含着对悠久厚重的上虞茶文化的继承和弘扬。按照“政府主导，市场运作、文化助力、全民共享”的原则，组建了上虞区品牌管理中心，实行“商标使用、生产技术、质量标准、产品包装、指导价格、品牌宣传”等六统一的品牌管理模式。

到2018年，生产茶园达3万亩，产量200吨，产值8 000万元。

图4–68 觉农·翠茗

（三）岭南辉白

岭南辉白，古称鹁鸪岩茶，产于上虞岭南乡的覆卮山，为珠形绿茶。

据当地里蒋王氏族谱记载，晋代丞相王导的第12世后代文八公在明朝后期移居上虞覆卮山，即现在的覆卮乡里蒋村开始开荒植茶，在20世纪70年代初当地尚有碗口粗成片的茶树林，村民搭梯采摘。

据上虞县志记载，明末清初，当时覆卮山的岭南辉白叫鹁鸪岩茶，时已享盛名，后因毗邻的前岗辉白（现为泉岗辉白）名声鹊起而改称岭南辉白。

岭南辉白经杀青、初揉、初烘、复烘、炒二青和辉锅等六道工序制成，外形由盘花成似圆非圆，茶色泽绿翠起霜，冲泡后汤色黄亮，香气浓爽，滋味醇厚，叶底嫩黄，芽峰显露，完整成朵（图4–69）。

产地分布在以岭南乡覆卮山为中心的周边各村（图4–70），大部分为机制，其中以王氏第二十六代后裔王家巨创办的“上虞市四纪冰川农业有限公司”最具规模和代表性，每年手工制作辉白茶2 500千克。到2018年，岭南辉白基地2 960亩，年产量29.6吨，产值710万元，消费以中老年群体为主，

图 4-69 岭南辉白

图 4-70 岭南辉白茶园

主要销往本地和江、浙、沪一带。

（四）舜水仙毫

舜水仙毫产于上虞境内，属针形绿茶。

上虞历史悠久，是传说中大舜的故乡，建县迄今已有2 200年。上虞属东亚季风气候，季风显著，气候温和，四季分明，湿润多雨，年平均气温16.4℃，无霜期251天左右，一般年降水量1 400毫米上下（图4-71）。

据上虞县志记截，明嘉靖、万历年间，上虞丰惠后山的凤鸣山茶名噪一时。

中华人民共和国成立后，当代茶圣吴觉农先生多次返回故乡上虞考察茶叶，并指出："上虞的凤鸣茶，舜井水，要好好开发利用"。

2002年，绍兴市上虞区茶叶有限责任公司与茶叶科研单位院校改良凤鸣山茶工艺，并命名为"舜水仙毫"，其中舜水意指大舜的故乡，横贯上虞南北的曹娥江（也称舜水），仙毫指外形似神仙的眉毫。

舜水仙毫以鲜嫩芽尖为原料，经鲜叶分级、摊青、杀青、摊晾、理条、

图 4-71　舜水仙毫茶园

二次摊晾、二次理条、烘焙提香、摊凉整理等工艺制成，外形细紧挺秀，香气馥郁，滋味鲜醇回甘，冲泡时芽尖向上徐徐下沉，不停上下起落，最后立于杯底（图4-72）。

2001年，注册“舜水”商标。2002年获中国精品名茶博览会金奖。2004年，获浙江省绿色无公害优质畅销农产品。2006年，获绍兴市著名商标。2008年，获绍兴名牌产品。2007、2009年，上海国际茶文化节名茶金奖。2012年、2014年、2018年，浙江绿茶博览会金奖。2014年、2018年，中国绿色食品博览会金奖。2017年，浙江农业博览会优质产品金奖。2018

图 4-72　舜水仙毫

年，中国义乌国际森林产品博览会金奖。2012年、2016年，浙江省著名商标。2013年，浙江名牌农产品。2014年、2017年，浙江名牌产品。2013年，全国百佳农产品。2016年，中国百强农产品好品牌。

2010年时，舜水仙毫已建成700亩标准化生产基地，年产量5.25吨，年产值525多万元。至2018年，又建成一家茶叶专业合作社，生产基地总面积增加到800亩，年产量6吨，年产值600多万元。产品主要销往上海、北京、深圳、宁波、江苏等十多个大中城市和省份。

（五）石笕茶

石笕茶产于诸暨市东白山麓，为条形绿茶。

东白山麓峰峦叠嶂，起伏隐现，顶峰太白尖“上有天池，大旱不涸”，山涧终年流水潺潺，并流经茶园四周，茶树大部分生长在由凝灰岩、流纹岩风化发育而成的土壤中，土质肥沃，结构良好，酸度适中。这里雨量充沛，年平均温度16.5℃，年降水量1 500毫米以上，全年无霜期230天（图4-73）。

石笕茶历史悠久，已有800多年。南宋高似孙《剡录》：越产之擅名者，有会稽之日铸茶，山阴之卧龙茶，诸暨之石笕岭茶……

南宋名士王十朋（公元1112—1171年），在其《会稽风俗赋》中，引用欧阳修之语以赞石笕茶：“欧阳公《归田录》曰：会稽产茶极多，佳品惟卧龙、日铸、石笕，得名亦盛。”嘉泰《会稽志》卷十七“日铸茶”：今会稽产茶极

图 4-73　石笕茶茶园

多，佳品唯卧龙一种，得名亦盛，几与日铸相亚……其次则……诸暨之石笕茶……

明万历《绍兴府志·物产》：茶……诸暨石笕茶……。明隆庆《诸暨县志》则云："茶产东白山者佳，今充贡，岁进朝廷新茅肆筋"。

清宣统《诸暨县志·物产》：茶，《浙江通志》：诸暨各地所产茗叶，质厚味重，而对乳最良，每年采办人京，岁销最盛。邑茶之著者，石笕岭茶，《剡录》：越产之擅名者，诸暨石笕岭茶……

民国期间，诸暨茶叶名声不减。民国十三年（公元1924年）《诸暨民报五周年纪念册》载：地产著名茶叶有白毫和红芽两种。白毫叶姿呈白色，红芽叶厚呈红色。这类茶叶产量极少，清时都作贡品献于朝廷，据考证，白毫即石笕茶，红芽即高档工夫红茶。

1980年，诸暨市茶叶科技人员着手恢复名茶。经3年努力，石笕名茶得到了恢复，并有所创新。恢复后的石笕茶采摘标准为一芽一叶初展，经摊放、杀青、揉捻、整形、烘焙而成，外形挺秀，绿翠显毫，香味醇和，汤色嫩绿明亮，叶底细嫩成朵（图4-74）。

1984年被评为浙江省14只名茶之一，并获得了省级名茶证书。1993年，获农业部在泰国举办的科技成果暨设备展览会金奖。1994年，石笕茶注册的"石笕"牌商标，被评为地方名牌商标、浙江省满意商标。1997年获"中茶杯"评比二等奖。

到1995年，石笕茶基地已扩大到1 300多公顷；产量达598吨。

到2018年，石笕茶生产基地4.5万亩，产量达到838吨，产值16 668万元，产品以绍兴地区及上海销售为主。

图4-74　石笕茶

（六）泉岗辉白

泉岗辉白产于嵊州市下王镇泉岗村，成品茶色泽绿翠起霜，故以“前岗辉白”命名，后改为“泉岗辉白”，为圆形绿茶。

泉岗村位于四明山支脉覆卮山南麓，海拔高度在500米以上。这里山峦起伏，群峰连绵，阻挡着冷风的侵入。年平均气温15.7℃，年降水量1 500毫米左右，无霜期245天。土壤属山地黄泥砂土，一部分是香灰土，土层深厚、肥沃，有机质含量丰富，因而是理想的茶树生长之地。制成的茶叶香气清高，滋味浓厚，经久耐泡，具有高山茶的品质特色（图4-75）。

嵊州是古代剡溪茶的产地。清康熙年间，泉岗村对原珠茶炒制方法进行改进，以一芽二三叶初展为原料，制作精细，成茶盘花卷曲，为贡品，称为“贡熙茶”。同治年间，在珠茶的基础上，创制成泉岗辉白，以优越的品质，独特的风韵，声誉大振。宣统二年（公元1910年）前后及民国二十三年（公元1934年）前后茶叶最为畅销，年产量近2 500千克，每50千克价七八十元，比大宗珠茶30元价高一倍以上。清末民初，泉岗辉白被评为全国十大名茶。

中华人民共和国成立之后，前岗村茶叶生产一度迅速发展。但在计划经济体制下，按照茶类布局和出口换汇的需要，当时茶区全部改产越红与珠茶，泉岗辉白的制作工艺也一度失传，全套传统工艺中只有其杀青工艺被命名为“前岗杀青法”，并在全国绿茶产区推广。

1979年，嵊县林业特产局和里东区农技站的茶叶科技人员，在进行调查研究和总结失传多年的辉白茶炒制工艺基础上，于1981年恢复试制成功。

图 4-75　泉岗辉白茶园

泉岗辉白以一芽一叶到一芽二叶为主，经摊放、杀青、初揉、初烘、复揉、复烘、炒二青、辉锅制成，形如圆珠，光洁匀净，盘花卷曲，白中隐绿，汤色黄明，香气浓爽，叶底嫩黄，芽峰显露，完整成朵，以其独特风韵、经久耐泡而著名（图4-76）。

1988年、1989年、1991年连续三届获浙江省一类名茶称号，并被授予浙江省名茶证书。1995年获第二届中国农业博览会银奖。1999年再次被授予浙江省名茶证书，并制订了《泉岗辉白》省级地方标准。2012年，被评为浙江省著名商标，2019年被认定为“浙江老字号”。

图 4-76　泉岗辉白

20世纪80年代至90年代，随着生活水平的提高，原来习惯于喝珠茶的老茶客慢慢转为喝泉岗辉白，泉岗辉白需求量大增，产地从前岗村辐射到下王镇、贵门乡、崇仁镇、王院乡、谷来镇等植茶环境条件相似的高山茶区。

到2018年，泉岗辉白年生产面积2.5万亩，产量800吨，产值 2.2亿元，以嵊州及周边地区销售为主，部分销往杭州、上海、江苏、黑龙江等10多个省市。

（七）卧龙瑞草茶

宋代会稽（今绍兴）名茶，产于绍兴越城区。

南宋嘉泰《会稽志》卷九《山》：卧龙山，府治据其东麓，山阴《旧经》云种山，一名重山，越大夫种所葬处……地出佳茗，以山泉烹瀹为宜……范公《清白堂记》云：山岩之下获废井，视其泉清而白色，味之甚甘，以建溪、日铸、卧龙、云门之茗试之，甘液华滋，悦人襟灵。张伯玉蓬莱阁诗自注：卧龙山茶冠吴越。

嘉泰《会稽志》卷十七《日铸茶》：今会稽产茶极多，佳品唯卧龙一种，得名亦盛，几与日铸相亚。卧龙者出卧龙山，或谓茶种初亦出日铸。盖有知茶者谓，二山土脉相类，及艺成信，亦佳品。然日铸芽纤白而长，其绝品长至三二寸，不过十数株，余虽不逮，亦非他产所可望，味甘软而永，多啜宜人，无停滞酸噎之患。卧龙则芽差短，色微紫黑，类蒙顶、紫笋，味颇森严，其涤烦破睡之功，则虽日铸有不能及，顾其品终在日铸下。自顷二者皆或充包贡，卧龙则易其名曰瑞龙，盖自近岁始也。

清嘉庆《山阴县志》卷八《土产》：卧龙山产佳茗，芽纤短，色紫，味芬，名瑞龙茶。《会稽志》云：会稽产茶极多，佳品唯卧龙，得名亦盛，与日铸相亚。杜牧之诗云：山实东吴地（编者按："地"字有误，应为"秀"），茶称瑞草魁。

2008年绍兴越城区茶农陈宝寿认养卧龙山古茶园，通过复原传统制茶工艺，恢复创制卧龙山茶，定名为卧龙瑞草茶（图4-77，图4-78）。

到2018年，卧龙瑞草茶建成500亩标准化生产基地，年产量4.12吨，年产值640多万元，主要销往浙江、上海、北京、山东等地。

图4-77 卧龙瑞草茶园

图4-78 卧龙瑞草茶

六、金华市

（一）婺州举岩

婺州举岩，又称举岩茶、金华举岩，古称婺州碧乳茶，产自金华北山双龙洞鹿田村附近，因金华旧称婺州，北山一带巨岩耸立，岩石犹如仙人所举，因而得名。

金华北山，群山起伏，树木葱茏，云雾茫茫，昼夜温差大，岩洞奇特，有水石奇观、风雾奇观和洞天奇观（图4-79）。

图 4-79　婺州举岩茶茶园

五代蜀毛文锡《茶谱》：婺州有举岩茶，斤片方细，所出虽少，味极甘芳，煎如碧乳也。

宋吴淑《茶赋》：夫其涤烦疗渴，换骨轻身，茶荈之利，其功若神，则渠江薄片，西山白露，云垂绿脚，香浮碧乳……

明朝万历六年（公元1578年）的《金华府志》卷之七《贡赋》载："进新茶芽二十二斤"；在《中国地方志集成》中《康熙金华府志、道光婺志粹》卷之七《贡赋》载："明岁进新茶芽二十二斤"。

明李日华《紫桃轩杂缀》：金华仙洞与闽中武夷俱良材，而厄于焙手。

明钱椿年《茶谱》：茶之产于天下多矣……常之阳羡，婺之举岩，丫山之阳坡，龙安之骑火，黔阳之都濡高株，泸川之纳溪梅岭之数者，其名皆著。

明詹景凤《明辨类函》：四方名茶……浙江则武林之龙井、绍兴之剡溪、金华之洞山。

明医学家李时珍的《本草纲目》著："昔贤所称，大约谓唐人尚茶，茶品益众。有雅州之蒙顶，……金华之举岩，会稽之日铸，皆产茶有名者"。

明方以智著《通雅》载："婺州之举岩碧乳……此唐宋时产茶地及名也"。

清代刘源长撰《茶史二卷補一卷》载："婺州举岩茶片片方细，所出虽少，味极甘芳，烹之如碧玉之乳，故又名碧乳"。

婺州举岩茶在清代濒临失传，当初的制作工艺也无从考证。

1980年，由市、县茶叶科技工作者组成婺州举岩茶试制小组，根据文献记载的婺州举岩特征，借鉴"西湖龙井"采制工艺，结合本地烘青茶制作工艺，糅合而成为婺州举岩的采制工艺。1984年，金华县农业局的茶叶工作者，为了使婺州举岩更符合其“斤片方细”的品质特征，改进后的生产工艺主要由鲜叶摊放、杀青、理条整形、烘干四道工序组成。研制恢复的婺州举岩，外形挺直，绿翠显毫，香味清鲜，汤色清澈，叶底嫩绿成朵（图4-80）。1981年，婺州举岩以其优异品质，在全省名茶评比会上获一类名茶称号。1984年，在千岛湖举行的全省名茶评比会上，婺州举岩又以其连续3次获省一类名茶奖，获省名茶证书。

2006年，浙江采云间茶业有限公司通过商标转让和注资，取得了婺州举岩的经营权。2007年，采云间召开婺州举岩茶研讨会，成立中国国际茶文化研究会婺州举岩茶研究中心，对婺州举岩古茶园遗址进行保护，并引入现代科学技术和现代化设备，改进工艺流程。2008年6月，婺州举岩传统制作艺经国务院批准列入第二批国家级“非物质文化遗产”名录。2010年获“中华文化名茶”称号。

图 4-80　婺州举岩

2018年，婺州举岩茶园达到200多亩，产量达到2吨，产值约400万元，产品主销金华本地及北京、上海、杭州等大中城市。

（二）东白春芽

东白春芽产于东阳市东白山。

东白山位于东阳之东北，与诸暨、嵊州接壤。群山峰峦起伏，崇峻崔嵬，山上终年绕雾，峻岭平川，时隐时现，溪涧有清流激湍，山间多茂林修竹。采茶季节，茶园周围遍地山花争妍。山中终年气候温和，年平均气温16℃，年降水量1 600毫米，无霜期237天。山中日晴夜雨，湿度大，日照时间短，昼夜温差大。茶园多为高山草甸土，土层深厚，土壤肥沃，有机质含量丰富（图4–81）。

南宋高似孙《剡录》：晋太傅褚伯玉在刘裕篡晋称宋时隐居东白山不仕，称道士治茶炼丹，齐高帝为之筑太平馆。

南朝宋刘义庆《世说新语》中有“褚太傅初渡江，尝入东白山，敕左右多与茗汁”的记载。

唐太和六年（公元832年），东白山建禅林院，宋宣和辛丑年（公元1121年）毁于战火。南宋建炎二年（公元1128年）重建大殿，宋隐逸之士张公泽为其撰写碑文，内书：“……土产春芽，名在古人茶谱，与婺源、顾渚播扬天下。”唐陆羽《茶经》有“婺州东阳县东白山与荆州同”的述说。唐李肇《国史补》中，将婺州东白与蒙顶石花、睦州鸠坑、顾渚紫笋等15处茶列为唐代名茶。

明隆庆《东阳县志》：茶产东白山者佳，今充贡，岁进新芽茶四斤。

清康熙《浙江通志》一〇六“物产”引《东阳县志》：大盆（盘）、东白两

图4–81　东白春芽茶园

山为最。谷雨前采者谓之芽茶，更早者谓之毛尖，最贵。皆挪做，谓之挪茶。茶客反取粗大，但少炊之，谓之汤茶。转贩西商，如法细做，用少许撒茶饼中，谓之撒花，价常数倍。

1979年，在浙江农业大学和省农业厅专家、教授的指导下，东白山茶场开始恢复试制历史名茶东白春芽。经过几年的实践，制定了东白春芽的采制技术规程，1985年通过部级鉴定，在全省名茶评比中多次被评为一类名茶，1991年被浙江省农业厅授予名茶证书。

东白春芽的鲜叶原料是东阳木禾种。东阳木禾种为浙江省三大群体良种之一，源于东白山。木禾种具有芽叶肥壮，持嫩性强，内含物质丰富等特点。据测定，干茶茶多酚含量为23.5%，氨基酸含量为4.4%，水浸出物含量为46.5%。优越的自然环境和优质的茶树品种，再加上精湛的采制技术，发挥了名茶色香味形俱佳的特点。

东白春芽外形平直略开展，状似兰花，色泽翠绿，芽毫显露，叶底匀齐嫩绿，汤色清澈明亮，滋味鲜醇，具嫩板栗香，且带兰花香（图4-82）。

到2018年，东白茶采制面积10 000亩，产量170吨，产值5 000万元，主销沪宁线一带。也销售东阳市内。

图 4-82　东白春芽茶

（三）武阳春雨

武阳春雨茶产于武义县，以针形绿茶为主。

武义县位于浙江省中南部，古称武阳。境内群山连绵，为仙霞山脉，海拔200~1 000米。是浙江省首批生态县，林木繁茂，全县森林覆盖率达72%，75%的地面水达到Ⅱ类水质标准。武阳春雨茶产于武义高山茶区，茶区地理位置介于北纬28° 31′~29° 03′，东经119° 27′~119° 58′，武义生态优越，好山好水出好茶。茶树大多生长在海拔300~800米的山地，高山茶园常年平均气温11℃左右，比山脚处低6℃左右，境内年均气温17℃，无霜期250多天，具有明显的山地气候特征。年平均降水量1 600毫米，相对湿度随海拔高度的增加而增加，平均相对湿度90％以上，终年云雾缭绕（图4–83）。

据民间传说，武义产茶始于东汉，光武帝刘秀曾在武义躲避追兵，路遇一白鬓老人，手提一茶壶，饮茶后心旷神怡，赞为白毛仙茶，后一度成为贡品。有确切记载的武义茶，是蒋富茶，明嘉靖《武义县志》载："蒋富山，在县东南三十五里，周二十余里，山多产茶。传云：昔有蒋氏居此，至富，因名。"南宋叶适所写《哀巩仲至》有"秉我乌桕烛，瀹以蒋富茶"的诗句。蒋富山种茶业，宋元明清时期声名日隆。《清·康熙志》记载，武义"茶，宝泉、古莱山二处佳"。宝泉即位于武义国家级名胜风景区郭洞的宝泉山，山上有宝泉寺。清代武义举人徐俟召著《宝泉说》一文，说宝泉"旱不涸，潦不溢，……。僧人旋汲而沸诸铛，烧以红叶，佐以秋芥，连啜数杯，清香沁脾，不觉尘烦尽涤，形神具爽。恨陆鸿渐之品第不及也。"民国四年（公元1915年），武义龙潭楼恒久绿茶就获浙江展览会三等奖；民国十八年（公元1929年），楼恒久所制白毫毛峰茶又获西湖博览会二等奖；民国二十一年（公元1932年），武义鸿源协绿茶获杭州展销会全省农产品乙等奖。白毛仙茶、蒋富茶、楼恒久绿茶、鸿源协绿茶即为武阳春雨前身。

图4–83　武阳春雨茶园

20世纪70年代至80年代，武义大力发展茶叶种植，面积从中华人民共和国成立之初的五六千亩增长到五六万亩，以大宗茶为主。20世纪80年代中期，大宗茶滞销，出口茶受阻。为此在1984年，县农业局着手研制武义名茶。1994年，武义县农业局成功开发武阳春雨，经杀青、理条、烘焙等工序制成，外形为松针形，细嫩挺直显毫，似绵绵雨丝；汤色黄绿明亮；香气鲜嫩显花香；滋味鲜浓；叶底成朵，嫩绿、明亮（图4-84）。

图 4-84　武阳春雨

1994年获首届“中茶杯”一等奖，被评为浙江省一类名茶。1995年，再次被评为浙江省一类名茶，并荣获第二届中国农业博览会金奖。2004年获得“浙江省十大名茶”称号，以此为契机，武义县对“武阳春雨”品牌进行了整合，整合后的武阳春雨包括针形茶、扁形茶和高山毛峰茶等系列。成立“武阳春雨”茶品牌管理领导小组，并设立品牌管理领导小组办公室，制定了《“武阳春雨"茶品牌管理暂行办法》和“武阳春雨”茶系列标准。武义县更香、乡雨、茗宇、汤记高山、嘉木村、九龙山、郁清香、寿仙谷、叶常香等9家茶业龙头企业成为“武阳春雨”品牌加盟企业。2009年，蝉联第二届浙江省十大名茶。

武义县每年主办或承办至少一期大型茶事活动，借助活动扩大武阳春雨品牌知名度和影响力。2012年，举办“杭州迎春茶话会”和武阳春雨杯全国摄影大赛；2013年，“武阳春雨杯”第二届全国茶艺职业技能竞赛总决赛在武义隆重举行；2014年，武义茶人再度举团赴杭，在杭州茶都茗园举行“武阳春雨品茗会暨品牌20周年座谈会”；2015年，配合县内一年一度温泉节，我县组织举办了“壶山品茗雅会”；2016年，承办“第八届金华市万人品茶大会暨武义茶叶全产业链展示会”；2017年，承办“第九届金华市万人品茶大会暨武阳春雨有机农产品展示会”；2017年底，武阳春雨获得农业部农产品地理标志登记。2018年承办第十届金华市万人品茶大会暨第三届武阳春雨茶文化节，武阳春雨茶品牌宣传获得前所未有的成功，“武阳春雨”作为品牌茶销售已在金华市占第一位，成为武义茶业的一张“金名片”。

2018年武阳春雨茶生产基地面积10.5万亩，产量1 800吨，产值3.82亿元，产品主要销往金华本地及北京、上海、山东、江苏、广东等省市。

（四）磐安云峰

磐安云峰古称婺州东白、东阳大磐茶，产于磐安县大盘山一带，为条形绿茶。

磐安原属婺州（今金华市）东阳，是首批国家生态示范区、全国生态县。磐安地处浙江中部，是台（州）、处（丽水）、婺（金华）、绍（兴）的交接地带。大盘山脉为天台山、括苍山、仙霞岭、四明山等山脉的发脉处，是钱塘江、瓯江、灵江、曹娥江的主要发源地，俗有“群山之祖、诸水之源”之称。磐安位于中亚热带季风气候区北缘，年平均气温16.1℃，年降水量1 445.8毫米，无霜期236天。大盘山一带，翠峰连绵不断，茂林修竹苍郁，云海波涛缥缈，兰花香溢四方。土壤深厚，表土质似香灰，有机质含量十分丰富（图4–85）。

磐安产茶历史悠久。唐李肇《国史补》卷下“风俗贵茶”：茶之名品益众，剑南有蒙顶石花……婺州有东白，睦州有鸠坑……。

明代《浙江通志》载“东白茶素负盛名”。明代许次纾《茶疏》“产茶”：

图4–85　磐安云峰茶园

江南之茶，唐人首称阳羡，宋人最重建州……浙之产，又曰天台之雁荡、括苍之大盘、东阳之金华、绍兴之日铸，皆与武夷相为伯仲。

清乾隆《浙江通志》卷一〇六《物产》引《东阳县志》：大盆（盘）、东白二山为最。谷雨前采者谓之芽茶，更早者谓之毛尖，最贵。皆挪做，谓之挪茶。茶客反取粗大，但少炊之，谓之汤茶。转贩西商，如法细做，用少许撒茶饼中，谓之撒花，价常数倍。

1979年，磐安县科研人员探索恢复和挖掘磐安茶叶，传承传统精华，博采众长，创新工艺，因生长在高山云雾里的一片茶叶，称之为磐安云峰，涵盖扁形、条形等茶类。磐安云峰为烘青型绿茶，原料用一芽一叶或一芽二叶初展鲜叶，经杀青、揉捻、理条、初烘、复烘等工序制成。外形条索紧结绿润；汤色绿明亮；香气清高持久略带兰花香；滋味鲜醇爽口；叶底嫩匀绿亮；其独一无二的品质特征“色翠绿味甘醇”（图4-86）。

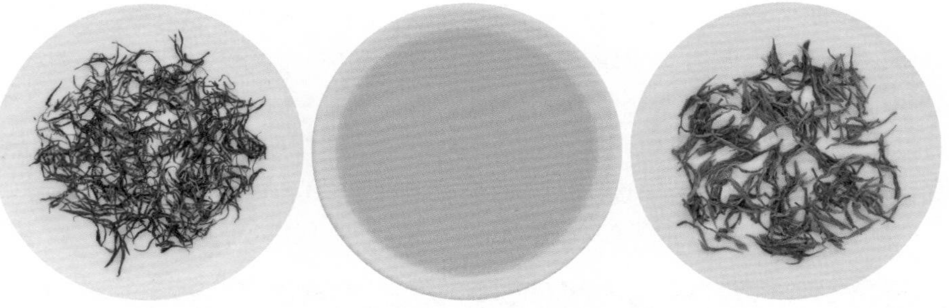

图 4-86　磐安云峰

1986年荣获国家商业部“全国名茶”的称号、部优产品；1987年在省首次“斗茶会”上被评为“上等名茶”；1991年在杭州国际茶文化节上被评为“中国文化名茶”；2002年荣获中国生态龙井茶之乡、龙井茶原产地保护区域范围、中国精品名茶博览会金奖；2003年，磐安云峰荣获国家地理标志品牌；2010年获得浙江省著名商标；2012年获得浙江省名牌农产品；2013年获得浙江省富民农产品牌、浙江地方名茶城市金名片；2014年荣获中国茶行业历史文化名茶品牌、金芽奖；2015年获得中华文化名茶、中华茶文化展示基地；2016年磐安县获得全国十大生态产茶县；2017年荣获全国名特优新农产品、国际武林斗茶冠军；2018年获得浙江省知名区域公用品牌、中国茶博馆优质馆藏样茶；2019年磐安云峰通过国家农产品地理标志登记。并在各类茶叶博览会、农博会上荣获省部级以上奖项100余项，先后被载入《浙江名茶》《中国名茶志》《中国名茶图谱》《中国茶经》等茶叶著作，“磐安云峰”品牌价值达到16.14亿元。

2001年磐安县成立磐安县茶业协会，加强对磐安云峰品牌的管理，2007年经磐安县委县政府研究决定“磐安云峰”作为磐安县茶叶的公共品牌，涵盖扁形、条形、卷曲形等系列品类，提出了“内抓品质、外树形象”的八字方针，并重新修订了《磐安云峰茶生产技术规程》，实行统一品牌、统一标准、统一包装、统一宣传、统一监管，共建有“磐安云峰”专卖店50余家。

2018年，磐安云峰生产基地1.3万亩，年产量428吨，产值1亿元，主要销往北京、山东、江苏、上海、辽宁、河北、河南、广东等14个省市。

七、衢州市

（一）方山茶

方山茶产于龙游县境内，因产地而得名，为兰花形绿茶。

方山茶茶园位于龙游以南的丘陵山地，这里群山绵亘，海拔250~800米。土壤主要为黄泥土、砂黏质红壤、山地黄泥砂土等，pH值5.5左右，土层深厚，有机质含量丰富，年降水量1 800毫米以上，多漫射光，昼夜温差较大，自然条件优越，茶树生长健壮，发芽较早（图4-87）。

龙游方山茶明清时已闻名。明弘治《衢州府志》：龙游县方山之阳草坡，广袤不过百余步，出早茶，味绝胜，可与北苑、双井争衡。（转引自清乾隆《浙江通志·物产》）

图 4-87　方山茶茶园

清康熙《龙游县志》卷五：方山，在县东四十五里。山形方正如冠，故名。《隋书》所称丘山与龙山并称者，疑即此。石势耸峭，上干青冥，产茶，入贡品，在顾渚、日铸之间。

民国《龙游县志》：龙游南乡多产白毛尖，香高味鲜，销于上海、杭州竹木商人。

中华人民共和国成立前，茶园大多为零星分布的荒野和房前屋后的老式丛栽茶园，产量极少，方山茶也濒临失传。20世纪60年代前后，南部山区连片种植了1万余亩新茶园，开始专业化、规模化生产名优茶，到1985年，全县茶园面积达到2 400公顷，创历史最高纪录。

1986年，龙游县农业局、县科委等部门联合成立方山茶恢复试制课题组，选择了自然环境与方山相似的溪口镇合坑源村进行首次研制，连续3年在全省名茶评比中列为一类优质名茶，并于1989年荣获浙江省名茶证书。

方山茶以单芽和一芽一叶初展原料为主，经鲜叶摊放、杀青、揉捻、理条、初烘、回潮、复烘、提香制成，外形条索细紧、挺直、略扁，形似兰花，色泽绿润，毫锋显露；叶底芽叶肥壮，细嫩成朵，朵朵可辨，冲泡后汤色嫩绿，清澈明亮，香气四溢，清幽持久；饮后鲜醇爽口，生津止渴，齿颊留香，沁人心脾，回味无穷（图4–88）。

图4–88　方山茶

方山茶2000年被评为“中华历史文化名茶”、2005年被评为“浙江省十大旅游名茶”、2009年被评为“华东十大名茶”。

方山茶现产于龙游南部山区的溪口、庙下、沐呈、大街等乡镇，2018年生产面积4 950亩，年产量112吨，产值2 673万元。高档精品名茶以本县及周边县市销售为主，优质茶省内外均有销售。

（二）**江山绿牡丹茶**

江山绿牡丹原名“仙霞化龙”，产于江山仙霞山脉，因其色泽翠绿、形似牡丹而得名，为兰花形绿茶。

江山市位于钱塘江源头。古称东南锁钥的仙霞（关）山脉，海拔500～600米，沟壑纵横，溪水清澈，年降水量2 100毫米左右，年平均气温15℃，采茶季节细雨蒙蒙，云雾重重，漫射光多，相对湿度大。这里气候温和，土层深厚疏松，有机质含量高，具有得天独厚的自然条件（图4–89）。

图 4-89　江山绿牡丹茶园

江山茶在宋代已闻名。《江山县志》载，苏东坡在杭州任太守时，同僚毛滂（江山籍）曾以仙霞山茶相赠，苏东坡在《答毛滂书》云："寄示奇茗极精，而丰南来未始得也，亦时复有山僧逸民可与同尝，此外，但缄而藏之。"毛正仲（江山籍）送苏东坡仙霞山茶时，苏东坡挥毫赋诗一首："禅窗丽午景，蜀井出冰雪。坐客皆可人，鼎器手自洁。金钗候汤眼，鱼蟹亦应诀。遂令色香味，一日备三绝。报君不虚授，知我非轻啜。"明正德（公元1506—1521年）年间，仙霞山茶曾列为贡品。

据清同治《江山县志》载："茶出占村、上王、张村诸处，廿七都尤盛，而以江郎山所出第一"。

江山绿牡丹曾一度失传。1980年春，由江山市茶叶科技工作者在保安乡的裴家地、龙井村、黄檀坑顶恢复试制，历经3年终获成功。

江山绿牡丹采自当地中、小叶群体品种，经摊青、杀青、揉捻、初烘、理条、复烘、足干（提香）制成，外形紧结挺直，色泽翠绿显毫，滋味鲜醇爽口，嫩栗香持久，汤色嫩绿清澈，经久耐泡（图4-90）。据检测，成茶水浸出物37.31%，氨基酸含量3.80%，总灰分6.21%，粗纤维8.40%。

1982年，商业部评出全国30种名茶，江山绿牡丹排列第二位，并载入《中国土特产大全》；1995年获第二届中国农业博览会银奖；2004年获"浙江省十大名茶"提名奖；2006年获浙江省农博会金奖；2007年、2010年获浙江省绿茶博览会金奖；2009年在第八届"中茶杯"全国名优茶评比中获一等奖。

1999年江山市委提出了"重振江山绿牡丹"的口号，成立了江山市绿牡

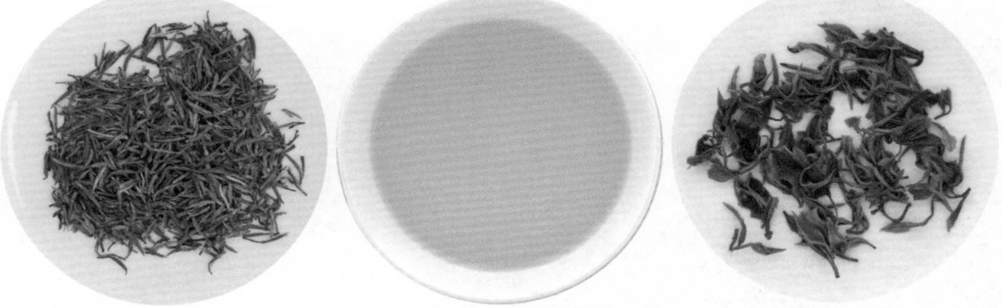

图 4-90　江山绿牡丹

丹名茶产业化协会。2002年江山市政府授权江山市农业局向国家工商总局注册了“江山绿牡丹茶”地理标志证明商标，2004年江山市绿牡丹名茶产业化协会向国家质检局注册了原产地标记（现在统一称为“地理标志”）。2002年、2009年，江山市被浙江省农业厅评为浙江省茶树良种化先进县，2010年、2013年、2015年、2017年被中国茶叶流通协会评为“全国重点产茶县”，2014年被评为“全国十大生态产茶县”，2016年被评为“全国十大魅力茶乡”，2018年、2019年被评为“中国茶业百强县”。2014年“江山绿牡丹茶”被评为浙江区域名牌农产品，2018年获农业部国家地理标志农产品。

江山绿牡丹目前主产于江山市仙霞岭化龙溪两侧裴家地、龙井等村，2018年面积51 500亩，产量1 630吨，产值1.67亿元，主销江山本地和衢州，省内其他地方和上海、江苏、北京等地也有销售。

（三）**开化龙顶**

开化龙顶，产于开化县，因始产于大龙山“龙顶潭”周围而得名，为针芽形绿茶。

开化县位于浙江省西部的浙、皖、赣三省七县交界处，钱塘江的源头，是全国和浙江省林业重点县、国家级生态县。境内山高林茂，森林覆盖率达80.4%，据国家环境质量监测资源显示，开化在全国各县（市）生态环境排序中，总体质量名列第16位，被列为17个具有全球意义的山地保护区和全国9个生态良好地区之一。境内四周峰峦环列，日夜温差大，无霜期长，“晴日遍地雾，阴雨满山云，”年平均雾日达100天以上，正是“高山云雾出好茶”（图4-91）。

开化县生产名茶历史悠久。据《开化县志》记载，明崇祯四年（公元1631年）已成为贡品。清光绪二十四年（公元1898年）名茶朝贡时，“黄绢袋袱旗号篓”，专人专程进献。民国三十八年（公元1949年）《开化县志稿》记载“茶四乡多产之，西北乡产者佳，其在谷雨以前采摘者日雨前，俗名白毛尖”。

图 4-91　开化龙顶茶园

为恢复与发掘名茶生产，1959年县农商部门的茶叶科技人员在大龙山顶“龙顶潭”茶园里采制了干茶1.3斤，命名为“龙顶”，当年日本青年茶叶代表团抵达杭州时，开化龙顶茶参与会评，结果其香气滋味均超过日本“蒸青玉露”。1961年后名茶生产又遭夭折。1979年，林业、供销两部门茶叶科技人员，再赴齐溪公社大龙山黄泥义的“龙顶潭”恢复试制名茶，并以县名加土名命名为“开化龙顶”茶。

开化龙顶选择芽叶粗壮的多毫品种，采其一芽一叶，经摊放、杀青、轻揉、搓条、初烘、造形提毫、低温焙干等工序制成，条索紧结挺直，白毫披露，银绿隐翠，芽叶成朵匀齐，香气鲜嫩清幽，滋味醇鲜甘爽，汤色杏绿清澈（图4-92）。

1981年在全省名茶评比会上被评为优质产品，1982年经全省四次评比，被评为浙江省名茶，1985年被推选参加全国名茶评比，被评为全国名茶。1989年在农业部召开的全国名茶评比会上复评合格。1991年又获中国文化名茶奖，1992年荣获首届中国农业博览会金质奖。

1997年开化县开始实施“开化龙顶”名茶名牌战略，并于12月成立开化龙顶名茶协会。1998年起，将原有的12家商标整合为“开化龙顶”商标。1999年建立了

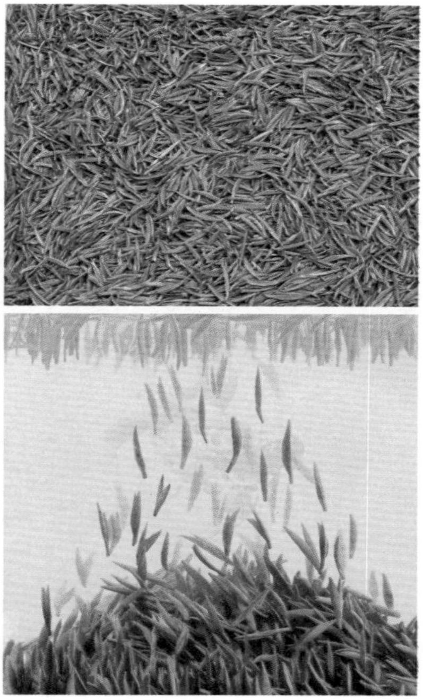

图 4-92　开化龙顶

大型专业市场——开化龙顶名茶专业市场。2000年被国家命名为“中国开化龙顶名茶之乡”。2001年被认定为国家无公害茶叶基地示范先进县。2004年成立开化县茶叶产业化领导小组，下设办公室，与开化县特产局（茶叶局）形成三块牌子一套人马合署办公，当年获“浙江省十大名茶”。2007年成立了中国国际茶文化研究会开化龙顶茶文化研究中心。2008年被评为浙江省茶叶产业特色强县。2009年完成“开化龙顶”证明商标注册之后，实行“母商标+子商标”的双商标管理模式，当年蝉联浙江省十大名茶。2010年被国家工商总局商标局认定为中国驰名商标。

到2018年，开化龙顶已发展到12.47万亩茶园，茶叶总产量2 232吨，实现产值8.07亿元，产品以产地市场为中心，远销全国各大中城市。

八、舟山市

普陀佛茶

普陀佛茶又称普陀山云雾茶，因其最初由僧侣栽培制作，用以供佛和敬客，故名佛茶。

普陀佛茶产于佛教圣地“海天佛国”普陀山及周围海岛，年平均气温为16.10℃，年平均日照2 096.5小时，年平均降水量达1 200~1 400毫米。海岛常年多雾，尤其是四五月间，更是多雾季节。地形以海岛基岩丘陵和海积平原为主，土壤以黄、红壤土为主，茶园多为香灰土，有机质含量高，矿物质含量丰富，土壤肥沃（图4-93）。

图 4-93　普陀佛茶茶园

普陀山种茶大约始于1 000多年前的唐代或五代十国时期。明清以来，有关普陀佛茶的记述很多。明李日华《紫桃轩杂缀》：普陀老僧贻余小白岩茶一裹，叶有白茸，瀹之无色，徐引，觉凉透心腑。僧云：本岩岁止五六斤，专供大士，僧得啜者寡矣。

明万历年间，宁绍参将侯继高在《游补陀洛迦山记》中写道："又三四里，曰千步沙。有僧大智，自五台山来，卓锡于此，结茅以居，曰海潮庵……庵之后山顶有泉，大智命其徒贯竹引之，沦茗味殊甘冽"，充分反映了当时在普陀山寺庙中佛茶的瀹饮之法。

清康熙《定海县志·物产》：茶，产桃花山者佳，普陀山者可愈肺痈、血痢，然亦不甚多得。

清乾隆《浙江通志·物产》：定海之茶，多山谷野产，又不善制，故香味不及园茶之美。五月时重抽者曰二乌，苦涩不堪。产桃花山者佳，普陀山者可愈肺痈血痢，然亦不甚多得。

清道光《普陀山志·方物》：茶出白华顶后之茶山。《县志》云，普陀之茶，可愈肺痈血痢，故虽少而可贵。又寺西南海中桃花山出者，亦佳。

20世纪70年代末，普陀佛茶作为省第一批恢复和发展生产的名茶之一，普陀县邀请江苏省碧螺春名茶师来传授技术，形成了独特的"似螺非螺、似眉非眉"的佛茶外形，并定名为"普陀佛茶"，1980年正式对外销售。

普陀佛茶采一芽一叶初展至一芽二叶鲜叶，经摊青、杀青、揉炒、搓团、提毫、焙烘等工序制成，外形似螺似眉、茸毫披露，色泽绿翠，茶汤嫩绿明亮，香气清高，滋味鲜醇爽口（图4-94）。

1981年首届浙江名茶评定即被列为浙江省八大地方名茶之一，1984年获得浙江省名茶称号，1986年普陀特产公司制作选送的"普陀佛茶"被浙江省人民政府授予浙江省"名特优新"产品"金鹰奖"。1998年获中国国际茶文化研究会、中国国际茶文化博览交易会组委会"中华文化名茶"称号并获

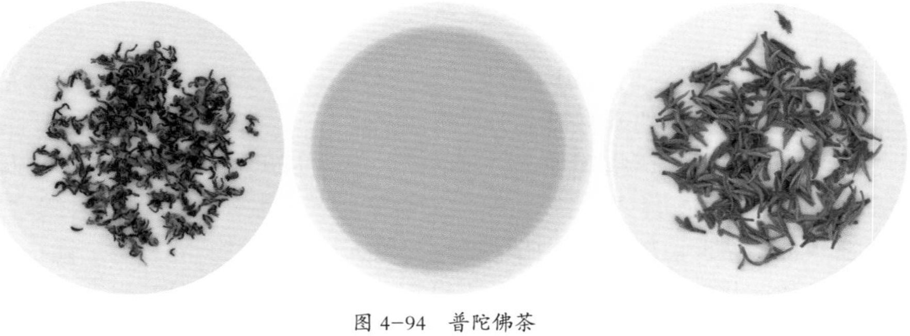

图4-94　普陀佛茶

二等奖，1999年获中国茶叶学“中茶杯”全国名优茶评比二等奖和中国国际茶文化研究、中国国际茶文化博览交易会组委会“国际名茶”金奖。2005年获“中绿杯”金奖。2010年，普陀被中国国际茶文化研究会授予“佛茶之乡”荣誉称号。2013年普陀佛茶被认定为浙江区域名牌农产品，2013年、2014年、2015年连续三年获得浙江绿茶博览会金奖，2016年被评为浙江省著名商标。

2001年由舟山市农林局牵头制定了浙江省地方标准《普陀佛茶》。2006年以来坚持举办一年一次的中国普陀佛茶文化节。2008年2月，普陀佛茶地理证明商标被国家工商总局批准注册，2010年又通过农产品地理标志登记；并专门成立有普陀佛茶行业协会对商标进行管理和运作。

截至2018年，普陀佛茶茶园面积7 168亩，主要分布在普陀山、六横、桃花、朱家尖等岛屿及本岛的展茅、塘头、勾山、小沙等地，产量24.29吨，产值1 431万元，主要销往舟山当地、北京、上海、宁波等主要城市，以及部分外销欧盟等地。

九、台州市

天台山云雾茶

天台山云雾茶，又称华顶云雾茶、华顶茶，产于天台山主峰华顶山，为卷曲形绿茶。

天台县以天台山为名，境内四面环山，具山区盆地气候特点，属亚热带季风气候，四季分明，雨量充沛，温暖湿润、热量充足，年平均气温12.2~16.7℃，全年≥10℃，活动积温4 358~5 486℃，年平均降水量1 300~1 600毫米，年平均蒸发量1 420.2毫米，年平均相对湿度79%，年平均日照时数1 861.5小时，森林覆盖率达69.8%。全县茶园土层深厚，结构良好，多为山地红、黄壤，有机质含量高达5.8%，全氮0.3%，速效磷6毫克/千克，速效钾126毫克/千克，pH值4.8~6.3，非常适合茶树生长（图4-95）。

天台山产茶至少可追溯到汉代，曾产有“天台大茗”。宋代又产名茶紫凝、魏岭、小溪。华顶云雾茶出于明清时期。

明张大复《梅花草堂笔谈》：云雾茶。洞十从天台来，以云雾茶见投。亟煮惠水泼之，勃勃有豆花气，而力韵微怯，若不胜水者。故是天池之兄，虎丘之仲耳。然世莫能知，岂山深地迥，绝无好事者赏识耶。洞十云：他山焙茶多夹杂，此独无有。果然，既不见知，何患乎！夫使有好事者一日露其声价，苦他山山僧竞起杂之矣。是故实衰于知名，物敝于长价。

清乾隆《天台山方外志要·物产》：茶，陆羽《茶经》称，生赤城山者与歙同。桑庄《茹芝续谱》云，天台茶有三品：紫凝、魏岭、小溪是也。今诸处并无出产，而土人所需多来自西坑、黄顺坑、田寮、大园、西青诸处。华顶与石桥山近亦种茶，味甚清甘，不让他郡，盖出自名山云雾中，宜其多液而味厚也。但山中多寒，所产多足供山居而已。

清嘉庆《台州外书·物类志》：茶，出天台华顶者上。唐释皎然《饮茶歌》：丹丘羽人轻玉食，采茶饮之生羽翼。注云：《天台记》丹丘出大茗，服之羽化，今传有葛仙翁茗园。吾乡茶先取紫皋，今在谷岙。戴石屏诗小注：桐树开花，茶叶大家。盖引俗谚也。

据记载，早时华顶有茅篷200多处，至清乾隆年间，尚留65处，20世纪50年代仍存35处，每处茅篷居住1~2个僧人，管理着附近一小块茶园。中华人民共和国成立后，华顶林场采取改造旧有茶园和发展新茶园相结合的方式，茶园面积达到10余公顷。

齐中嵚于民国三十三年（公元1944年）著成《峭茜试茶录》，将天台山云雾茶分为12品第，“辨其品质，第其高下”，并逐一冠以产地，赐以嘉名：一是“华顶云腴”，产于华顶绝顶，仅二三本，寺僧采以供佛，诗云：“几片珍从雪中得，半瓯香供佛前余”。二是“万善报春”，茶生华顶西茅蓬，号小龙泓，诗云：“芳味夺兰芷，春泉万善茶”。三是“妙峰滴翠”，茶产西茅蓬

图4-95　天台山云雾茶茶园

妙峰庵后，诗云："云嫩开茗碗，翠滴妙峰新"。四是"彩云片羽"，产于西茅篷彩云庵侧，诗云："彩云庵畔一番新，腻绿长鲜谷雨春"。五是"弥陀珠蘖"，产西茅篷弥陀庵，与前三品合称"华顶四大金刚"，诗云："入座先尝甘露碧，余香口口诵弥陀"。六是"觉岸清尘"，产东茅篷，诗云："论功独树清尘帜，斗品争看觉岸军"。七是"天柱茸香"，产华顶天柱峰，诗云："解酲自有茸香品，不必来远从吴中"。八是"双溪鳞甲"，产华顶峰下双溪村东侧，诗云："鳞甲出双溪，浓香方六品"。九是"平田麦颗"，产华顶西南万年寺一带，状似麦粒，味甘美，诗云："平田非凡种，状小麰兴来"。十是"昙华献瑞"，产华顶西南石梁方广寺一带，诗云："五百圣僧齐应供，茶瓯一一现奇葩"。十一是"柏坪凤爪"，产华顶、方广间香柏坪村一带，诗云："古柏当年集凤鸾，坪间爪印化为茗"。十二是"青顶云旗"，产华顶南青顶峰一带，诗云："谁道外山无特产，青顶峰上摘云旗"。

中华人民共和国成立后，华顶云雾茶一直以特价收购，加工工艺也分4个阶段：20世纪60年代前，采摘标准为一芽一叶到一芽三、四叶，全手工炒制，要经鲜叶摊放、杀青、扇热摊凉、轻揉、初烘、扇热摊凉、入锅炒制、摊凉、低温辉干、凉后入锡罐贮藏等工序；20世纪60年代后期，开始采用机械加工，鲜叶采摘标准为一芽二、三叶，炒制工艺为：杀青、揉捻、炒干；1976年恢复创新后，全手工炒制名茶，鲜叶采摘标准提高到一芽一叶至一芽二叶初展，经鲜叶摊放、杀青、搓揉造形、回潮、提毫理条、辉锅整理、分级归堆进仓等工序；2000年后，引进名优茶加工机械，实现了加工机械化，鲜叶采摘标准仍为一芽一叶至一芽二叶初展，加工工艺流程为：鲜叶摊放、杀青、摊凉、揉捻、初烘、理条、整形、复烘、提香、分级拼配归堆进仓等工序。

天台山云雾茶外形细紧绿润披毫，香气高锐浓郁持久，滋味浓厚鲜爽清冽回甘，汤色嫩绿明亮，冲泡数次而不减真味（图4–96）。据测定，其所

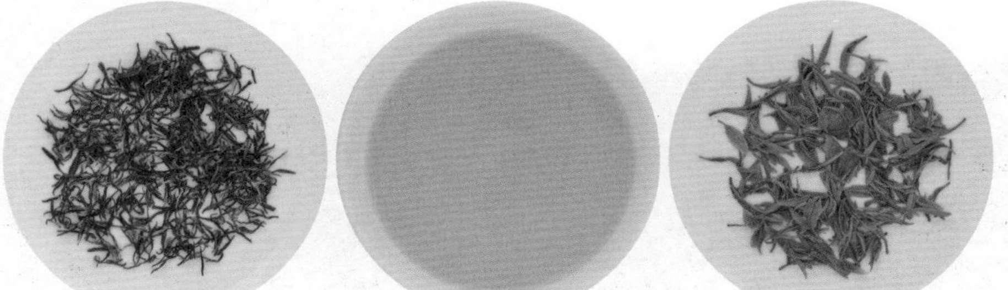

图4–96　天台山云雾茶

含的氨基酸高达5.87％、儿茶素总量10.43％、还原糖0.93％、多酚类总量21.58％。

1986年被授予浙江省名茶证书，1992年获林业部优质茶称号，其姐妹茶“丹丘雾芽”荣获1991杭州国际茶文化节名茶新秀奖。1999年为推行农业产业化经营，将原浙江省名茶“华顶云雾茶”更名为“天台山云雾茶”。2000年天台县人民政府经过多方努力，成功从四川邛崃转让来用于茶叶产品的商标“天台山”，同年年底成立了天台县茶业协会，统一管理“天台山云雾茶”品牌和“天台山”商标，并制定了《天台山云雾茶》地方标准。2010年“天台山云雾茶”注册为国家地理标志证明商标，天台山云雾茶加工工艺被列为浙江省非物质文化遗产。2012年，天台山云雾茶被授予“中华文化名茶”称号，天台县也被授予“中国茶文化之乡”“中国名茶之乡”称号。同年天台山云雾茶获注地理标志证明商标，实施统一管理和授权使用。2013—2016年，天台山云雾茶品牌先后认定为浙江省著名商标、浙江区域名牌和浙江区域名牌农产品，并入驻中国茶叶博物馆中国茶业品牌馆。2018年天台山云雾茶获第二届中国国际茶叶博览会金奖。此期间，天台县多次被评为全国重点产茶县，2019年被评为中国茶叶百强县，天台山云雾茶产品累计斩获中茶杯、浙茶杯、浙江省农博会、浙江省森博会、浙江省绿茶博览会等各类奖项100多个。

天台山云雾茶产区遍布天台山各地，主要集中在石梁、三州、白鹤、雷峰、泳溪、平桥、街头、龙溪、坦头、南屏、赤城等11个乡镇。截至2018年，茶园总面积9.99万亩，总产量2 710吨，总产值3.81亿元，主销浙江各地及上海、江苏、山东、北京、天津等省市。

十、丽水市

（一）青田御茶

青田御茶产于青田县。

青田是全球重要农业文化遗产地、我国著名侨乡。茶园主要分布在海拔300~800米的山腰云雾地带，日照适宜、雨量充沛、气候温暖湿润、空气清新、无污染（图4-97）。

据民间传说，青田茶叶明朝时曾为贡茶。20世纪80年代，青田县茶叶干部到刘基（即刘伯温）家乡调查，据刘氏后人考证，公元1368年清明前夕，明朝开国元勋刘伯温回青田给祖宗扫墓，将家乡茶叶进贡给朱元璋品尝，皇帝品后，龙颜大悦，钦定为“御茶”。

1998年青田县农业局重新开发并获得成功。青田御茶形成针形、扁形、

图 4-97　青田御茶茶园

图 4-98　青田御茶

卷曲形系列化产品，以单芽至一芽二叶为原料，工艺分别为：

针形青田御茶：鲜叶→摊青→杀青→理条→摊凉回潮→复理条→摊凉回潮→辉锅→整理→成品。

扁形青田御茶：鲜叶→摊青→青锅→摊凉回潮→分筛→辉锅→整理→成品。

卷曲形青田御茶：鲜叶→摊青→杀青→摊凉回潮→揉捻→干燥→整理→成品。

针形青田御茶外形紧直挺秀、整齐匀净、色泽绿润，内质滋味鲜醇爽口、有明显兰花香，汤色嫩绿明亮，叶底芽叶完整成朵（图4-98）。

2002年，青田御茶获中国精品名茶博览会金奖；2003年获省名茶证书；2007年获（杭州）国际名茶暨第二届浙江绿茶博览会金奖。

截至2018年，青田御茶生产面积18 500亩，年产量359吨，产值2 052万元，主销北京、上海、山东东营、温州等地。

（二）缙云黄茶

缙云黄茶，产于缙云县，为扁形、兰花形和卷曲形绿茶。

缙云县境内群山逶迤、峰峦层叠、沟壑险峻、溪涧纵横，海拔在400~700米，年平均温度17℃，有效积温5 437℃，年降水量1 437毫米，无霜期225天，土层深厚，有机质含量5%左右，pH值5.3左右。其自然生态条件优越，常年多云雾，昼夜温差大，有利于茶叶内含物质的积累。因受小区气候的影响，茶芽萌发早迟有半月之差，具肥嫩、多茸、香高、耐冲泡之特色（图4-99）。

图 4-99　缙云黄茶茶园

缙云产茶历史悠久。始见于宋刘宰《冯公岭》一诗“时培石上土，更种竹间茶”。明万历《括苍汇记》有：“缙云物产多茶”“缙云县贡茶芽三斤。”

2007年由中国农业科学院茶叶研究所白堃元研究员、李强副研究员和缙云县农业局高级农艺师胡惜丽、杨广谊等创制恢复生产，并分别制定了扁形、兰花形和卷曲形采制工艺技术规范。

缙云黄茶系用当地缙云黄叶（中黄2号）珍稀茶树的芽叶精制而成，其扁形茶以一芽一叶至一芽二叶初展的黄芽为原料，经摊放、青锅、摊凉分筛、辉锅、整理提香制作而成（图4-100）；兰花形以一芽一叶为主要原料，经摊放、杀青、整形理条、初烘、摊凉回潮、复烘、整理提香制作而成；卷曲形以一芽一叶至一芽二

图 4-100　缙云黄茶（扁形）

叶为主要原料，经摊放、杀青、摊凉回潮、揉捻、初烘、摊凉回潮、复烘、整理提香制作而成。成品外形金黄透绿，光润匀净；汤色鹅黄隐绿、清澈明亮；叶底玉黄含绿、鲜亮舒展；滋味清鲜柔和，爽口甘醇；香气清香高锐，独特持久，呈“三黄透三绿”品质特色。内含物质成分经生化测定：茶多酚12.4%~15.9%，氨基酸6.8%~8.3%，咖啡碱2.8%~2.9%，水浸出物42.1%~46.4%。

近几年，缙云黄茶先后在世界茶联合会组织的“国际名茶”评比、国内“中茶杯”等名茶评比中斩获20个金奖，2016年缙云黄茶入选G20杭州峰会用茶，并得到媒体广泛关注，备受消费者青睐。

2018年缙云黄茶基地面积已达11 500亩，生产量达25吨，年产值1.2亿元，产品主要销往浙江、上海、江苏、山西、陕西、北京等省市。

（三）三井毛峰

三井毛峰产于遂昌县白马山沿麓一带，尤以主产地海拔千米的三井村品质最佳。

茶区山高泉清，云雾缥缈，土壤肥沃，气候温湿相宜，自然生态得天独厚（图4-101）。

旧《遂昌县志》记载：从明代开始，白马山三井一带产的毛峰茶被列为御用贡品，遂昌每年都要向朝廷进贡，此茶民间亦称“明贡茶”。

三井毛峰采一芽一叶初展、芽长于叶鲜叶，经手工杀青、揉捻，烘干制作而成，具有条索肥状多毫，香气清高持久，汤色嫩绿明亮，滋味醇和回

图4-101　三井毛峰茶园

图 4-102 三井毛峰

甘，耐冲泡等独有品质（图4-102）。

三井毛峰1982年被丽水地区评为一级名茶，2002年荣获中国精品名茶博览会金奖。2003年成立遂昌县三井明贡茶叶专业合作社，申请注册了“明贡”商标，对三井毛峰进行行业管理。

截至2018年，三井毛峰面积1 200亩，其中核心区三井村300亩，周边远路口、新溪源等地900亩，产量17.5吨，产值950万元，以县内销售为主，部分销往上海、苏州、丽水等地。

（四）毛阳毛峰

毛阳毛峰产于遂昌县柘岱口乡毛阳村。

毛阳村位于九龙山国家级自然保护区，海拔800余米，系钱江源头，常年云雾缭绕，雨水充沛，林木茂盛（图4-103）。

毛阳村一带历来盛产毛峰茶。据民间传说，在清同治年间，毛阳人进士

图 4-103 毛阳毛峰茶园

徐景福任常熟、荆溪县令，清正为民，任内兴利祛蠹、清保甲、辑志书、办书院、设痘局，百废俱兴，深受百姓爱戴。因收皇税，得罪大户、富户，遭诬告，同治皇帝派巡抚查清事实后批示："非徐之过！"。巡抚将徐景福家乡的毛峰茶贡呈同治皇帝品尝，品其香味独特，龙颜大悦："景福为官清正，刚正不阿，毛阳曲条毛峰改制成直条毛峰吧！"消息传到家乡，乡人将条索勾曲的毛阳毛峰茶改制成直条毛峰茶。

毛阳毛峰茶以高山鲜嫩茶青精制而成，色泽翠绿、条索细紧、香气持久、回味甘爽（图4–104）。

图 4–104　毛阳毛峰

到2018年，毛阳毛峰基地1 700亩，基中核心区毛阳村800亩，周边开阳、坑西、尹家、际下等地900亩，产量12吨，产值580万元，以县内销售为主，部分销往上海、杭州、丽水等地。

（五）金奖惠明茶

金奖惠明茶产于景宁畲族自治县，因始产于惠明寺一带，又曾获万国博览会金质奖章而得名，为卷曲形和扁平形绿茶。

景宁地处浙江省南端，瓯江上游，洞宫山脉中段，地貌以深切割山地为主。山土壤均属山地香灰土、山地黄泥砂土和砂黏质红（黄）土，土层深厚肥沃，腐殖质含量普遍较高。全境属中亚热带季风气候区，四季分明，冬暖春早，雨量充沛，森林覆盖率高。惠明茶主产区在洞宫山系的赤木山脉，受山势影响，水蒸气在600～800米山腰地带缥缈，汇成浩瀚雾海，由于露雾笼罩山体，滋润茶园，形成一个独特的茶区小气候环境，极有利于茶树生长，茶叶品质优异（图4–105）。

惠明寺产茶据传早在唐代。据《处州府志》记载。惠明茶于明成化十八年（公元1482年）就成为贡品，年贡芽茶两斤。"入京马上争矜贵，黄封红裹呈枫宸"。可见，入京进贡场面非凡。清同治《景宁县志》"物产"：茶，随处有之，以产惠明寺大漈者为最。

民国《景宁县续志・物产》：茶叶，各区皆有，唯惠明寺及漈头村出产尤佳，民国四年得美利坚巴拿马万国博览会一等证书及金质褒章。全邑输出额岁约达四五万斤。

图 4-105 金奖惠明茶茶园

民国《调查浙江丽水等八县报告书》：景宁县，景邑植物之出产……茶叶次之，岁出约达二万斤上下，而品质甚佳，去岁巴拿马赛会时，曾奖以一等金章。所记即为民国四年（公元1915年），参加美利坚合众国旧金山为纪念巴拿马运河凿成通航而举行的万国博览会，荣膺一等证书和金质奖章。

据《处州府志》载：民国二十五年（公元1936年），景宁只有零散茶园2 600亩，产茶29.9吨，由于连年战乱，采制工艺逐渐失传。

1975年，县农业、科技部门联合成立了科研小组，着手恢复金奖惠明茶。1979年开始连续3年被评为浙江省一类名茶，荣获浙江省农业厅颁发的名茶证书。1982年和1986年两次评为全国名茶，1991年获首届杭州国际茶文化节中国文化名茶奖。2002年在北京中国农村产品及实用技术博览会上被评为“名牌产品”；2004年、2009年两度被评为“浙江十大名茶”；2010年荣获上海世博会名茶评比“金奖”，2018年又获得第二届中国国际茶叶博览会金奖。

图 4-106 金奖惠明茶

金奖惠明茶精品，鲜叶标准为一芽一叶和少量的一芽二叶初展，干茶传统外形为卷曲形，经摊放、杀青、捻揉、干燥做形、提香等工艺制成。1990年后农业科技人员和茶农经过创新工艺，研制生产了扁条形惠明茶，经摊放、杀青、理条、辉锅、提香等工艺制成。惠明茶条索肥壮紧结，色泽绿翠毫显、汤色清澈明亮、旗枪朵朵排列、滋味甘醇爽口、花香果味齐全（图4-106）。

2006年，实现“一县一品”，景宁统一打造“金奖惠明”品牌。2007年制定《惠明茶》地方标准。2018年茶园面积已达5.31万亩，产惠明茶2 778吨，茶叶产值3.41亿元，主销北京、天津、上海、杭州、苏州、济南等大中城市。

第二节　创新名茶

从20世纪70年代后期开始，全省各产茶县市在继承发展传统名茶的同时，又创制了一批新名茶。既有在老茶区开发研制的新名茶，也有在新垦辟茶区内崭露的新秀，誉为“创新名茶”。

一、杭州市

（一）新安江白茶

新安江白茶产于建德市，是由当地白化茶品种制作的条形绿茶。

建德市地处浙西山区，境贯“三江一湖”（新安江、富春江、兰江、千岛湖），森林覆盖率近78%，贯穿境内的新安江常年17℃恒温，生态地理环境得天独厚，历来为中国重点茶区之一（图4-107）。

1997年，从安吉引进白茶品种，1999年，开始创制新安江白茶。

图4-107　新安江白茶茶园

另外，建德市是一个历史攸久的山地茶区，区域内小气候变化明显，地方茶树种质资源丰富。1999年开始在乾潭镇罗村红狮岩的半野生群体种中发现4株白化突变单株，后经过单株选育，育成了适制名优绿茶的叶色白化突变的茶树新品系，分别为新安1号、新安2号、新安3号和新安4号，经国家茶叶质量监测中心检测，四个白茶品种氨基酸含量比普通绿茶高出1~2倍以上，具有规律性的白化返绿现象和高氨低酚的特征（图4-108）。2007年，建德市农业技术推广中心制定了《杭州白茶》系列标准，要求用一芽一叶至一芽三叶初展鲜叶，经摊青、杀青、理条、搓条初烘、摊凉、焙干制成，外形细秀，形如凤羽，颜色鲜黄活绿，光亮油润；冲泡杯中叶片玉白，茎脉翠绿，汤色鹅黄，清澈明亮，鲜爽甘醇，香高持久（图4-109）。

图 4-108　新安1号至新安4号

图 4-109　新安江白茶

2015年，新安江白茶获浙江省珍稀白叶品种茶称号，2015 — 2017年，多次在“中茶杯”“中绿杯”名优茶评比中获奖，2017年建德市政府启动了茶叶区域公用品牌建设计划，将新安江白茶统一以“建德苞茶”钻苞系列冠名。

2018年，新安江白茶基地面积已达10 500亩，产量150吨，产值1.5亿元，产品主要销往杭州、宁波、上海、江苏、广东、北京等省市。

（二）雪水云绿

雪水云绿产于桐庐县，为针芽形绿茶。

桐庐产茶早在三国时代《桐君录》中就有记述，“武昌、庐江、晋陵好茗，而不及桐庐。”唐代陆羽《茶经》记载：“浙西，以湖州上，常州次，睦州下。睦州生桐庐山谷，与衡州同。”宋范仲淹在《桐庐郡十绝》中有云：“潇洒桐庐郡，春山半是茶。新雷还好事，惊起雨前芽。”

桐庐雪水云绿茶原名“谷芽茶”，主产地为桐庐县新合乡的天堂峰、雪水岭一带（图4-110）。《桐庐县志》（1991年版）载：“民国四年（公元1915年），窄溪产谷芽茶（原产地新合乡雪水岭一带）曾荣获巴拿马万国商品博览会金质奖。”

雪水云绿茶于1987年由桐庐县科委立题，县农业区划办公室主持开发。1991年6月由杭州市科委组织专家鉴定。同年获省名茶证书，并在“七五”全国星火计划成果博览会上荣获金奖；在首届（1992）、第二届（1995）中国农业博览会上均获金质奖。曾获“杭州市十大名茶”、地理标志证明商标、浙江名牌产品、浙江名牌农产品、国家农产品地理标志登记证书、浙江省著名商标、中国驰名商标等称号。

图4-110　雪水云绿茶园

雪水云绿茶采单芽，经鲜叶摊青、杀青、初烘、理条整形、复烘、辉锅提香制成，外形挺直扁圆，嫩绿似莲心，银茸素裹，清香高雅，滋味鲜醇，汤色清澈明亮，叶底嫩匀完整、绿亮（图4–111）。经测定，成品茶内含茶多酚33%，氨基酸2.9%，咖啡碱4.1%，水浸出物42.3%。

图4–111　雪水云绿

2005年3月成立了县雪水云绿茶产业协会，对"雪水云绿"茶实行了行业管理，同年注册"雪水云绿"茶商标。2007年，桐庐县人民政府下文划定雪水云绿产地范围为新合、钟山、分水、百江、合村、瑶琳、凤川、横村及富春江等9个乡镇的59个村。

截至2018年，雪水云绿茶有名茶基地4.5万亩，产量达260吨，产值2.65亿元，主要销往北京、上海、浙江、江苏、山东、广东、河北等全国大部分省市，也有少量产品销往日本、韩国等国家和中国的台湾、香港等地区。

（三）瑶池白茶

瑶池白茶，由桐庐分水江茶业有限公司和桐庐恒兴农业开发有限公司于2010年创制，产于桐庐县瑶琳镇姚村（图4–112）。

瑶池白茶是白化品种制成的兰花形绿茶，具有"色润、汤澈、香高、味爽"特点，冲泡后，芽叶成朵似兰花，叶底呈玉白色，品质独特（图4–113）。

截至2018年，瑶池白茶有基地面积1 280亩，产量15吨，产值1 680万元，产品主销桐庐、杭州、上海、江苏、北京等地。

图 4-112　瑶池白茶茶园

图 4-113　瑶池白茶

（四）壶源金芽

壶源金芽是2010年初由桐庐雪水云绿茶叶有限公司创制的扁形绿茶，产于桐庐县新合乡（图4-114）。

壶源金芽以黄化品种黄金芽为原料，经传统手工炒制、炭火烘焙、辉锅提香制成，具有色黄汤黄、香气扑鼻、滋味甘鲜、叶底金黄的自然特色（图4-115）。

截至2018年，壶源金芽有基地面积800亩，产量2.5吨，产值800万元，产品主要销售浙江、江苏、上海、北京等省市。

图 4-114　壶源金芽茶园

图 4-115　壶源金芽

（五）雪冰云绿

雪冰云绿是2000年初由桐庐雪水云绿茶叶有限公司创制的扁形绿茶，产于桐庐县新合乡（图4-116）。

雪冰云绿以珍稀天堂白茶为原料，经传统手工炒制、炭火烘焙、辉锅提香制成，具有色绿汤清、香气扑鼻、滋味甘鲜、叶底嫩白的自然特色（图4-117）。

截至2018年，雪冰云绿有基地面积1 560亩，产量6.5吨，产值850万元，产品主要销售浙江、江苏、上海、北京等省市。

图 4-116　雪冰云绿茶园

图 4-117　雪冰云绿

（六）千岛玉叶

千岛玉叶产于淳安县，有“天下第一秀水”之称的千岛湖就座落其中。

淳安建制于东汉建安十三年（公元208年），距今1 800多年，素以“锦山秀水、文献名邦”著称。千岛湖由新安江水蓄积而成，风光旖旎，四面皆山，四季分明，雨量充沛，气候湿润，空气清新，碧波万顷，云雾缭绕，漫射光多。高山低谷差异悬殊，山形复杂多变，加上千岛湖巨大水体的调温效，应产生的多层立体型气候，湖区形成“冬无严寒，夏无酷暑，春暖早，秋寒迟，无霜期长”的特殊小气候，素有“万紫千红花不谢，冬暖夏凉四序春”之誉。沿湖的几十万顷缓坡山地成了宜茶的“风水宝地”。茶山、茶园遍布淳安大地；茶得山水之灵性而显风流，山水得茶之优雅而显神韵。条条茶丛如染碧绿，座座茶山云天相连，星星小岛茶果飘香。有茶界专家作诗赞誉：“斑鸠鸣翠谷，杜鹃点红装。云聚若琼海，雾凝重迭峰。芳土气清宇，惠风霭各畅。深邃通公路，茶垅满山岗。方圆百十顷，名扬千里光。古唐一贡品，今朝五洲香。”良好的生态环境，浑厚肥沃的土壤，温暖湿润的气候，孕育了“千岛玉叶”优异的品质（图4–118）。

淳安古称睦州、青溪，是我国历史上著名的茶区。唐朝，淳安茶叶已居重要地位，名声显赫，是全国著名的贡茶地区。据唐代文学家，翰林学士李肇的《国史补》记载：“……风俗贵荣，茶之名品益众。湖州有顾渚之紫笋，……常州有宜兴之紫笋，婺州有东白，睦州有鸠坑，……”。茶圣陆羽的《茶经》中有“……钱塘生天竺、灵隐二寺：睦州生桐庐县山谷”的记载。据《雉山邑志》及《严陵志》记载：“淳安茶旧产鸠坑者，唐时称贡物”。

元代的《翰墨全书》中载：“鸠坑，在黄光潭对涧，二坑分绕，鸠坑地产茶，以其水蒸之，色香味俱臻妙境。”特别是宋朝迁都杭州后，浙江茶叶的产制技术日益提高，对淳安茶业有着极大的推动。据续纂《淳安县志》卷五·食货志载：“宋茶递年批发812 400觔（重量单位，斤的异体），住卖500觔。宋淳熙十三年（公元1186年）批发924 100觔，住卖1 000觔”。

明清时期，淳遂茶叶得到更大的发展，不仅制茶水平不断提高，而且茶类也更加丰富，到了道光、光绪年间，外销市场也日益扩大，茶叶出口量逐渐增加。销往国外的精制茶统称“遂绿”，享有盛誉。

图 4–118 千岛玉叶茶园

民国时期，淳安茶叶产量不断创造新高。到1936年，淳安茶园面积49 954亩，茶叶产量40 554担。并有精制茶厂36家，年产茶五、六万箱，为浙江外销茶之冠。

中华人民共和国成立后，淳安茶叶得以迅速恢复。1957年，茶园面积53 505亩，年产量达2 305吨，这时茶叶品质逐步提高，产量也步入正常。

千岛玉叶创制于1982年，1983年7月，浙江农业大学教授庄晚芳等到淳安考察，品尝了当时的千岛湖龙井茶后，根据千岛湖的景色和茶芽粗壮、略有白毫的特点，题名“千岛玉叶”。并赋诗云：“玉叶玉叶，纯净瑰丽。鲜香悠悠，醇和气味。产在千岛，品质优异。清茶一杯，无比敬意。中外闻名，赠客尤宜。”

千岛玉叶以一芽一叶初展为采摘标准，最大不过一芽二叶，经摊青、青锅、回潮、辉锅等制成，外形扁平光滑，尖削硕壮；色泽翠绿显毫、匀整、匀净，香气嫩香高爽持久，滋味鲜爽甘醇，汤色嫩绿明亮，叶底肥厚嫩黄成朵（图4–119）。

图 4–119　千岛玉叶

1999年，制订了《无公害千岛玉叶系列标准》县地方标准。2003年通过千岛玉叶茶原产地标记注册。2005年新建2.2万平方米的千岛湖茶叶市场，为浙西最大的茶叶集散中心，2007年县政府牵头县供销合作总社与浙江淳安新洲制茶有限公司合资成立了杭州千岛玉叶茶业有限公司，实施品牌龙头茶企引领之路。之后连续三年举办千岛玉叶名茶节。2010年，“千岛玉叶”获国家地理标志证明商标注册，出台《关于加强千岛玉叶品牌管理的实施意见》，成立“千岛玉叶茶叶服务中心”，开展品牌茶质量统一监管和统一包装服务。2014年，举办千岛玉叶茶杭州市民品鉴会，千岛玉叶上海品鉴推介会等。2015年以后，连续每年举办千岛湖斗茶大会等茶事活动。

千岛玉叶先后荣获多项殊荣。1986年荣获浙江省科学技术进步二等奖。1988年、1989年连续两年获浙江省农业厅颁发的全省一类名茶奖。1991

年获浙江省名茶证书。1995年获第二届中国农业博览会金奖。1998年获浙江省农产品金奖，浙江省名牌产品。1999年获浙江省著名商标。2001年获中国国际农博会金奖。2005年获浙江省十大旅游名茶。2007年获世界绿茶大会金奖。2008年后，连续参加“中茶杯”“中绿杯”名茶评比并获金奖。2009年获浙江省十大名茶殊荣。2010年获世界茶联合会名茶评比金奖、世界绿茶大会金奖。2013年，获评中国杭州十大名茶称号。

2018年，千岛玉叶茶产量3 012吨，产值5.81亿元，全县茶园总面积19万亩，总产量4 937吨，总产值7.74亿元。产品主要销往浙江、江苏、山东、上海、香港等地，并出口美国、欧盟、俄罗斯、日本等国家和地区。

（七）清溪玉芽

清溪玉芽产于淳安县千岛湖畔。

茶区内峰峦起伏，山岭连绵，温暖湿润，雨量充沛，四季分明，光照充足。年平均气温17℃，年平均降水量1 430毫米，无霜期263天。是茶树生长的天府之地（图4-120）。

清溪玉芽于1984年由淳安县茶叶技术推广站技术人员创制，1986年通过县科技成果鉴定。“清溪”是唐永贞元年（公元805年）淳安县名，也是新安江流经淳安县一段河流的名称。唐李白曾有“清溪清我心，水色异诸水”

图4-120　清溪玉芽茶园

之句。又因该茶原主产于清溪一带，因此取名为清溪玉芽。清溪玉芽外形壮硕扁平、光滑匀齐；色泽绿中显毫，似山中竹叶；香气高雅，清香持久；滋味醇厚甘鲜，经久耐泡；汤色黄绿明亮，叶底肥嫩成朵（图4-121）。曾连续两次获得浙江省一类名茶奖，于1991年获得浙江省名茶证书，在1995年第二届中国农业博览会上夺得金奖。

清溪玉芽在全县37个乡镇中，乡乡采摘炒制。1995年生产成品茶250吨，运销北京、山东、河北、江苏、上海、江西等省市。1999年，县政府收购并合力共同打造“千岛玉叶”区域公用品牌后，以“清溪玉芽”为名的产品在市场上日渐减少，2000年、2010年，有个人和企业分别注册了“清溪玉芽”“青溪玉芽”商标。目前是千岛湖方茗茶叶公司等少数茶企的产品。2018年，生产面积1 600亩，生产量10吨，产值360万元。产品主要销往宁波、江苏、山东等地。

图 4-121　清溪玉芽

二、宁波市

（一）宁波白茶

宁波白茶是以白化品种加工的绿茶，产于宁波各地。

宁波早有产白茶历史。北宋宁波进士晁说之《赠雷僧》“留官莫去且徘徊，官有白茶十二雷，便觉罗川风景好，为渠明日更重来”。清代初部籍史学大家全祖望《四明十二雷茶灶赋》“吾乡十二雷茶，其名曰区茶，又曰白茶”。

1998年，宁波市实施加快山区名优茶发展与名茶名牌战略，将白茶作为牌战略第二步计划的首选目标。1999年，宁波白茶初制产品在春季全市名茶会展中首次亮相。2001年，宁波市林业局联合象山、宁海、奉化、余姚等4县8家茶场，统一采用新的采制工艺、第一次向市场推出“印雪白”牌宁波白茶。2005年，发布了由宁波市林特科技推广中心教授级高工王开荣等制定的宁波市地方标准《DB3302/T 051 宁波白茶》，规定了用于宁波白茶生产的种苗、栽培、加工、商品茶等技术条件（图4–122）。

宁波白茶品质有“三变、三极、三趣”之说。茶色有三变，即鲜叶白色（或黄色或绿白相间，因品种不同而异）、干茶镶金黄色、叶底现玉白或玉黄色；茶品有三极，即汤翠极、味鲜极、香郁极；茶饮有三趣，即初饮鲜甘、二饮醇鲜、三饮辛冽（图4–123）。

宁波白茶先后获得2005“中绿杯”名优绿茶评比金奖、2005第六届“中茶杯”全国名优茶评比一等奖、2006“中绿杯”名优绿茶评比金奖、2008宁波“八大名茶”称号、2010香港国际茶叶食品博览会金奖等殊荣。

到2018年，宁波白茶以其竞争和效益优势，生产基地已覆盖宁波全市范围，种植面积20 000亩左右，产量达240余吨，产值达到15 000万元，主要在宁波地区销售。

图 4–122　宁波白茶茶园

图 4–123　宁波白茶

（二）龙殿凤舌

龙殿凤舌由宁波市镇海龙殿茶场于2003年创制，产自镇海区九龙湖镇汶溪村小洞岙水库边的高山茶园（图4–124）。

图 4–124　龙殿凤舌茶园

龙殿凤舌经摊青、杀青、理条、二次理条、辉锅制成，外形扁平光滑，色泽翠绿，汤色碧绿明亮，香如幽兰，滋味甘醇、鲜爽（图4–125）。

2004年，获中国宁波国际茶文化节“中绿杯”银奖。2006年，获北京马连道第六届茶叶节浙江绿茶博览会银奖。2008年，获中国国际茶文化节暨浙江绿茶博览会金奖。

2018年龙殿茶生产基地300余亩，产量1.1吨，产值100万元左右，以宁波地区销售为主。

图 4–125　龙殿凤舌

（三）秦香春茶

秦香春茶由秦山春毫茶厂于2002年创制成功，产于镇海区九龙湖镇。九龙湖镇，是宁波地区海拔最高的茶园之一，这里群山环绕、雨量充土壤肥沃（图4-126）。

秦香春茶以白化茶品种为原料，经摊青、杀青、揉捻、理条、二次理初烘、二次烘干制成，外形芽毫完整，满身披毫，毫香清鲜，汤色黄绿，滋味淡雅、回甘生津（图4-127）。

2018年，秦香春茶生产基地400多亩，年产量2.4吨，产值150万元左右，产品以宁波地区销售为主。

图 4-126　秦香春茶茶园

图 4-127　秦香春茶

（四）三山玉叶

三山玉叶产于北仑区春晓街道，为扁形绿茶，由宁波市北仑孟君茶业有限公司鲁孟军于2001年创制。

春晓街道位于宁波市北仑区最南端，三面环山，一面临海，属亚热带海洋性季风区，四季分明，气候温和湿润，光照充足，雨量充沛，水资源丰富，水质优良。原始植被保存良好，森林覆盖率达到58.8%。三山玉叶绿茶产地位于春晓街道的东盘山、上横等地。该产地平均海拔350米，植被茂盛，气候湿润，土壤肥沃，十分适宜茶树生长（图4-128）。

图 4-128 三山玉叶茶园

三山玉叶源于三山绿茶，据三山乡（现春晓街道）乡志记载，三山绿茶制作有三百多年历史，2001年公司挖掘了传统玉叶加工技术，采用传统手工和机制相结合的玉叶制法，经过摊青、杀青、理条、干燥、手工辉锅等绿茶加工工艺。"春晓绿茶制作技艺"被列为北仑区非物质文化遗产名录，三山玉叶创制人鲁孟军就是其传承人。

三山玉叶外形扁平光滑，汤色嫩绿明亮，香气嫩香持久，滋味鲜醇甘爽，叶底嫩匀绿明亮（图4-129）。2004年以来，8次荣获"中绿杯"中国名优绿茶评比金奖，4次荣获浙江绿茶博览会金奖。2017年荣获第十八届中国绿色食品博览会金奖。

到2018年，三山玉叶有绿色食品生产基地300亩，产量5吨，产值560万元，产品主销宁波及北京、上海、南京、香港等地。

图 4-129　三山玉叶

（五）春晓玉叶

春晓玉叶产于北仑区春晓街道。

春晓街道环境优越（详见三山玉叶）（图4-130）。

春晓玉叶采一芽一叶或一芽二叶初展鲜叶，采用手工炒制和现代工艺相结合，经小锅杀青、扇风摊凉、轻揉解块和初烘摊等工艺精心焙制而成，单芽肥重壮实、扁平、光滑、挺直、色泽嫩绿明亮，香气清高持久，滋味甘醇鲜爽，叶底单芽匀整、嫩绿明亮（图4-131）。

图 4-130　春晓玉叶茶园

图 4-131　春晓玉叶

春晓玉叶由宁波海和森食品有限公司生产，公司建立了标准化生产车间，通过SC认证和ISO9001：2000质量管理体系认证和中国绿色食品认证。春晓玉叶也先后荣获第八届国际名茶评比金奖，2012年第二届“国饮杯”全国茶叶评比特等奖、2014年“中绿杯”金奖等荣誉。

2018年，春晓玉叶有生产基地2 500余亩，产量6吨，产值400余万元，主销宁波、温州、广州、北京等地区。

（六）太白滴翠

太白滴翠为宁波市鄞州区区域品牌，因古产太白山一带而得名，有扁形和条形绿茶。

古鄮鄞地盛产茶茗。早在晋代《神异说》和唐代陆羽《茶经》中均有记载“太白山古来之鄮地，盛产茶”。而古鄮太白就是现在鄞州区太白山脉一带，由于太白山脉独特的气候条件和生态资源，特别适宜各类茶树的生长。宋宰相史浩有诗云：“迸云佛塔金千寻，傍耸滴翠玲珑岑”；宋文人舒亶曾评太白山茶曰：“灵山不与江心比，谁会茶仙补水经”；清代李邺嗣诗云：“太白尖茶晚发枪，濛濛云气过兰香”，都可窥见太白山茶之优异。清乾隆年间，据《鄞县志》记载：“太白山为上，每当采制，充方物入贡”。自此，太白山茶正式作为贡茶被载入史册（图4-132）。

集太白之灵韵，成人间之滴翠。鄞州区用“太白滴翠”这个区域茶叶统一品牌，于2018年成立鄞州太白滴翠茶叶专业合作社，全面实行“五统一”标准管理，相继开发出太白滴翠系列茶叶产品：扁形绿茶精选一芽一叶初展嫩芽为原料，外形扁平光滑，色泽绿润，嫩香持久，味甘鲜爽，汤色嫩绿清澈，叶底成朵完整。白化绿茶精选一芽一叶初展为原料，外形条直秀丽，色泽黄绿润，清甜持久，鲜醇甘爽，汤色嫩绿明亮，叶底嫩匀完整（图4-133）。

图 4-132　太白滴翠茶园

图 4-133　太白滴翠

太白滴翠先后在“中绿杯”中国名优茶评比中荣获“两金两银”、第六届“浙茶杯”优质红茶评选荣获金奖、第十二届国际名茶评比荣获“两金两银”、2018浙江绿茶（银川）博览会名茶评比中荣获金奖、2019年第四届红茶评比中荣获“一金一银”等一系列好成绩，并获得宁波市名牌农产品称号。

2018年，太白滴翠茶面积0.62万亩，产量15.3吨，产值1 168万元，主销宁波地区。

（七）它山堰茶

它山堰茶原产于鄞州区，分布在太白山麓和四明山麓。2017年区域调整后品牌归于海曙区。

图 4-134　它山堰茶茶园

茶园所处的宁波市四季分明，兼具亚热带季风性气候和海洋性气候，年平均气温在16.2℃，适宜茶树生长，自古以来都是茶叶主要产区（图4-134）。早在晋代《神异说》和陆羽《茶经》中均有记载。

2002年鄞州区当家名茶品牌“东海龙舌”划归东钱湖，鄞州区名茶进入小而散状态。2006年，鄞州区农林局提出“联合优质茶企，创建统一品牌”的设想。2008年，成立了首家区级农民专业合作社——宁波市鄞州区它山堰茶叶专业合作社（2018年改名为宁波市海曙区它山堰茶叶专业合作社），主推它山堰茶。自2008年起开始选送茶样参评并每届均获得中国名优绿茶评比——“中绿杯”金奖，2018年度选送“它山堰”白茶参评并获得第十二届国际名茶评比金奖。2018年“它山堰”牌茶叶获得“宁波市名牌农产品”。

它山堰茶，因鄞州的中国古代四大水利工程之一它山堰而得名，以一芽一叶和一芽二叶为原料，其中白茶（白化品种所制绿茶）经摊青、杀青、回潮、理条、烘干工艺制成，外形秀丽，色泽黄绿润，香气清甜持久，滋味鲜醇，汤色嫩绿，叶底嫩匀完整；绿茶经摊青、杀青、回潮、烘干工艺制成，

外形扁平光滑挺直，色泽绿润，香气嫩香持久，滋味鲜醇，汤色嫩绿清澈，叶底成朵完整（图4-135）。

截至2010年，它山堰茶自有规模加工厂房规模10 000平方米以上，拥有1个包装中心，实施“五统一”包装策略。茶园主要分布在四明山麓的章水镇、龙观乡、鄞江镇、横街镇和集仕港镇范围，面积达到0.96万亩，年产它山堰名茶18吨，产值1 500万元以上，产品主要销往江浙沪一带。

图 4-135　它山堰茶

（八）御金香

御金香茶产于海曙区龙观乡国家4A级风景区五龙潭周边，因原料“御金香”茶树品种而得名。由五龙潭茶业有限公司于2014年创制生产。

五龙潭风景区峰峦叠翠，谷深涧幽，瀑布飞泄，清溪娟秀（图4-136）。

图 4-136　御金香茶园

“御金香”茶树品种是国家植物新品珍稀良种，是一个光照敏感型、黄色系多季白化茶品种。御金香茶原料用一芽一叶或一芽二叶初展鲜叶，运用国内最新科研成果“低温真空干燥机”，还原传统老底子的做茶工艺，经摊放、杀青、理条、烘焙四道工序制成。制成的干茶叶片细长、显毫、绿中见黄，汤色嫩绿显黄，叶底浅黄或明黄，香高、有花果香，味醇厚、回甘、耐冲泡（图4-137）。

2015年注册“御金香”商标。2016年获浙江绿茶（西宁）博览会名茶评

图 4-137　御金香

比活动获得金奖。2016年获第八届“中绿杯”全国茶叶评比获得金奖。2018年获第二届中国国际茶叶博览会金奖、第二届中国（南昌）国际茶业博览会暨第五届庐山问茶会金奖。

2018年，御金香茶生产面积913亩，产量7吨，产值560万元，主销浙江地区。

（九）东海龙舌

东海龙舌，产于东钱湖旅游度假区的宁波福泉山茶场，因其产自东海之滨、外形扁平而得名。

宁波福泉山茶场前身是鄞县福泉山畜牧场，创建于1958年2月，由宁波专署农科所、福泉山畜牧场、唐公庵养牛队合并组建市畜牧场。1962年县市划分时又改为鄞县福泉山畜牧场。1971年，更名为鄞县福泉山林牧场（图4–138）。

20世纪70年代初，福泉山开始种植茶叶。1975年在省、市、地方各级政府支持下，福泉山茶场大规模开垦茶园，至20世纪70年代末，茶场已有茶园近3 000亩。1979年，农业部在福泉山林牧场内建立茶叶良种繁育基

图4–138　东海龙舌茶园

地，建设规模350亩，其中母本园300亩、良种苗圃50亩。1979年鄞县人民政府发文，鄞县福泉山林牧场更名为鄞县福泉山茶场。

1983年，开始创制“东海龙舌”（原名迎霜龙井）。1986年、1987年、1988年连续三年获得宁波市名茶评比第一名。1988年7月3日，胡坪、胡月龄、顾峥等组成的鉴定委员会鉴定为新产品。1989年注册“东海龙舌”商标。

东海龙舌是福泉山茶场主导品牌，经摊青、杀青、理条、压扁、干燥（手工辉锅、回潮、机器辉锅）制成，茶叶外形扁平、挺削、匀整，嫩黄带毫，香高、持久、带栗香，汤色清澈明亮，滋味浓醇，爽口有回味，叶底芽叶肥嫩成朵，黄绿明亮（图4-139）。

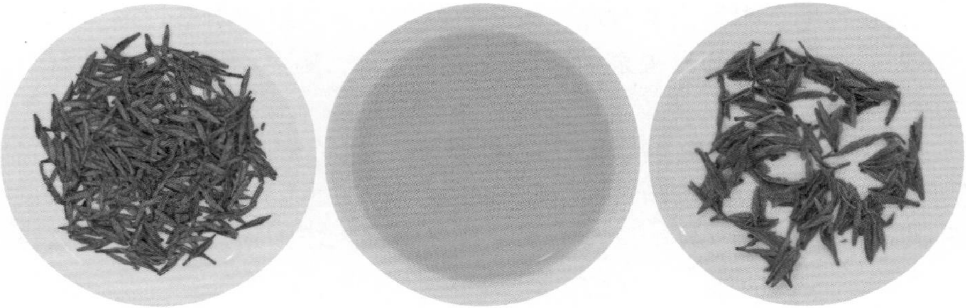

图 4-139　东海龙舌

1991年，在浙江省茶叶学会第三届斗茶会上，荣获“名茶新秀”一等奖。1993年，获中国优质农产品科技成果奖。1998年，获浙江省优质农产品奖。2001年，被市政府授予宁波市名牌产品证书。2003年认证国家无公害农产品。2004年，通过中国农业科学院茶叶研究所中农质量认证中心有机茶认证，同年获浙江省著名商标称号。

2002年福泉山茶场行政区域从鄞州区划入东钱湖旅游度假区。2008年12月12日，宁波市人民政府批准建立宁波福泉茶业科技示范园区。2014年“宁波市茶叶科学研究所”挂牌茶场，同时茶场更名为宁波福泉山茶场。

到2018年，茶场下设三个茶叶分场，共有东海龙舌基地3 600余亩、产量428吨、产值792万元，主销宁波本地。

（十）四明龙尖

四明龙尖产于浙江省余姚市四明山脉之腹地——大岚镇，因创制年份时值龙年且又多采用云雾茶芽尖精制而成，故名四明龙尖。

大岚山位于余姚、上虞、鄞县三县交界处，海拔500~600米，属季风型亚热带山地气候，年平均气温14.2℃，年平均降水量1 940.7毫米，土壤pH值5.7左右，土地以黄壤为主，土壤厚度1米以上，有机质含量达2.5%~4.5%，气候、土壤十分宜茶（图4-140）。

四明龙尖茶创制于1988年，采余姚四明大岚山中的云雾茶芽，经“鲜叶采摘、鲜叶摊放、杀青、初烘、摊凉回潮、理条、摊凉回潮、整形、匀摊整理、足火”十道制作工艺制成。其外形细紧略扁，色泽绿翠，香高味醇，汤色清澈明亮，具有山间特有的兰花香（图4-141）。

1988年起，先后夺得宁波市级名茶评比“三连冠”，1991年杭州国际茶文化节“名茶新秀”奖，第二届中国农业博览会金奖。2000年获国际名茶评比金奖。2002年获中国精品评比金奖。2006年获中绿杯金奖。2007年获宁波市八大名茶称号。2009年被认定为浙江省著名商标。

2018年四明龙尖茶基地面积18 000余亩，产量424吨，产值2 059万元，主销宁波、上海等地区。

图4-140　四明龙尖茶园

图4-141　四明龙尖

（十一）河姆渡丞相绿

河姆渡丞相绿茶产于余姚市河姆渡镇史门、山坑、青龙山一带。

古老茶区余姚，南连四明，北临东海，地灵人杰，历史悠久，文物众多。1973年，余姚市河姆渡发现了约7 000年以前的氏族遗址即河姆渡遗址，证明那时这里已有人工栽培的稻谷、木结构的居住建筑、人工豢养的家畜、骨制的工具、饮水用的器具以及艺术雕刻等，向世界展示了余姚河姆渡的远古文化成果。

又据陆羽《茶经·七之事》引《神异记》："余姚人虞洪入山采茗，遇一道士，牵三青牛，引洪至瀑布山曰：予，丹丘子也，闻子善具饮，常思见惠，山中有大茗，可以相给。祈子他日有瓯牺之余，乞相遗也。因立奠祀。后常令家人入山，获大茗焉。"清初，开创浙东学派的余姚人黄宗羲，还为茶叶留下不少诗篇，《凤鸣山茶》诗云："檐溜松风方扫尽，轻阴正是采茶天。相邀直上孤峰顶，出市都争谷雨前。两筥东西分梗叶，一灯儿女共团圆。炒青已到更阑后，犹试新分瀑布泉。"生动具体地描写了瀑布茶的采制过程。

河姆渡丞相绿，就在余姚"文献名邦"雨露之下于1989年问世，此后连续3次被评为宁波市一类名茶，1993年荣获宁波市级名茶称号，1995年荣获第二届中国农业博览会金奖。

河姆渡丞相绿创制成功有三大特定条件：一是产地处于河姆渡群山之中，生态环境优越，常年气候温和，雨量充沛，平均气温16.4℃，年降水量1 263毫米，土壤深厚肥沃，有机质含量丰富，极具孕育名茶之地利（图

图 4-142　河姆渡丞相绿茶园

4–142）；二是选用具有早生、绿翠、持嫩性强和氨基酸含量高的河姆渡群体良种；三是改革采制技术，严把采摘关，不采雨水叶、紫芽叶、病虫叶、对夹叶、焦边叶、老叶和鱼叶。

丞相绿采用新工艺精制，分鲜叶摊放、杀青、整形做条、提毫、烘焙（初烘、复烘）五道工序，外形明秀挺直，色泽光润，清香持久，鲜醇爽口，嫩绿匀齐（图4–143）。

河姆渡丞相绿的生产已初具规模，1996年有茶园10多公顷，年产量1吨以上。2009年与“四明十二雷”合并，成立了宁波十二雷茶业有限公司，到2018年，丞相绿茶叶种植面积280亩，产量2吨，产值230万元，主销宁波地区。

图4–143 河姆渡丞相绿

（十二）平平顶芽茶

平平顶芽茶产于浙东四明山余脉慈溪市栲栳山峰顶，为芽形绿茶。

茶园海拔约300米，面积300亩，周围绿树成荫，空气特别新鲜干净，山顶云雾茫茫，地势平坦，故称“平平顶”。平平顶芽茶由此而得名。其土壤含有丰富的天然硒成分（图4–144）。

1999年，慈溪市平平顶茶业有限公司创制平平顶芽茶，建立生产基地面积1 100亩。2002年，经农业部无公害农产品认定委员会、省绿色农产品认定委员会、宁波无公害农产品认定委员会检测认定“平平顶”牌芽茶为绿色农产品、无公害农产品基地，多次获得“特别推荐产品”“无公害放心茶”等称号。后又有茶企慈溪市明茗茶业有限公司主要生产平平顶芽茶。

平平顶芽茶以单芽为原料，经摊青、杀青、揉捻、烘干等工艺制成，芽头嫩绿、大小匀齐，色泽嫩绿，香高持久，滋味甘醇鲜爽，汤色嫩绿明亮，叶底幼嫩肥壮、芽叶成朵（图4–145）。

图 4-144　平平顶芽茶茶园

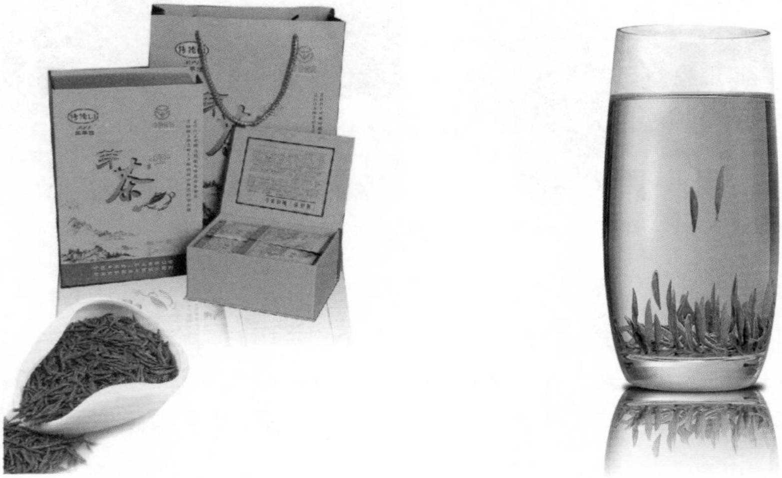

图 4-145　平平顶芽茶

2001年4月，注册“平平顶”商标。2002年荣获中国“精品名茶博览会”金奖，2003年获得“上海国际茶文化节博览会”金奖和浙江省一类名茶称号。2002年来，连续获得了17项国际名茶评比金奖。2006年，浙江大学茶叶系教授、博士生导师刘祖生先生题为“东海第一芽”。

到2018年，平平顶芽茶有生产基地300亩，产量1.8吨，产值300万元，产品主销宁波市区。

（十三）慈溪南茶

慈溪南茶产于慈溪市横河镇子陵村、童岙村一带，是2004年慈溪市横河镇童岙茶场创制的针形绿茶。

童岙茶场毗邻杭州湾，坐落于慈溪南部，周边群山叠峰、溪流纵横，赋予茶山无与伦比的环境优势，具有五千年历史的童岙遗址所孕育的先民文化养育了“烛湖”牌慈溪南茶，据史料记载，于明代成为贡茶，并在民间享有美誉（图4-146）。深厚的历史文化沉积、得天独厚的资源优势，精制的机械炒制，成就“慈溪南茶”品牌。

慈溪南茶每年产于2—4月，原料品种以乌牛早为主，经摊青、杀青、摊凉（回潮）、理条、摊凉（回潮）、精揉、摊凉（回潮）、提香等工艺制成。条索紧挺似笋浑圆；色泽嫩绿，匀整、匀净；香气香高持久；滋味鲜醇爽口；汤色嫩绿明亮；叶底嫩绿、芽叶成朵（图4-147）。

产品2005年获得“中绿杯”名优茶金奖，2005年获浙江省绿色无公害优质畅销农产品荣誉，2008年获第三届浙江绿茶博览会金奖，2010年获第八届国际名茶评比金奖，2010年获西安国际烘焙、咖啡展览会名茶评比金奖。2015年获第十六届中国绿色食品博览会金奖。2016年获“中绿杯”名优绿茶金奖。2017年获第十届中国义乌国际森林产品博览会金奖。

2018年，慈溪南茶有生产基地250亩，产量2吨，产值260万元，产品主销慈溪、余姚、宁波、上海等周边地区。

图4-146　慈溪南茶茶园

图 4-147 慈溪南茶

（十四）岗顶大良茶

岗顶大良茶产于慈溪南部，匡堰镇岗墩村地区，是由岗墩茶场于20世纪70年代初创制的扁平形绿茶，2001年后主要由慈溪市岗墩茶叶有限公司生产（图4-148）。

岗顶大良茶经摊青、青锅、回潮（摊凉）、辉锅等工艺制成，外形扁平光滑，挺秀尖削；色泽嫩绿、挺直，匀整；香高持久；汤色嫩绿明亮；滋味甘醇鲜爽；叶底幼嫩肥壮、芽叶成朵（图4-149）。

2008年荣获世界茶叶联合会评比金奖。

图 4-148 岗顶大良茶茶园

到2018年，岗顶大良茶有生产基地480亩，产量2吨，产值280万元，产品主销本地市场。

图 4-149　岗顶大良茶

（十五）戚家山雀舌茶

戚家山雀舌茶产于宁波慈溪市横河镇大山村，于2014年由宁波戚家山茶叶有限公司在浙江大学茶叶研究所团队帮助下创制。

大山村主峰海拔297米，周边群山叠峰、树林茂密，光照充足、温度低、雨水充足，保证了雀舌茶的品质形成（图4-150）。

戚家山雀舌茶用雀舌茶机制工艺，经摊放、杀青、回潮、翻炒、回潮、

图 4-150　戚家山雀舌茶茶园

翻炒、回潮、轻压翻炒工艺制成，色泽翠绿明亮，香气清高持久，滋味鲜爽，叶底黄绿匀齐（图4–151）。

2014年，产品获第10届国际名茶评比雀舌茶金奖。2015年，基地被浙江大学确立为新品种培育基地。2016年基地被评为浙江生态文化基地。2018年，产品获中国义乌国际森林产品博览会茶叶金奖。

2018年，戚家山雀舌茶生产基地800亩，产量2.4吨，产值280万元，主销慈溪、宁波本地。

图 4–151　戚家山雀舌茶

（十六）弥勒禅茶

弥勒禅茶产于宁波市奉化区，因奉化雪窦山为弥勒道场而得名，为卷曲形绿茶。

奉化地处亚热带季风性气候，四季分明，温和湿润，年均气温16.3℃，降水量1 350～1 600毫米，日照时数1 850小时，无霜期232天，全区山地植被丰富，森林茂密，森林覆盖率达66％，属茶叶生产最适宜区。茶园大多分布在土壤为花岗岩与火山岩发育而成的砂质黄壤和香灰土的山地上，pH值4.5～6.5，基地茶区气候温和，森林茂密，植被丰富，云雾缭绕，山塘水库广布，形成了独特的山地小气候（图4–152）。

佛教界认为奉化是弥勒转世、出家、圆寂之地，奉化的岳林寺和雪窦寺是弥勒化身布袋和尚的主要传道之地，于是将他经常现身的这两座寺当作弥勒道场。2008年，首届雪窦山弥勒文化节成功举办，此后一直至2019年，连续成功举办了12届，2016年雪窦山正式确立为全国五大佛教名山之一。

早在2008年，奉化茶叶科技人员创制了弥勒禅茶，采自海拔500米以上高山有机茶园的一芽一叶至一芽二叶，经摊青、杀青、揉捻、初烘、做形、足火工艺制成，外形蟠曲如佛珠，色泽绿润，滋味鲜爽回甘，清香隽永，叶底嫩绿明亮（图4–153），获得第七届国际名茶金奖、首届“国饮杯”全国茶叶评比特等奖、第八届“中茶杯”全国名茶评比一等奖等殊荣。

图 4-152　弥勒禅茶茶园

图 4-153　弥勒禅茶

2018年，弥勒禅茶基地 2 000亩左右，产量30吨，产值 1 000余万元，以宁波、东北等地消费为主。

（十七）武岭茶

武岭茶产于奉化五岭墩，因“五岭”与毗邻的国家级溪口风景区的武岭门的“武岭”同音而仅一字之差，故命名为“武岭茶”。

五岭墩坐落在象山港畔的裘村镇境内。这里受海洋性气候影响，四季温和湿润，土壤肥沃，质地疏松，微酸性，茶树生长在群山云雾缭绕的优越生态环境中，生长旺盛，芽壮毫多，内含物质丰富（图4-154）。裘村古已有

图 4-154　武岭茶茶园

茶，清光绪《奉化县志》“物产”记：“茶叶，如雪窦山及塔下之剑坑，跸驻之药师岙、锜塘坞，六诏之吉竹塘，忠义（旧时裘村镇的称呼）之白岩山出者为最佳。”

武岭茶是在白岩山茶的基础上，吸取同类名茶之经验，经多次改革制作工艺而成。

武岭茶的加工经过杀青、轻揉、炒干、烘干等工序，芽叶肥壮盘曲，显毫绿润，香气高长，滋味清新鲜醇，汤色嫩绿明亮，叶底绿明（图4-155）。1995年获得第二届中国农业博览会金奖。

武岭茶茶园面积1996年有14公顷，年产优质武岭茶500千克，主要在本地销售。到2018年，武岭茶茶园面积210余亩，年产优质武岭茶1.5吨，产值120万元，主要在宁波本地销售。

图 4-155　武岭茶

（十八）望府茶

望府茶产于宁海县望府楼茶场。

望府茶生长在望府山，望府山又称望府楼，距宁海城关镇约9千米。望府楼山虽不高，主峰海拔530米，系天台山分支余脉。天气晴朗时，站在望府楼上可眺望台州府，故名望府楼。望府楼濒临三门湾，受海洋性气候影响，气候湿润，雨量充沛，云雾缭绕，年平均气温16℃，年降水量1 650毫米，土质肥厚，有机质含量极为丰富，植被良好（图4-156）。

图 4-156　望府茶茶园

宁海旧属天台府，南宋嘉定《赤城志》“土产”记：“天台茶有三品，紫凝为上，魏岭次之，小溪又次之……今紫凝之外，临海言延峰山，仙居言白马山，黄岩言紫高山，宁海言茶山，皆号最珍；而紫高、茶山，昔以为在日铸之上者也。”可见宁海茶山茶的品质佳美有悠久的历史。

望府茶系列之望府银毫于1987年开始试制，因产于望府山，外形银毫裹翠而定名。望府银毫系采用福鼎大白茶鲜叶，经杀青、摊凉、揉搓做形、烘干制成，外形条索肥壮、紧直、披毫，色泽绿翠光润；香高鲜纯；滋味鲜醇爽口回甘；汤色嫩绿清澈明亮；叶底芽叶肥嫩、绿亮；饮后鲜甜爽口，生津止渴，沁人心脾，回味无穷（图4-157）。公司经过近30年的努力，又相继研发了望府白茶、望府金毫等产品。

1988年望府茶参加浙江省名茶评比，获省一类名茶奖；1989年获市一类名茶奖，并被推荐参加全国第二届名茶评比，被评为部级名茶而荣获金杯奖。继而又获1993年在泰国举办的中国优质农产品展览会银奖，1995年

图 4-157　望府茶

第二届中国农业博览会金奖，1998年获浙江省优质农产品金奖，2000年获浙江省农业名牌产品，2002年获国际名茶金奖，2003年“望府”商标获得宁波市知名商标称号，同年获中国农博会金奖，2004年“望府”商标获得浙江省著名商标称号，2006年获浙江省名牌产品，2005年以来连续获多次“中绿杯”金奖，2018年公司开发的红茶因连续3次获“浙茶杯”金奖而荣获“浙江名红茶”。

2018年，望府茶生产基地4 000亩，其中自有茶园1 500亩，产量1 800吨，产值2 300万元，其中名优茶16吨以上，产品主要销往江苏、山东、湖南、上海、中国台湾等省市和香港，以及日本、澳大利亚等国家。

（十九）赤岩峰茶

赤岩峰茶，主产于宁海县梁皇山赤岩山，古时赤岩山曾产赤岩贡茶，而今所产赤岩峰茶为黑茶，由宁波赤岩峰茶业有限公司生产。

赤岩山位于宁海县西北梁皇山深处，距县城35千米。地处天台山东侧，从距离六十里（1里=500米，全书同）外的东南部位上，有着敞开的象山港、三门湾的海洋大气流，不断地向西延伸，位于西部赤岩山迎来了温湿的海洋性气候，大气流登陆高山受阻，滞于赤岩的高山一线，越聚越多，于是增加雾气成云气和降水量，形成了终年适应高山茶所具备生长的气候条件，赤岩山是云雾茶生长的绝佳环境，600米以上高山，土层深厚，优良的自然生态，形成了茶的极佳品质。宁海县志载：“赤岩茶嫩绿香郁，骨重耐泡”。好山好水孕出的茶，成为宁海贡茶也不足为奇。

宁波赤岩峰茶业有限公司前身为1983年建厂的宁海县茶砖厂，生产“宁”字牌茯砖，2008年重建，生产“元音”牌砖茶，拥有国内最先进的砖茶生产流水线，年生产能力可达8 000吨（图4−158）。

赤岩峰砖茶，经杀青、初揉、渥堆发酵、复揉、拼配、干燥等工艺制成，外形整结平整、色泽褐亮、香气纯正、汤色橙亮、滋味醇和、口感独特，富含氨基酸、茶多糖、富硒矿质等多种元素（图4−159）。

到2018年，赤岩峰砖茶生产及联结茶园4 000亩，产量3 000余吨，产值3 200万元，产品主销青海、新疆、甘肃、内蒙古等地。

图 4-158　赤岩峰茶茶园

图 4-159　赤岩峰茶

（二十）汶溪玉绿

汶溪玉绿是2000年以后由宁海县桥头胡镇汶溪茶叶良种场创制的名茶，产于宁海县桥头胡一带（图4-160）。

汶溪玉绿原料品种以水古茶为主，经摊青、杀青、摊凉、揉捻、理条、初烘、摊凉回潮、足火等工艺制成，外形芽头肥壮，色泽嫩绿，汤色黄绿明亮，清香，滋味清爽，叶底肥壮，嫩绿明亮（图4-161）。

2001年获全国第四届中茶杯特等奖，2002年获浙江省农博会银奖，

图 4-160　汶溪玉绿茶园

图 4-161　汶溪玉绿

2003年获第五届中茶杯全国名茶评比一等奖。

到2018年，汶溪玉绿茶生产基地250亩，产量2吨，产值150万元，产品主销宁波、上海、杭州等地。

（二十一）贡府茶

贡府茶是2000年以后由宁海贡府茶业有限公司创制的名茶，产于浙东著名风景区梁皇山深处赤岩附近（图4–162）。

图 4–162　贡府茶茶园

《宁海县志载》载，清代梁皇山赤岩茶，“嫩绿香郁，骨重耐泡”，属贡品，赤岩在梁皇山的深处，不仅险峻陡峭，林木蔽天，植被殷实，而且山水丰沛，涧潭相连，《崇祯宁海县志》称赤岩为茶岩，茶岩附近有三潭。“上潭险绝无径，中潭名煎茶，有瀑布直泻其下……其时茶岩所产的茶亦属珍品”，有诗为证：“春芽吐岩际，岂输阳羡名，陶公诗思渴，清味夺金茎”。赤岩茶不输阳羡茶，可见赤岩茶在明代就是名茶。

贡府茶产地平均海拔730余米，坡度平缓，土壤松厚肥沃，雨量充沛，终年云雾缭绕，山地多香灰土。其品种以鸠坑、迎霜为主，经摊青、杀青、摊凉、揉捻、理条、初烘、摊凉回潮、足火等工艺制成，成品条索紧细，汤色嫩绿明亮，香气清香，滋味甘醇鲜爽，叶底嫩绿明亮（图4–163）。

图 4–163　贡府茶

2007年贡府茶获“中茶杯”一等奖，2009年获第八届“中茶杯”全国名优茶评比特等奖，此后，又获第八届国际名茶评比金奖。

到2018年，贡府茶生产基地600亩，产量4吨，产值300万元，产品主销宁波、杭州、上海、北京等地。

（二十二）半岛仙茗

半岛仙茗，产自象山半岛珠山茶区。珠山茶区所在半岛，相传古时曾是安期生、徐福、陶弘景三位仙人的修道圣地，“半岛仙茗”缘此得名。

象山半岛产茶历史悠久。据《浙江省农业志》记载，唐代时象山茶叶生产已初具规模，与奉化、慈溪、鄞县同列为宁波茶叶四大产地。宋代《宋会要·食货志》更是细载，象山境内“珠山、郑行山（今射箭山）、五狮山、蒙顶山皆产佳茗，珠山产茶尤佳”（（图4-164）。

图 4-164 半岛仙茗茶园

半岛仙茗恢复试制于1999年，其采摘期甚早，每年惊蛰前夕便可开摘。以单芽和一芽一叶细嫩芽叶为原料，经摊青、杀青、揉捻、理条、烘焙五道工序制成，具有外形细嫩挺秀、香气嫩香持久、滋味嫩爽回甘、汤色嫩绿明亮、叶底嫩匀鲜活等“五嫩”特色（图4-165）。

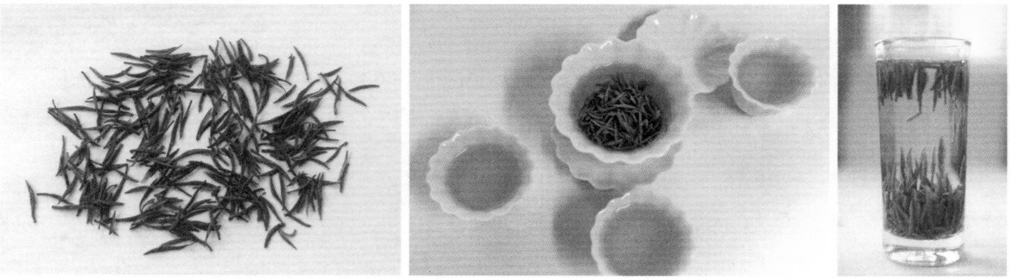

图 4-165 半岛仙茗

半岛仙茗创建之初曾获市级名茶证书，并连续多年被评为省一类名茶，2001年获省“龙顶杯”金奖，2002年获中国农业精品博览会金奖。

2004—2013年期间曾一度中断生产，2014年又恢复生产。于2016年、2018年连续获第八届、第九届“中绿杯”中国名优绿茶评比金奖，2015年、2017年、2019年连续三届获“华茗杯”全国名优绿茶质量评比金奖，2017—2019年连续三届获浙江省绿茶博览会名茶评比金奖。

至2018年，半岛仙茗茶园采摘基地达1万亩，产量55吨，产值3 500万元，产品销往上海、南京、杭州等大中沿海城市。

三、温州市

（一）西雁茗茶

西雁茗茶产自温州市瓯海区，因毗邻AAAA级西雁风景区而得名，由温州市西雁茶叶专业合作社生产。

茶园位于温州最高峰崎云山之麓，海拔700多米之山涧谷地，境内峰峦叠嶂，终年云雾弥漫，茶树生长自然条件得天独厚（图4-166）。

西雁茗茶以西湖龙井传统手工工艺加工而成，外形扁平光直、色泽嫩绿匀整，汤色嫩绿明亮，香气清高，滋味鲜醇回甘，叶底嫩绿匀齐（图4-167）。

2006年获第二届中国温州特色农业博览会金奖、北京马连道浙江绿茶博览会优质奖农产品；2012年获第五届中国义乌国际森林产品博览会金奖。温州市西雁茶叶专业合作社2012年评为温州市示范性农民专业合作社；2014年被评为浙江省示范性

图4-166　西雁茗茶茶园

图 4-167　西雁茗茶

农民专业合作社。

2018年茶园面积1 200余亩，产量13吨，产值320万元，主要销往杭州、上海、苏州、广州。

（二）雁茗早茶

雁茗早茶，产于浙江省乐清市中雁荡山、茗山一带，以产地命名，由乐清市茗西生态茶有限公司于2006年挖掘恢复创制。

雁茗早茶主产区中雁荡山，因居北、南二雁荡山之间，故称中雁荡山，因山石色白，又名白石山。中雁荡山地邈奇特，峰雄嶂险峡深，石巧洞幽寺古，有玉甑、三湖等七大景区。历代文人雅士慕名而来，留下大量珍贵的墨迹，为山色增添光彩，南朝谢灵运诗云："千倾带远堤，万里泻长汀"，宋代王十朋也写道："十里湖山翠黛横，两溪寒玉斗琮琤"（图4-168）。

雁茗早茶历史悠久。明代冯时可《雨航杂录》将雁茗茶列为雁山五珍之首。清代陈朝酆《雁茗》诗："雁山峰顶露芽鲜，合与龙湫水共煎。相国当年饶雅兴，愿从此处种茶田。"清代方鼎锐《雁茗》诗："龙芽采向白云巅，争说明前胜雨前。好与邻家乞新火，淡烟疏雨焙茶天。"1890年5月12日《申報》载："乐清雁茗其形一旗兩鎗，每在山深霧重之区，色香味俱佳，而不易多得。"1893年6月18日《申報》载："俗传茶之高茁山巔者，兩旗一槍，須教令猿猴採摘，名曰雁茗，以视武夷、龙井显分上下"。

雁茗早茶原料以嘉茗1号、白叶一号品种为主，经摊青、杀青、理条、辉锅成型、回潮、辉锅提香等工艺制成，外形扁平光滑，挺秀尖削，色泽嫩绿、挺直、匀整；香气香高持久；汤色嫩绿明亮；滋味鲜爽回甘；叶底幼嫩肥壮、匀齐（图4-169）。2007年以来，"雁茗"牌雁茗早茶已连续13年通过中国有机茶认证，历年质量安全抽检合格。2008年以来，荣获温州早茶节名优早茶评比金奖11个（含温州市早茶品牌奖十大金奖）、荣获浙江绿茶博

图 4-168 雁茗早茶茶园

图 4-169 雁茗早茶

览会金奖8个。

2018年，雁茗早茶基地面积580亩，产量10吨，产值820万元，产品主销本地及上海、北京、天津、郑州等大中城市。

（三）能仁红韵

能仁红韵产自于世界地质公园、国家AAAAA级风景名胜区温州雁荡山，为乐清市能仁村茶叶专业合作社林义春于2010年研制（图4-170）。

2006年，为填补乐清市没有自己的红茶缺憾，乐清市农业局为能仁村

图 4-170　能仁红韵茶园

茶叶专业合作社聘请了农林大学茶学院苏祝成指导红茶技艺，合作社林义春试制。于2010年，第一批试制成功上市。

能仁红韵用早春茶一芽一叶为原料，经萎凋、揉捻、发酵、做形、烘焙制成，外形秀长紧结，茶质细嫩，色泽红润，芽毫隐藏。汤色金亮明净，香气高雅，滋味甘醇，茶香浓郁本品耐贮藏，有“三年不败黄金芽”之誉（图4-171）。

图 4-171　能仁红韵

到2018年，能仁红韵茶园主要在雁荡镇能仁村龙湫背、兜率洞西岭等处，海拔均为500米以上，面积150亩，产量1吨，产值200万元，主销温州、上海、北京及全国各地。

（四）雁荡山白茶

雁荡山白茶产自于世界地质公园、国家AAAAA级风景名胜区温州雁荡山，为乐清市雁荡毛峰茶制作技艺非物质文化遗产代表性传承人、能仁茶品牌创始人林义春于2013年开始研制。

唐陆羽《茶经·七之事》载:《永嘉图经》“永嘉县东三百里有白茶山”，永嘉县东三百里即为雁荡山。

2013年起，林义春会同有关部门与媒体，翻山涉水对雁荡山茶树母本进行寻找与保护，并出资百万承包了村集体的高山老茶园（图4-172），经过6年时间的对比试验研究，于2018年通过SC生产许可认证，并制定颁布了“能仁村”雁荡山白茶标准，经浙江省卫计委批准备案，复兴古韵开创了新时代乐清市白茶生产的先河！

雁荡山白茶经萎凋、干燥制成，外形显毫匀整，汤色澄明透亮，滋味鲜醇回甘（图4-173）。

2018年，“能仁村”雁荡山白茶生产面积100亩，产量1吨，产值60万元，主销温州、广东、上海等地。

图4-172　雁荡山白茶茶园

图 4-173　雁荡山白茶

（五）罗阳香茗

罗阳香茗产于瑞安市高楼镇洪地村一带，由瑞安市洪地早茶开发有限公司于2001年创制，为扁平形绿茶（图4-174）。

罗阳香茗原料品种以清明早和嘉茗1号为主，经摊青、杀青、整形、成形工艺制成，外形扁平光滑，色泽翠绿，香气持久，滋味鲜爽，汤色明亮，叶底芽叶成朵（图4-175）。

2002年，在中国精品名茶博览会评比活动中荣获金质奖。

2018年，罗阳香茗生产茶园面积1 800亩，年产20吨，产值850万元，主销浙江各地及上海、郑州、山东等地。

图 4-174　罗阳香茗茶园

图 4-175　罗阳香茗

（六）玉海春早

玉海春早产于瑞安市高楼镇营前村以及洪地村一带（图4-176），由瑞安市兴农茶叶专业合作社和温州玉海春早茶叶开发有限公司于2002年创制，为针形绿茶。

图 4-176　玉海春早茶园

玉海春早原料品种以清明早和嘉茗1号为主，经摊放、杀青、冷却、揉捻、初烘、理条整形、烘干等工艺制成，外形为松针状，条索紧结圆直，锋苗挺秀，色泽翠绿，香气清高，滋味鲜爽纯正，汤色清澈明亮，叶底嫩绿匀净（图4-177）。

2002年，在中国精品名茶博览会评比活动中荣获金质奖。

2018年，玉海春早生产茶园面积860亩，年产6吨，产值850万元，主销温州、杭州、辽宁、山东等地。

图 4-177　玉海春早

图 4-178　五井白茶茶园

（七）五井白茶

五井白茶产于永嘉县楠溪江风景区，由浙江五井农业开发有限公司于2006年创制，为扁平形绿茶（图4-178）。

五井白茶以白化茶树品种为原料，因地处浙南，比安吉白茶早上市20来天。其经摊青、青锅、摊凉回潮、辉锅等工艺制成，外形扁平，色泽翠绿，香气似花香，滋味鲜爽，蕴得天味（图4-179）。

2018年浙江五井农业开发有限公司核心基地600亩，辐射周边茶园联营面积4 800亩，带动周边茶农1 300户。产量10吨，产值1 000万元，销往全国各地。

图 4-179　五井白茶

图 4-180 九龙坞白茶茶园

（八）九龙坞白茶

九龙坞白茶产于永嘉县楠溪江源头，平均海拔800米的茶场，是正宗的高山茶。由永嘉县楠溪江云岭山白茶厂于2004年创制，有兰花形和扁平形两种（图4-180）。

2004年，茶厂成功引种白叶1号，并学习安吉白茶的烘青与炒青工艺，制作“凤形”绿茶。经杀青、理条、烘干等工艺，干茶略着金黄，条直显芽，汤色鹅黄明亮，冲泡后形似兰花，叶白脉翠，香气馥郁，嫩香持久，品质独特（图4-181）。

2013年被认定为“温州市知名商标”，2016年被浙江省认定为“浙江省著名商标”，并被国家食品发展中心认定为绿色食品。

截至2018年，九龙坞白茶和产茶园面积1 200亩，产量11吨，产值800万元，主销温州、上海、江苏、北京、内蒙古、吉林等地。

图 4-181 九龙坞白茶

（九）九龙坞云雾茶

九龙坞云雾茶产于永嘉县楠溪江源头，平均海拔800米的茶场，是正宗的高山绿茶。由永嘉县楠溪江云岭山白茶厂于2008年创制，为扁平形绿茶（图4-182）。

九龙坞云雾茶以树龄40年以上龙井43号茶树为主，经摊青、杀青、整形、回潮（摊凉）、辉锅等工艺制成，外形扁平光滑，挺秀尖削，色泽嫩绿、挺直，匀整；香气香高持久。汤色嫩绿明亮；滋味甘醇鲜爽；叶底幼嫩肥壮、芽叶成朵（图4-183）。

截至2018年，九龙坞云雾茶生产茶园面积500亩，年产约1吨，产值100万，主销温州、上海、江苏、北京、内蒙古、吉林等地。

图 4-182　九龙坞云雾茶茶园

图 4-183　九龙坞云雾茶

图 4-184　九龙坞红茶茶园

（十）九龙坞红茶

九龙坞红茶产于永嘉县楠溪江源头，由永嘉县楠溪江云岭山白茶厂于2008年创制（图4-184）。

原料均采自平均海拔800米的高山，具有独特的高香气，以工夫红茶工艺加工。经摊青、萎凋、揉捻、发酵、干燥制成。外形呈条索状，汤色红亮，香气高爽滋味鲜醇（图4-185）。2012年获中日国际绿茶博览会金奖。

截至2018年，九龙坞红茶生产茶园面积1 200亩，年产约16吨，产值超过1 000万元，主销温州、上海、江苏、北京、内蒙古、吉林等地。

图 4-185　九龙坞红茶

（十一）半岭早茶

半岭早茶产于永嘉县半岭、山后、乌牛等地，由浙江三农茶业有限公司于2004年创制。其中半岭乃永嘉三江街道一个地名，茶树在半岭双门降樟树下，因春季萌芽特早而得名（图4-186）。

半岭早茶萌发高，一般在2月中旬就有一芽二叶，盛期在3月中旬。半岭早茶经摊放、青锅、摊凉回潮、辉锅等工艺制成，具“形扁、色翠、香高、味甘”特征（图4-187）。

2008年浙江绿茶博览会金奖；2009年香港国际茶展“半岭早”牌荣获金奖；2009年第八届“中茶杯”全国名优茶评比一等奖；2010西安国际展览会“半岭早”牌半岭早茶荣获金奖；2011年第九届“中茶杯”全国名优茶评比一等奖；2014年“半岭早”牌荣获“中绿杯”中国名优绿茶评比金奖；2015年第十一届“中茶杯”全国名优茶评比一等奖；2015年“半岭早”牌绿茶第十届浙江绿茶博览会金奖；温州名牌产品、浙江省著名商标、浙江省农业企业科技研发中心、浙江省第十一届消费者信得过单位；浙江省工商企业信用A级“守合同重信用”等。

图4-187　半岭早茶

2018年半岭早茶绿色核心基地680亩，辐射周边茶园联营面积5 680亩，带动周边茶农1 500户。产量15吨，产值1 200万元，销往全国各地。

图4-186　半岭早茶茶园

（十二）半岭红茶

半岭红茶原产于永嘉县三江街道半岭地区，由浙江三农茶业有限公司于2008年创制（图4–188）。

半岭红茶用金骏眉工艺，经萎调、揉捻、发酵、干燥等制成，条索紧细，色泽乌黑油润，汤色综红亮丽，清香持久，滋味醇厚，略有回甜，类似蜜糖香，又似水果香，口感顺滑，耐泡（图4–189）。

半岭红茶相继获温州市知名商标、国饮杯“一等奖”、中茶杯“一等奖”、温州早茶节“金奖”等多项荣誉。

2018年半岭红茶核心基地680亩，辐射周边茶园联营面积5 680亩，带动周边茶农1 500户。产量20吨，产值650万元，销往全国各地。

图 4–189　半岭红茶

图 4–188　半岭红茶茶园

（十三）平阳早香茶

平阳早香茶产于平阳县，为扁平形绿茶。

平阳自然条件优越，产茶历史悠久。（详见传统名茶“平阳黄汤”）。

改革开放前，平阳主要生产“温炒青”和“烘青”等大宗绿茶。20世纪80年代中期，随着全省名优茶热兴起，平阳开始开发名茶。1989年，平阳县农业局特产站技人员在鳌江镇大坪山上发现特早茶树，当地群众称之为“早茶儿”。1990年，平阳县特产站申报“平阳大坪特早茶开发技术研究”，对该茶树品种进行系统研究，并试制扁形名优茶。1994年，该课题通过鉴定，该品种定名为“平阳特早茶”，所制名茶也因上市早、香气高定名为“平阳早香茶”。

平阳特早茶品种，为灌木型，中叶类，特早生种。树姿半开张，分枝部位低而密，叶片上斜状着生。叶形椭圆，叶尖钝尖，叶面微隆起，叶身稍内折，叶色深绿，有光泽，叶质厚软。发芽特早，当地春茶萌发在1月底，一

图4-190　平阳早香茶

芽三叶期在3月中旬。育芽力强，节间短，芽叶茸毛较多，持嫩性强，一芽三叶百芽重39.8克。不开花，无生殖生长。春茶一芽二叶含氨基酸4.8%，茶多酚22.9%，咖啡碱4.5%，水浸出物40.3%。1998年浙江省农作物品种审定委员会认定为省级良种。

平阳早香茶，采平阳特早茶品种一芽一叶初展至一芽二叶鲜叶，经摊青、青锅、回潮、辉锅工艺制成，外形扁平光滑、挺直细嫩，色泽翠绿，香气嫩香持久，汤色嫩绿明亮，滋味鲜爽、回味甘，叶底芽秀嫩绿明亮、成朵（图4–190）。

2000年，获“茶山杯”温州市名优茶评比一等奖。2001年，获“会稽杯”浙江省精品名茶展示会金奖、中国国际农业博览会名牌产品，被评为中国国际名优茶、中国名优茶、第十四届浙江省一类名茶。2002年，认定为温州市农业名牌产品。2010年，获“浙江世博十大旅游名茶”称号。2019年区域公用品牌价值达3.75亿元

1999年由平阳县农业局和平阳县质量技术监督局共同起草了浙江省地方标准《平阳早香茶》（DB33/T 236—1999）。

截至2018年，平阳茶园面积4.88万亩，产量150吨，产值5 000万元，生产企业60多家，注册有“子久”“慧春”“早香”等商标20余枚，产品主销本地及温州市场（图4–191）。

图4–191 平阳早香茶茶园

（十四）平阳工夫红茶

平阳工夫红茶产于平阳县。

平阳自然条件优越，产茶历史悠久。（详见传统名茶“平阳黄汤”）。

中华人民共和国成立初期，平阳一直是“温红”的主产区，随着计划经济时代政策的变化，后来全县全部改为生产绿茶。2005年后，以“金俊眉”为代表的红茶热兴起。2008年，平阳部分龙头企业开始试制“平阳工夫红茶”，在传承“温红”技术基础上，借鉴闽红工夫茶工艺，取得了成功（图4-192）。

平阳工夫红茶原料采用平阳特早茶等品种春季幼嫩芽叶，鲜叶采摘标准为一芽一叶初展至一芽二叶的完整芽叶，经萎凋、揉捻、发酵、干燥制成，外形略卷曲、乌润，汤色金红明亮，香气高鲜甜，滋味嫩鲜爽，叶底细嫩成朵、匀齐、红艳明亮（图4-193）。

截至2018年，平阳茶园面积4.88万亩，产量25吨，产值1 500万元，生产企业15家，注册有“子久”“味珍毫”等商标15枚，产品主销本地及温州市场。

图 4-193　平阳工夫红茶

图 4-192　平阳工夫红茶茶园

（十五）泰顺三杯香

泰顺三杯香产于泰顺县，为卷曲形绿茶。

泰顺县生态环境优越（详见传统名茶“泰顺黄汤”）。

泰顺产茶历史悠久。泰顺县于明景泰三年（公元1452年）置县，置县前分属平阳、瑞安两县，《浙江省茶叶志》记载，宋代元代两县均为茶区。明崇祯六年修纂的《泰顺县志》记载：“茶，近山多有，惟六都泗溪、三都南窍独佳。”明清时期，远销马来亚、新加坡、香港等东南亚地区。清光绪四年（公元1878年）《泰顺分疆录》第二卷“物产”“货之属”记载有茶等24种货（即商品）且列首位。

据《泰顺县志》（1997年版）援引县档案馆民国档案记载：民国时期，1931年，泰顺县商会成立又组织成立茶业商业公会；1933年全县茶叶产量1.1万担以上；1936年，全县茶园面积1.7万亩，产茶16 236担。后因战乱，口岸封销，茶叶滞销，茶园大多荒芜，据《浙江经济》民国三十七年（公元1948年）第4卷第6期载：泰顺县茶园面积4 000亩，其中山地3 000亩，平地1 000亩，茶叶产量2 000担。

中华人民共和国成立后，泰顺高绿——茗眉一直作为上海口岸公司和浙江茶叶公司出口眉茶的拼配原料，被誉为“浙江绿茶的味精”。1958年，著名音乐家、戏剧家周大风深入泰顺东溪茶区体验生活后，创作了著名的《采茶舞曲》，被联合国科教文组织作为亚太地区优秀民族歌舞保存起来，并被推荐为这一地区的音乐教材，并定为泰顺县县歌。20世纪50至60年代，茗眉工艺不断改进，到20世纪70年代末，以“经久耐泡、经泡三杯清香犹存”的泰顺高绿，逐渐被称为泰顺三杯香（图4-194）。

图4-194　泰顺三杯香

泰顺三杯香经摊青、杀青、揉捻、二青、三青、干燥等工艺制成，外形条索细紧苗秀，毫锋显露，大小匀齐，色泽翠绿，内质嫩香或栗香持久，滋味鲜爽丰厚，汤色绿艳明亮，叶底嫩绿鲜活，以“香高味醇，经久耐泡”著称。据测定，泰顺三杯香茶的茶多酚17.4％，儿茶素总量17.75％，氨基酸3.6％，粗纤维8％。

泰顺三杯香茶1992年开始制定了首个地方标准，1994年3月正式实施。1995年2月开始实施《泰顺县名优特种绿茶质量监督管理办法》和《泰顺县名优特种绿茶报检办法》。1999年成立了泰顺县茶业协会进行行业管理。2003年，由县政府出资回购被抢注的“三杯香”商标；2009年，注册中国地理标志证明商标；2010年，经国家质检总局、农业部审核，决定对三杯香茶实施国家地理标志产品保护和农产品地理标志保护；2011年，获中国驰名商标；2018年，选入中国农业品牌目录。

2006年，被确定为“钓鱼台国宾馆特供茶”；2010年，获首届“国饮杯”特等奖；2018年，认定为浙江区域名牌农产品；2018年，选入全国名特优新农产品目录。

截至2018年，面积7.2万亩，产量1 500吨，产值1.8亿元，主销全国各地，部分销往中东、北非、独联体国家（图4-195）。

图 4-195　泰顺三杯香茶园

（十六）承天雪龙

承天雪龙茶产于泰顺县，是1985年创制的名茶，原名银剑，为扁平形绿茶。

1985年，在泰顺承天氡泉召开的泰顺名茶品评会上，因形似龙井、白毫披身，被专家们命名为“承天雪龙”。1991中国杭州国际茶文化节“名茶新秀”奖，取得农业部《名优茶质量鉴定认可证书》和绿色食品标志。首届中国农博会银奖，1993年获得浙江省名茶证书。1998年获浙江省新农产品金奖和优质农产品称号，1998年、1999年中国国际茶博会银奖和金奖，被确定1999年中国国际茶博会指定用茶。2001年承天雪龙商标获温州市知名商标。

承天雪龙专选茶壮、多茸毛茶树良种的一芽一叶初展至一芽二叶初展鲜叶为原料，经推凉、青锅、回潮、做形、烘焙足干等工序精工细制而成，其外形挺削似剑，刚劲有神，色泽翠绿，白毫披身，内质香气芬芳，滋味鲜浓，汤色明高，叶底嫩绿，芽壮匀齐（图4–196）。

截至2018年，面积4.2万亩，产量240吨，产值8 000万元，主销全国各地（图4–197）。

图 4–196　承天雪龙

图 4–197　承天雪龙茶园

（十七）香菇寮白毫

香菇寮白毫产于泰顺县彭溪镇香菇寮村，属毛峰类绿茶（图4-198）。

图 4-198　香菇寮白毫茶园

香菇寮白毫以本村独有的一种香郁似兰、甘醇爽味、白毫毛丛生的香茹寮茶树的幼芽嫩叶精心制作而成。据传在100多年前，由村民在后山一块大岩石旁发现一株枝叶繁茂、芽头肥壮、叶片厚大、白毫丛生、幽香似兰的大茶树，而后以压条分丛法繁殖了一片茶园。

抗日战争前，加工成白毫银针，出口香港、东南亚和欧美等地。中华人民共和国成立后，用烘青改良法制作毛峰类绿茶，经杀青、揉捻、初烘、做条、复烘、闷焙等工艺制成，条索苗秀、芽叶幼嫩、色泽墨绿、白毫披露、滋味鲜爽、幽香似兰、汤色清澈、翠绿成朵（图4-199）。

1982年荣获省名茶证书。香菇寮白毫连续五年被评为省优质名茶，连续四年获中国国际茶博会名茶组金质奖。香菇寮白毫茶树也先后被栽入《茶树良种学》《茶树栽培学》《中国名优茶选集》《中国茶学辞典》等。

截至2018年，面积500亩，产量4吨，产值800万元，主销温州地区。

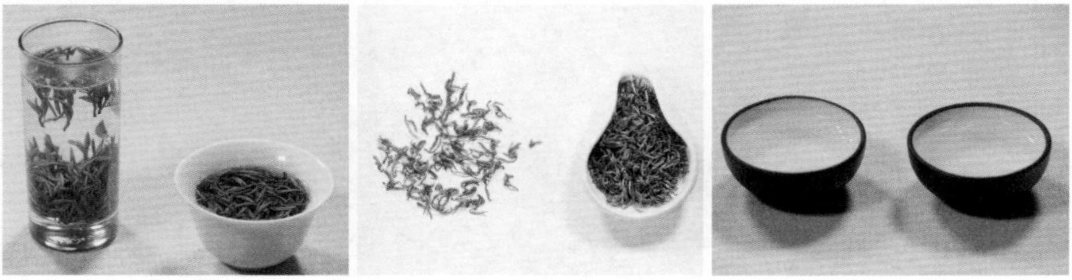

图 4-199　香菇寮白毫

（十八）仙瑶隐雾

仙瑶隐雾，由泰顺县山洋坪茶场于1982年创制，为卷曲形绿茶（图4–200）。

仙瑶隐雾源出于泰顺20世纪60年代出口摩洛哥专供皇室饮用的“3115”茶号，属高级绿茶之列。1982年国营泰顺县山洋坪茶场接受了农业部《关于改进提高“3115”产品质量》课题，在研制过程中改进了工艺，产品质量比原“3115”茶更胜一筹。1991年张堂恒教授根据新品茶的特色，特取“3115”之谐音，命名为“仙瑶隐雾”茶，并取得农业部《名优茶品质鉴定认可证书》和绿色食品标志。

仙瑶隐雾茶采制于清明前后，专选泰顺本地小叶种的一芽二叶初展于一芽三叶初展鲜叶为原料，经杀青、揉捻、筛解、初烘、回潮、炒条足干等工序制成，其外形条索细紧，色泽翠绿，香高持久，滋味浓鲜，汤包清澈明亮，叶底黄绿嫩匀（图4–201）。

截至2018年，面积1 000亩，产量4吨，产值200万元，主销县内和江南一带。

图4–200　仙瑶隐雾茶园

图4–201　仙瑶隐雾

（十九）泰顺毛峰

泰顺毛峰，是20世纪80年代泰顺茶叶科技人员和茶农开始创制的卷曲形名优绿茶。

泰顺毛峰开采于清明前，专选细嫩、初展、早发、多毫的一芽一叶或一芽二叶为原料，以烘炒结合的手工操作与机械相配合的加工方法，经杀青、揉捻、初烘、提毫、烘干等工序制成。其产品具有芽叶细嫩、条形完整、色泽翠绿、白毫显露、香高诱人、滋味鲜醇、汤色黄绿明亮、叶底幼嫩匀齐之特点（图4-202）。

1985年泰顺县名茶评比中获优质名茶奖，1993年浙江省名茶品评会被评为二类名茶。

截至2018年，面积2 000亩，产量6吨，产值380万元，主销长江以南各城市（图4-203）。

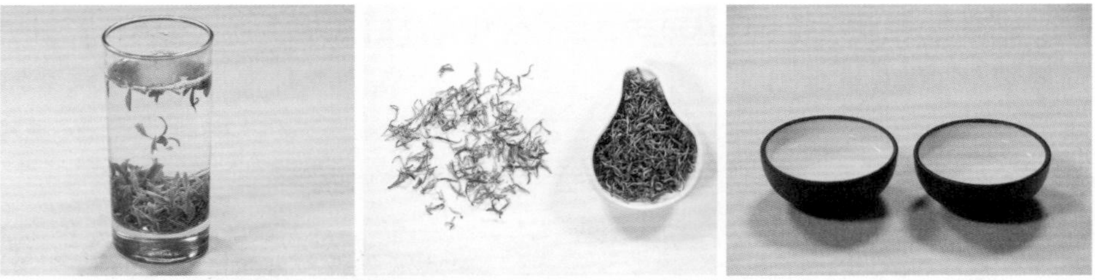

图 4-202　泰顺毛峰

图 4-203　泰顺毛峰茶园

四、湖州市

（一）三癸雨芽

三癸雨芽产于湖州市吴兴区妙西镇石山一带，是1985年新创制的针芽形名茶（图4-204）。

妙西境内有山名杼山，茶圣陆羽曾在此撰写《茶经》，现留有的“三癸亭”就是当年刺史颜真卿为纪念陆羽而筑。三癸雨芽就由“三癸亭”命名而来。

三癸雨芽以一芽一叶或一芽二叶初展的鲜叶为原料，通过杀青、揉捻、摊凉、炒干、焙烘等工序加工制成。其品质特点是条紧苗秀，色翠露毫，栗香持久，味浓鲜爽，茶汤清澈明亮，叶底黄绿明亮、匀齐成朵（图4-205）。

1989年在浙江省农业厅名茶评比会上首次被评为一类名茶，获浙江省农业厅一类优质茶奖，在第二届湖州“陆羽杯”名茶评比中获金奖。2003年12月。三癸雨芽被国家农业部评定为无公害茶叶。2016年，三癸雨芽品牌为湖州真味茶叶有限公司所有。

截至2018年，面积105亩，产量1吨，产值87万元，产品主销长三角地区。

图4-204　三癸雨芽茶园

图4-205　三癸雨芽

（二）安吉白片

安吉白片创制于1980年，主产于安吉的天荒坪、章村、山川等地。

安吉白片茶园海拔在600~800米，年平均温度12℃，有效积温4 200℃，年降水量1 100~1 900毫米，无霜期226天，土层深厚，有机质含量5%左右，pH值4.5~5.2，植被覆盖率73%，常年多云雾，昼夜温差大，因受小区气候的影响，茶芽萌发迟于县域内的其他乡镇半月有余（图4-206）。

图4-206 安吉白片茶园

1980年，安吉县农业局茶叶站在安吉传统毛峰基础上改进加工工艺，研制安吉白片，1981年春首次在银坑村第一生产队试制，同年参加省、地名茶评比，获浙江省农业厅"优质产品奖"，嘉兴地区"名茶第一名奖"，1986年再次获浙江省农业厅"优质产品奖"，1987年获省茶叶学会首届斗茶会"优秀名茶奖"，1988年获浙江省农业厅颁发的"名茶证书"，定为省级名茶。1989年在西安第二届全国名茶评比会上被评为全国名茶，获中华人民共和国农业部颁发的"优质农产品"奖状。

安吉白片采一芽包一叶至一芽一叶初展，经杀青、清风（冷却）、压片、初烘、摊凉回潮、复烘等工艺制成，外形挺直略扁平，形似兰花，色泽翠绿，白毫显露；汤色清澈明亮，香高持久，滋味鲜爽醇和，叶底嫩绿肥壮耐冲泡（图4-207）。经测定氨基酸含量5.8%，茶多酚41.5%，酚氨比7.16。

到2018年，安吉白片生产面积3万亩，年产量500吨，产值超亿元，主销区位于杭、嘉、沪及周边省市。

图 4-207　安吉白片

五、绍兴市

（一）大云绿芯

大云绿芯产于绍兴越城区鉴湖镇秦望山，由越城区茶农陈宝寿于2000年创制，为扁平形绿茶。

秦望山属会稽山脉，产地内雨量充沛，气候湿润，云雾缭绕（图4-208）。

大云绿芯采摘标准为一芽一叶到一芽二叶，经摊青、杀青、一次理条、二次理条、搓揉、烘干6道工序制成，外形紧直挺秀、绿而披毫，香气馥郁持久，滋味鲜醇爽口，回味甘甜，汤色杏绿、清澈、明亮，叶底肥嫩、匀齐成朵，鲜醇甘爽（图4-209）。

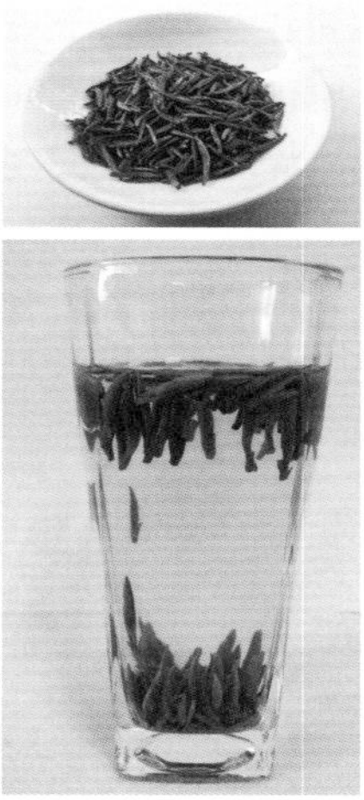

图 4-209　大云绿芯

2004年荣获中国新品名茶博览会茶王赛金奖。

2018年，大云绿芯茶生产面积达600亩，产量5.25吨，产值720万元，产品主销浙江、北京、上海、山东等地。

图 4-208　大云绿芯茶园

（二）勾山香茗

勾山香茗产于绍兴市越城区皋埠镇，由绍兴市勾山茶业专业合作社于2008年创制的乌龙茶（图4-210）。

勾山香茗原料以茗科1号（又称金观音）为主，经萎凋、摇青、炒青、包揉、烘焙而成，外形肥壮圆结、沉重，色泽砂绿乌润，香气馥郁幽长，滋味醇厚、甘鲜，回味悠久，“音韵”明显，汤色金黄清澈，叶底肥厚明亮（图4-211）。

2011年、2013年，两次获浙江绿茶博览会名茶评比金奖。

2018年，面积500亩，产量8吨，产值700万元，产品主销浙江、上海、北京、广东等地。

图4-211　勾山香茗

图4-210　勾山香茗茶园

（三）会稽红茶

会稽红茶产于绍兴市越城区会稽山区，是由浙江绍兴会稽红茶业有限公司出品，福建正山堂茶业有限责任公司监制，于2012年试制、2013年春正式上市的红茶（图4-212）。

会稽红茶茶园平均海拔在800米左右，采半野生茶树茶芽，依“金骏眉”工艺制成。其形俊秀分明，条索紧结，犹如海马状，置于茶盏中冲水之时犹如“万马奔腾”；其色黄黑相间显金毫，在茶盏中冲泡开来，汤色橙红清澈，仔细观察显“金圈”；其气高长鲜爽，茶香四溢，饱含花香、果香、蜜香，香型层次分明，细细品味似乎有兰花香，悠长而不浑浊，谓之“会稽香”；其味醇和回甘，甘甜感回味悠久、甜中带香，香中带滑，经久耐泡，毫香留齿（图4-213）。

图 4-213　会稽红茶

2013年，获浙江农业博览会新产品金奖。2015年，获浙江农业博览会优质产品金奖、第8届中国义乌国际森林产品博览会金奖。2018年，获第二届中国国际茶叶博览会金奖、浙江农业博览会优质奖。

2018年，会稽红茶业及旗下6个股东总茶园面积达2 000余亩，年产量18吨，产值达2 000万元，产品主销浙江、北京、上海、山东等地。

图 4-212　会稽红茶茶园

（四）越红工夫茶

越红工夫茶产于柯桥区会稽山脉一带，是中国十大红茶之一。

越红工夫茶1955年正式定名。据《中国茶经》记载，20世纪50年代到80年代生产最盛，到80年代后期，绍兴全市年产工夫红茶9 000余吨，出口6 000余吨，产品内销内蒙古、东北三省、广东、广西、湖南等近20个省份，外销主要通过广东口岸销往苏联、波兰、伊拉克、荷兰等30多个国家，是20世纪绍兴市的主要出口赚外汇产品。1980年越红工夫茶被商业部评为金奖。1985年越红工夫茶荣获国家优质产品称号。到20世纪90年代后期因种种原因生产甚少。

2010年，绍兴县玉龙茶业有限公司重新注册了“越红”商标并恢复生产越红工夫茶，并在浙江省农业厅、浙江大学、中国农业科学院茶叶研究所等有关专家支持下，研究新的生产工艺，使“越红”工夫红茶的品质有一定创新（图4-214）。

越红工夫茶经萎凋、揉捻、发酵、烘干、提香等工艺制成，外形紧直挺秀，峰苗显露，色泽乌润起毫，香气浓郁，滋味醇和，汤色红艳，叶底红亮。新工艺生产的“越红”工夫茶，运用科学的控温和控湿进行萎凋和发酵，在工艺上采用轻萎凋，轻发酵，再进行干燥时的加速发酵，使茶叶香气得到最大的发挥，和传统的红茶比在品质和应用的工艺上有其独特的创新性产品香气浓烈持久，特别是“薮北”品种带有栗香和花香，滋味鲜醇，回味甘甜，汤色金黄带红，比传统的工夫红茶品质更高，外形更美（图4-215）。

图 4-214　越红工夫茶茶园

图 4-215　越红工夫茶

2018年，面积400亩，产量10吨，产值400万元，产品主要销往北京、上海、江苏、山东等地。

（五）万年湾白茶

万年湾白茶产于柯桥区南部山区、小舜江源头稽东尉村，是由绍兴县舜源茶业有限公司于2009年创制的扁平形绿茶（图4-216）。

万年湾白茶原料用白叶1号鲜叶，按龙井工艺经摊青、青锅、回潮、辉锅、提香制作，外形扁平光滑，气味嫩香浓郁，滋味鲜爽，叶底肥嫩，绿亮成朵（图4-217）。

2018年，生产基地250亩，产量2吨，产值150万元，产品主销上海、杭州、山东等地。

图 4-217　万年湾白茶

图 4-216　万年湾白茶茶园

(六) 觉农舜毫

觉农舜毫茶产自绍兴市上虞区四明山麓，为针形茶，以著名上虞乡贤、当代茶圣吴觉农先生名字命名的上虞名茶(图4-218)。

上虞最早的针形茶是1985年章镇乡牛蒲村一个茶农手工做制作的，取名“雪地五针松”，因制作时间长、产量低、色泽暗而无法获得市场青睐。到了1999年底，上虞引进针形名茶加工新机械，在章镇大增村建立了上虞第一个生产针形茶的名茶加工厂，2000年3月试制成功，实现了从手工炒制改革为机械化炒制针形茶，后将机制针形茶冠名为“觉农舜毫”茶，从此上虞有了真正属于自已的名茶。

2001年5月，在上虞召开“吴觉农茶学思想研究会”成立大会之机，和来自全国各地的茶人们商定并征得吴觉农先生家人的授权，在上虞成立“上虞市觉农茶业有限公司”，并依法注册“觉农”商标。同年，全国政协副主席万国权在上虞品味“觉农舜毫”茶后挥笔题词：“茶圣故里舜毫香”。

图 4-219　觉农舜毫

觉农舜毫采用早春嫩芽，以“三炒一烘”工艺制成，即摊放、杀青、初炒、复炒、干燥、提香烘干，成品外形紧直挺秀、翠绿显毫，香气清香持久、滋味鲜爽甘醇、冲泡后单芽矗立、嫩绿明亮(图4-219)。

2000年“觉农舜毫”茶获“第二届国际名茶评比金奖”，

图 4-218　觉农舜毫茶园

2001年被认定为“中国国际农业博览会名牌产品”“浙江省精品名茶展示会金奖”，2002年获“中国精品名茶博览会金奖”“浙江省绿色农产品”，2003年获农业部首批“全国无公害农产品”，2004年获“上海国际新品名茶博览会金奖”，2005年后相继获宁波、济南、沈阳、哈尔滨、西安“国际茶博会金奖”和“绍兴市名牌产品”等荣誉。企业于2008年获“浙江省示范茶厂”。2011年“觉农”商标为浙江省著名商标。

2018年，有生产基地2 000亩，产量5 500千克，产值880万元，主销本地和上海，在广东、北京、杭州等地也有客源。

（七）绿剑茶

绿剑茶产于诸暨市，是由浙江省诸暨绿剑茶业有限公司于1994年创制的针芽形名茶，是浙江名茶中的后起之秀。

诸暨——越国古都，西施故里，地处浙中内陆，属亚热带季风气候区，四季分明，雨水较多，光照充足，年温差大于同纬度邻县，小气候差距显著，具有典型的丘陵山地气候特征。气温年平均为16.4℃，常年平均降水量约1 400.8毫米，降水日年均约158.3天，相对湿度约82％，日照年均约1 887.6小时，年日照百分率为45％，无霜期234天左右。绿剑茶产于西施故里诸暨龙门山脉和东白山麓，主峰高千余米，这里峰峦叠嶂、起伏隐现，终年云雾缭绕。毗连以瀑奇、峰秀、寺古、景幽而扬名，被誉为“小雁荡”的国家级森林公园——五泄风景区。山涧流水潺潺、清澈明净，茶树大部分生长在土质肥沃，结构良好，有机质含量丰富的土壤中。优越的自然环境非常适宜于茶树的生长，为绿剑茶良好的品质，提供了基础条件（图4-220）。

图4-220　绿剑茶茶园

诸暨产茶历史悠久，负有盛名。唐时列为全国八大茶区浙东产区古越州茶之一。南宋高似孙《剡录》称诸暨石笕岭茶为“越产之擅名者”。明时，东白山茶充作贡品，“岁进新芽肆筋”（明隆庆《诸暨县志》）。清初起，茶叶集散于绍兴平水镇，诸暨列入平水茶产区。清雍正《浙江通志》载：“诸暨各地所产茗叶，质厚味重而对乳最良，每年采办入京，岁销最盛。其中黄茶售于关东口外，圆茶售于外洋”。清光绪时，“邑茶之著石览岭茶，东白山茶（即太白山，当地称东白山），宣家山茶，日入柱山茶，梓乌山茶”（清光绪《诸暨县志》）。民国期间，茶以“太白山产者最上，质味皆佳，坑坞山次之，鸡冠山、扁担山又次之”。（《诸暨民报五周纪念册》）。

中华人民共和国成立以来，诸暨茶叶生产得到恢复发展。改革开放以后，诸暨成浙江省重点产茶县，茶产业也被列入诸暨市十大农业块状经济之一。

1994年，浙江省诸暨绿剑茶业有限公司，在诸暨原有名茶的基础上，根据越王剑和诸暨人文故事，成功开发绿剑茶，1998年绿剑商标获准注册。

绿剑茶以小叶种茶树为主，采摘标准为尚未展叶的壮实芽头，经摊放、杀青、烘二青、复炒、辉干制成，成品茶外形略扁，两端尖如宝剑，尖挺有力，色泽嫩绿，汤色清澈明亮，滋味鲜嫩爽口，香气清高，叶底全芽匀齐，嫩绿明亮。冲泡时芽头笔立，犹如绿剑群聚，栩栩如生；赏之心旷神怡，回味无穷（图4-221）。

图 4-221　绿剑茶

1999年开始规模生产，并利用上海国际茶文化节推介宣传和开拓市场。

2003年3月，成立了全省第一家由龙头企业担纲，跨越行政区域联合的茶叶专业合作社——诸暨绿剑茶业合作社，拥有150个核心社员，连接基地53 000亩，联结农户21 100户。

2003年绿剑商标被认定为浙江省著名商标；2004年，绿剑茶被评为浙江十大名茶，也是浙江十大名茶中唯一的企业品牌；2005年绿剑茶被评为浙江省十大旅游名茶；2007年，绿剑商标被认定为中国驰名商标；2009年绿剑茶再次被评为浙江十大名茶；2015年、2017年被列入全国名特优新农产品目录；2000年开始连续19年通过国家有机产品认证；荣获国际国内60多个大奖。

到2018年，绿剑茶生产基地5.3万亩，产量359吨，产值1.85亿元。产品主销上海及东部沿海大中城市。

（八）云剑茶

云剑茶产于诸暨市西部龙门山脉一带，紧邻国家级旅游胜地五泄风景区，由诸暨市云剑茶业有限公司于1998年创制的针芽形绿茶（图4-222）。1999年通过浙江省级新产品鉴定，获得第二届国际名茶评比金奖。

云剑茶原料品种以浙农117、迎霜为主，经摊放、杀青、理条、提香、辉锅制成，形如云中之剑，色泽嫩绿，香气清高持久，汤色清澈明亮，滋味鲜醇（图4-223）。

到2018年，云剑茶生产基地6 852亩，产量71.9吨，产值3 595万元，产品以绍兴地区、上海市销售为主。

图4-223　云剑茶

图4-222　云剑茶茶园

（九）东珍青茶

东珍青茶产于诸暨市陈宅镇开化村海拔600米的湖里山茶园，由诸暨市湖里茶叶专业合作社于2006年开始创制，2008年正式投产，是诸暨市唯一的青茶产品（图4-224）。

东珍青茶原料品种为金观音、铁观音、迎霜等，于每年5月和10月生产，经摊青、晒青、晾青、摇青、轻萎凋、炒青、摊凉、初包揉、解块、初烘、复包揉、解块、复烘足干等工艺制成，外形紧结卷曲，色泽鲜润，香气清新幽长，汤色金黄明亮，滋味醇厚甘鲜（图4-225）。

到2018年，东珍青茶生产基地260亩，产量1.5吨，产值105万元，产品以上海市及绍兴地区销售为主。

图 4-225　东珍青茶

图 4-224　东珍青茶茶园

（十）“东白雾”野生茶

“东白雾”野生茶是诸暨市农业农村局和诸暨西子丽人茶业有限公司于2012年底开始研制的半烘半炒型绿茶，是诸暨市野生茶公共品牌。

诸暨野生茶基地分布在东白湖镇、应店街镇、陈宅镇、赵家镇、马剑镇等山区镇乡海拔500米以上，土壤肥沃，森林覆盖率高，无污染，具有良好自然生态条件的高山区。主要有两部分组成，一部分是20世纪50年代至60年代由人工种植，后因种种原因荒芜的茶园，因长期无人管理，茶园已处于野生的状态；还有一部分是东白山脉、会稽山脉、龙门山脉三大山脉的丛林中上百千年自然生长的野生茶树（图4-226）。

图 4-226　“东白雾”野生茶茶园

“东白雾”野生茶经摊放、杀青、揉捻、烘二青、炒三青、烘四青、辉锅炒干等工艺制成，兼具烘青炒青优点。外形紧细略曲，色泽绿润，滋味鲜爽醇厚，香气馥郁并呈兰花香，汤色翠绿明亮，经久耐泡（图4-227）。

2018年，“东白雾”野生茶面积0.52万亩，产量15.6吨，产值1 716万元。主要销往诸暨、绍兴、上海等地。

图 4-227　“东白雾”野生茶

（十一）绿剑古越红

绿剑古越红是由浙江省诸暨绿剑茶业有限公司在绍兴传统越红加工工艺的基础上，通过工艺和原料科技创新而开发的创新产品（图4-228）。

诸暨市是传统的越红工夫的主产区，1955年诸暨由“绿”改“红”，1979年又由“红”改“绿”，只保留极少的红茶产量，2001年开始绿剑茶业在传统越红工夫加工工艺的基础上，为生产高档红茶而进行探索，对红茶工艺进行了创新，并获得了成功，为传统越红工夫恢复了生机和活力，为广大消费者提供了一款中高档红茶，获得了国家发明专利，并编排了绿剑古越红名优红茶形成专属茶艺、专用茶具和多款专用包装，选育了专用品种“剑茶67号”。

绿剑古越红经萎凋、揉捻、发酵、初烘、足火、提香制成。外形条索紧秀，略显金毫，隽茂、重实；色泽为金黄黑相间，色润；汤色橙红明亮、清澈有金圈；滋味醇和、甘爽、鲜活；香气高长，鲜爽，具有果、蜜、花等综合香型；叶底软匀、整齐（图4-229）。

2005年通过浙江省新产品鉴定；2007年荣获绍兴市科技进步三等奖和诸暨市科技进步二等奖，并获国家发明专利；2013年、2014年荣获“浙茶杯”红茶评比金奖等荣誉。“绿剑”商标被评为中国驰名商标和浙江省著名商标；绿剑系列产品被评为浙江省十大名茶、浙江名牌产品；“绿剑”商号被认定为浙江省知名商号；绿剑茶业被认定为浙江省省级骨干农业龙头企业，浙

图 4-228　绿剑古越红茶园

图 4-229 绿剑古越红

江省农业科技型企业，2008年被列入国家现代农业茶叶产业技术体系、为绍兴综合试验站依托单位，2009年被选为首届中国针型茶联盟理事长单位。

到2018年，绿剑古越红生产基地0.7万亩，产量35吨，产值0.35亿元。产品主销上海及东部沿海大中城市。

（十二）越乡红茶

越乡红茶由越红工夫茶发展而来，产于嵊州市境内。

嵊州市靠近东南沿海，为四明山、会稽山、天台山诸大名山所环抱，地跨剡溪两岸，境内青山秀水、茂林修竹、云雾缭绕、沟壑纵横、日照充沛、四季分明、降水丰沛。嵊州属亚热带季风气候区，年平均温度16.4℃，年均降水量1 446毫米，降水量随地势升高而增加，山区年降水量为1 500～1 600毫米，年平均相对湿度为77.2%，无霜期235天，土层深厚，有机质含量丰富。越乡红茶产区大多分布于海拔300～500多米的丘陵台地，自然生态条件优越，茶树生长旺盛（图4-230）。

嵊州产茶历史悠久。《嵊县志》载，两晋、南北朝时，县境内种茶、饮茶已经较为普遍。唐代，剡县已经成为浙东地区的产茶大县。宋高似孙在《剡录》中说："会稽山茶，以日铸名天下……然则世之烹日铸者，多剡茶也。"元、明时剡茶继续发展，并作为贡品。

中华人民共和国成立后，资本主义国家对我国实行经济封锁，珠茶外销受阻，为适应向苏联及东欧国家出口红茶，1951年嵊县人民政府在嵊县实验茶场成立红茶推广大队，由珠茶改制红茶。1952年改制在全县推广，两年里全县共生产红茶1 000余吨。

1954年，珠茶出口形势好转，部分茶区由红茶改回生产珠茶；1984年，珠茶价格走低，红茶生产又有所发展；1987年，红茶价格走低，珠茶价格开始回升，红茶生产又逐渐萎缩。

图 4-230　越乡红茶茶园

2008年后，随着国内红茶消费的兴起，越乡红茶得到较大发展，并对原来越红工夫茶部分加工工艺进行改进，以适应内销需要。改进后的越乡红茶鲜叶以一芽一叶初展为高档茶原料，一芽二叶初展为中档茶原料，一芽二、三叶为低档茶原料，经萎凋、揉捻、发酵、干燥制成。其外形条索紧秀，色泽乌润，香气纯正持久，汤色红亮，滋味浓醇，耐泡（图4-231）。

2018年，越乡红茶建有生产基地10 150亩，年生产量达110吨，产品主要销往福建、广东、山东、河南、北京等10多个省市。

图 4-231　越乡红茶

（十三）舜皇云尖

舜皇云尖主产于嵊州市仙岩镇舜皇山村，是由该村于1984年创制的扁形绿茶。

舜皇山村位于会稽山支脉嶀大山东麓，海拔500米左右，土层深厚，雨量充沛，气候温和，常年云雾缭绕，为茶树生长提供了优越的自然条件（图4-232）。

图 4-232 舜皇云尖茶园

其村名由来可上溯到尧舜时代，相传舜曾到此地，其栖息之处曾建有舜皇庙，因此得名。我国著名的茶叶专家刘震、钱梁、吕允福、申屠杰、张家治等先后来该地考察；苏联茶叶专家贝柯夫哈里巴娃也于1952年来舜皇山实地考察。

1980年，在县、区、乡有关单位的支持下，舜皇山村以当地群体种幼嫩芽叶为原料开始试制特种扁形茶，并于1984年试制成功，命名为“舜皇山云雾茶”。1987年，舜皇山村成立了茶农协会，将新创制的“舜皇山云雾茶”更名为“舜皇云尖”。1993年舜皇山村经济合作社注册了“舜皇云尖”商标。

舜皇云尖经摊放、杀青、摊凉回潮、辉锅制成，外形扁平尖削、肥嫩均匀、色泽糙米黄、清香持久、滋味鲜爽甘甜、叶底清澈明亮（图4-233）。

图 4-233 舜皇云尖

1987年到1991年，在浙江省茶叶学会组织的第一、二、三届斗茶会上，获得三连冠的荣誉。1991年，在中国杭州国际茶文化节上被评为“名茶新秀”。1995年，获中国国际技术产品博览会金奖。1998年在中国国际名茶、茶制品、茶文化展览会评为“推荐名茶”。2002年被评为浙江省农业博览会银奖、绍兴市著名商标。

2018年，舜皇云尖建有名茶基地2 400亩，年产量48吨，产品主要销往杭州、上海、北京、深圳、山东等13个省市。

（十四）桂岩雾尖

桂岩雾尖产于嵊州市崇仁镇应桂岩村，因村而得名，创制于1987年。

崇仁地区产茶历史悠久，是唐宋时剡茶的产地之一。应桂岩村位于嵊州西北，与绍兴相邻，紧依会稽山麓，海拔809米，成为阻挡西北凛冽寒风侵袭的天然屏障。周围群山环抱，盆地星星点点，形成适宜茶树生长所需的小气候。年平均温度15℃左右，年降水量1 500毫米左右，无霜期250天。土层深厚肥沃，有机质含量丰富，是典型的黄红壤微酸性土壤（图4–234）。

桂岩雾尖茶以“迎霜”良种为主要原料，开采于3月中下旬，经摊放、青锅，摊凉回潮和辉锅制成，外形扁平光滑，色绿带黄，香高味浓，汤色黄绿明亮，叶底匀齐成朵（图4–235）。

1991年参加浙江省名优茶评比，获浙江省一类名茶称号；1995年，再次获省一类名茶称号，并获第二届中国农业博览会金奖。2001年获浙江名茶证书。

到2010年，生产茶园达10 200亩，产量超400吨，产品畅销上海、山东、广东等10多个省市。

图 4–235　桂岩雾尖

图 4–234　桂岩雾尖茶园

（十五）晚春白玉

晚春白玉产于嵊州市境内西白山区的乌埂、雀桥一带，由原嵊县林业局和长乐镇农技站共同于20世纪80年代创制，初称雀桥白茶，因开采较晚，并且嫩芽、干茶色白如玉，故改名晚春白玉（图4-236）。

图 4-236　晚春白玉茶园

20世纪70年代，嵊州白茶种在长乐镇乌埂村海拔700多米处被发现，当时有100年以上白茶古树13棵。经查阅当地邱氏家谱得知，最大的白茶古树树龄约有300年。

晚春白玉就是用这种茶树为原料，以一芽一叶、一芽二叶初展为标准，经鲜叶摊放—青锅—回潮—筛分—辉锅—整理等工序精心制作而成，其外形扁平光滑，色泽嫩黄绿润，一经冲泡又色白如玉，香高浓郁，滋味醇厚，鲜爽耐泡，品质独特（图4-237）。其内含成分经国家茶叶质量监督检验中心对干茶样的测定：茶多酚12.3%，咖啡碱2.3%，氨基酸10.5%，儿茶素总量5.3%，水浸出物44.7%。

2018年，全市有晚春白玉种植面积1 800亩，其中采摘茶园1 500亩，年产量30吨，产品主要销往上海、北京、西安等地。

图 4-237　晚春白玉

（十六）叶王银针

叶王银针是由嵊州市幸福茶厂于1997年创制、生产的针芽形绿茶。

茶厂在海拔500多米的高山上建有无公害茶叶基地50公顷，周围群峰连绵，山峦起伏，溪流纵横，气候温和，土壤肥沃，山间长年云雾弥漫，茶叶生长缓慢，内含物质丰富，使叶王银针形成特有的高山茶品质特色（图4-238）。

叶王银针以鸠坑、龙井43品种为主，以一芽一叶初展为采摘标准，经摊放、杀青、揉捻、整形、烘干等工序制作而成，外形挺秀，绿翠显毫，香气清高，滋味甘醇，汤色嫩绿明亮，叶底嫩匀成朵。冲泡品饮，翠芽亭亭玉立，栩栩如生，清香袭人（图4-239）。

1999年被评为浙江省一类名茶，2002年获中国精品名茶博览会金奖，2003年再次被评为浙江省一类名茶。

到2018年，叶王银针生产面积750亩，年产量0.5吨，产值200万元，产品主要销往杭州、上海、苏州等城市。

图 4-239　叶王银针

图 4-238　叶王银针茶园

（十七）亮峰香茶

亮峰香茶是由嵊州市蔡峰茶叶专业合作社于2009年创制生产的卷曲形绿茶（图4-240）。

亮峰香茶以鸠坑、龙井43、乌牛早品种为主，以一芽一叶、一芽二叶初展为采摘标准，经摊放、杀青、揉捻、烘干等工序制作而成，外形条索细紧匀整，色泽绿翠，香高持久，汤色清澈明亮，滋味醇厚，叶底嫩匀成朵（图4-241）。

目前，嵊州市蔡峰茶叶专业合作社以合作社加农户加基地的形式，在上蔡、朝日山、小溪环等地有无公害茶叶基地600亩，年产亮峰香茶12吨，产品主要销往上海、江苏、福建等地。

图 4-240　亮峰香茶茶园

图 4-241　亮峰香茶

（十八）望海云雾

望海云雾茶产于新昌县东部山区的望海岗，是由新昌县茶技人员于1981年在雪溪茶场创制的卷曲形绿茶，因产自望海岗，故命名望海云雾。

新昌县雪溪茶场位于县东50千米巧英乡境内，系浙东四明山脉延伸地。风景秀丽，生态环境优越，为越东胜境。茶场有茶园50多公顷，海拔750余米，周围群山连绵，常年云雾缭绕，遍生兰花草，自然植被良好，年平均气温15.3℃，年降水1 800毫米，年日照时间1 980小时。茶园土层深厚，为砂质壤土，富含石英砂砾，pH值为5～5.5（图4-242）。

图4-242　望海云雾茶园

望海云雾一般在谷雨后采摘，以一芽一叶至一芽二叶为标准，经摊青、杀青、摊凉、揉捻、初烘、做形、复烘、足焙等工序制成，外形卷曲披毫，色泽绿翠隐毫，嫩香高爽持久，汤色嫩绿明亮清澈，滋味鲜醇回甘，叶底肥嫩明亮，匀齐成朵，具有典型的高山茶风味（图4-243）。

1991年在首届杭州国际茶文化节上被评为名茶新秀。1995年在第二届中国农业博览会上获金质奖。2007年获浙江省农博会金奖。2013年“三和萃”牌望海雾茶被评为浙江省名牌农产品。

到2018年，新昌县整合了卷曲类名优茶，统一打造公用品牌天姥云雾，注册了天姥云雾商标。望海云雾茶产区已遍及全县8个乡镇的700公顷茶园，年产量达60吨，并远销北京、上海、江苏、山东等省市。

图4-243　望海云雾

（十九）新昌雪芽

新昌雪芽，产于新昌县东部三坑乡望海岗雪溪茶场，是新昌县农业局茶叶科技人员于1982年在茶场创制成功的兰花形绿茶。

望海岗海拔600多米，常年云雾缭绕，年降水量1 800毫米左右，平均气温15.3℃，年日照时间1 980小时，土壤为石英砂高山壤土，具有发展名茶得天独厚的优越环境（图4-244）。

图 4-244 新昌雪芽茶园

新昌雪芽的采摘期在清明到谷雨间，开园时间比低山茶区一般要推迟7～10天。以迎霜、劲峰、翠峰品种为原料，采一芽一叶初展，特级雪芽每500克有茶芽5万个。新昌雪芽为半烘炒名茶，经摊放、杀青、理条、提毫、烘干等工序制成，茶芽肥壮显毫，条索挺直秀丽，汤色清澈，叶底黄绿成朵，滋味甘醇鲜爽，高香持久，带兰花香，经久耐泡（图4-245）。经测定，成茶含水分8％、灰分5％、水浸出物45％、茶多酚30.7％、氨基酸3.6％、咖啡碱3.3％。

图 4-245 新昌雪芽

1989年在绍兴市名茶评比中获第一名；1991年在杭州国际茶文化节名茶评比中获一等奖，被评为“文化名茶”；1995年在第二届全国农业博览会上获金奖，还荣获1995年名优中国特产精品金奖。

2018年，新昌雪芽生产面积400亩，产量2 000千克，产值60万元，主销杭州等地。

（二十）天姥红茶

天姥红茶产于新昌县小将、巧英、镜岭等高山茶区，是2012年新创制的红茶（图4-246）。

图4-246　天姥红茶茶园

2011年，新昌县农业局启动名优红茶研制计划。2012年春，率先在新昌巧英雪溪茶场和新昌红旗茶业有限公司开展了研制工作，成功研制了天姥红茶，试销后市场反响良好。经县名茶协会、县农业局联合举行新昌县红茶区域公用品牌公开征名活动，确定茶名“天姥红”。

天姥红茶原料主选迎霜、鸠坑、福鼎白毫等叶色浅绿、多酚类含量高的品种，以单芽至一芽二叶为采摘标准，经萎凋、揉捻、发酵、干燥等工艺制成，外形条索紧秀，色泽乌润、金毫显露，汤色红橙明亮，香气甜香浓郁，滋味甘鲜醇厚，叶底嫩匀明亮（图4-247）。

2013年，制定《新昌红茶产业发展实施方案》，明确今后五年红茶产业发展方案。同年县质量技术监督局评审通过《新昌天姥红茶加工技术规程》标准并上报省局备案。

图 4-247　天姥红茶

到2018年，新昌已注册“西山红”“雪日红”“雪里红”“菩提丹芽”等9个红茶企业商标，生产企业增至14家。先后有雪溪茶业、雪日红茶叶专业合作社、乌泥岗家庭农场、红旗茶业生产的天姥红茶产品荣获中绿杯、浙茶杯、上海茶博会等名茶评比金奖；天姥红茶生产量已达72吨，产值3 950万元，产品主要销往上海、江苏、宁波等地。

六、金华市

（一）玉阳春

玉阳春产于婺城区箬阳乡，由金华市箬阳高山食品有限公司于1988年创制，为扁直形绿茶。

玉阳春茶园位于箬阳高山，海拔在760米以上，主峰竹蓬尖1 271米，是浙江省高海拔产茶区，境内风景秀丽，溪流纵横，云雾缭绕。茶树生长在得天独厚的自然生态环境，土壤腐殖层深厚，天然有机质含量极为丰富。据《金华县志》记载，宋时箬阳就盛产茶叶，有800多年种茶制茶历史，茶文化深厚，有茶山头村、茶山村、茶园村、大茶树村等古村落（图4-248）。

玉阳春有扁形、直形茶相结合的独特工艺，采清明后3天至谷雨后10天一芽一叶初展或一芽二叶，经摊青、杀青、压扁、理条、摊凉、轻揉、辉锅、高温烘焙、低温烘焙制成。外形略扁紧直，银毫微露，色泽翠绿，沏泡后汤色清莹明亮，碧绿清澈；叶底粗壮成朵似仙娥飞舞，香气清高幽雅，滋味鲜醇持久，饮后回甘爽口，香留怡神，芬芳扑鼻，妙不可言，特具兰花香味且极耐冲泡（图4-249）。

2004年获“中绿杯”中国名优绿茶博览会金奖。2005年中国济南国际茶博会金奖。2006年中国北京国际茶博会金奖。2007年中国杭州国际茶博会金奖。2008中国西安国际茶博会金奖，被认定为金华市著名商标。2010年认定为金华市名牌产品。2013年评为第九届华东农交会金奖农产

图 4-248 玉阳春茶园

图 4-249 玉阳春

品。2014年认定为浙江省著名商标。2015年被评为浙江省消费者满意品牌。2016年延续认定为浙江省著名商标。

2002年，注册“玉阳春”商标。2018年，生产面积5 300亩，产量186吨，产值1 226万元。主销上海、山东、沈阳、北京、西安及本地市场。

（二）兰溪毛峰

兰溪毛峰茶原产于兰溪市下陈、朱家等乡镇，创制于1972年，后逐年向邻乡、邻村发展。

兰溪毛峰产区，山峦层叠，林木葱郁，泉水潺潺；土壤肥沃，有机质含量丰富，pH值5.6左右；气候温和，年平均气温15.9℃，年降水量在1 500毫米左右；茶园多分布在海拔500米以上的山坡上，茶山云雾缭绕，茶树饱经雨露滋润，芽叶生长特别肥壮，制成的毛峰茶香味高而持久（图4–250）。

兰溪毛峰茶选择高山优质的细嫩芽叶为原料，经摊青、杀青、揉捻、烘干制成，外形挺直显毫，形状类似兰花，色泽黄绿光润，香气清高幽远，滋味鲜爽甘醇，汤色嫩绿明亮，叶底细嫩成朵（图4-251）。

兰溪毛峰自问世以来，获得诸多殊荣。1983年参加金华地区名茶评比，荣获第一；1986年、1987年、1988年、1990年被评为浙江省名优茶，2002年获"中国精品名茶博览会"金奖，2003年、2005年获"华东农产品博览会"金奖，2004年获"中国宁波国际茶博会"优质名茶称号，2004年、2005年获"浙江农业博览会"优质奖，2006年获"浙江农业博览会"金奖。2015年获第十届浙江绿茶博览会金奖；2016年获"浙江（西宁）绿茶博览会"金奖。2017年，兰溪毛峰通过国家农产品地理标志登记评审认证；2018年5月，"下陈牌兰溪毛峰"荣获第二届中国国际茶叶博览会名茶评比金奖。

到2018年，兰溪毛峰茶采摘面积已发展到近6 000亩，生产量增加到100吨，年产值2 000万元，主要销往北京、天津、上海、杭州等地。

图 4-250　兰溪毛峰茶园

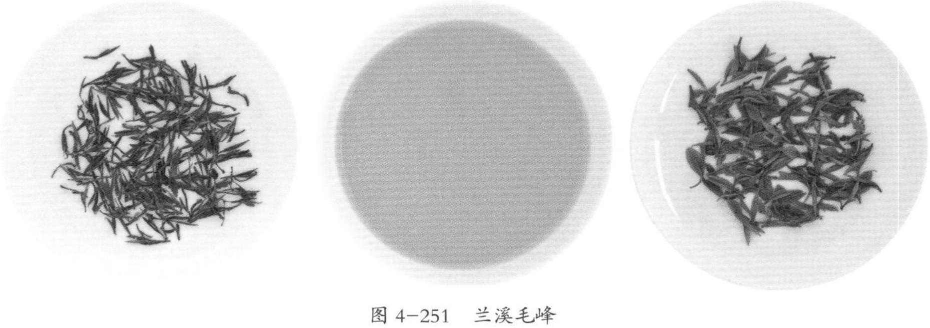

图 4-251　兰溪毛峰

（三）兰溪银露

兰溪银露产于兰溪市原上华茶场，由兰溪赤山湖绿色农庄有限公司于1988年试制，1996年12月注册“银露”商标（图4–252）。

兰溪银露每年在3月上旬采摘，以福鼎大白茶为原料，经摊青、杀青、理条、初烘、复烘提香制成，成品有直条形和卷形两种，直条形兰溪银露条索挺直、茸毫披露、色泽嫩绿、果香清高、滋味鲜醇、汤色清澈明亮、叶底嫩绿肥壮、显芽完整成朵；卷曲形兰溪银露条索细紧勾卷，似螺，偶见白云几朵，色泽翠绿嫩黄，香气清雅馥郁，汤色浅绿明亮，滋味鲜醇浓厚，回味甘甜，叶底完整显芽、明亮柔嫩（图4–253）。

2007年“兰溪银露”被评为浙江省名品正牌农产品，被金华市万人品茶大会评为“群众最喜爱的名优茶”，并获中国（杭州）国际名茶暨第二届浙江绿茶博览会金奖；2008年荣获中国（杭州）国际名茶博览会金奖，“中绿杯”名优绿茶评比金奖；2009年获中国（上海）国际茶业博览会金奖；2010年被认定为浙江名牌农产品，被金华市万人品茶大会评为“金华名茶”。2012年，

图 4–252　兰溪银露茶园

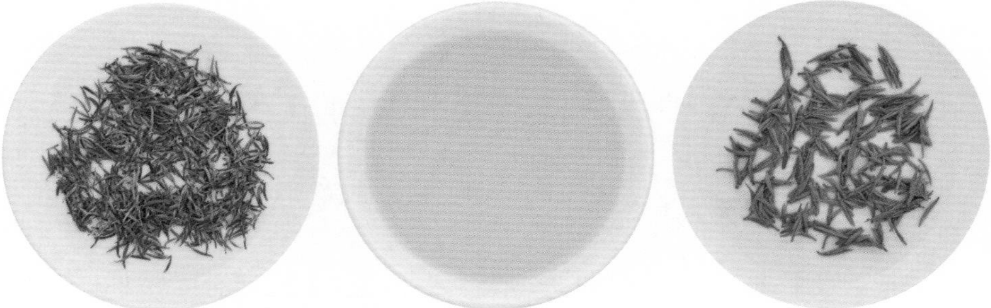

图 4–253　兰溪银露

公司注册的“银露”商标被认定为浙江省著名商标；2014年获“中绿杯”中国名优绿茶评比金奖和第九届浙江绿茶博览会名茶评比金奖。

到2018年，兰溪银露生产基地4 000多亩，产量600吨，产值1 200多万元，产品畅销上海、南京、杭州等大中城市，出口日本、欧盟、美国。

（四）李渔家茶

李渔家茶是兰溪英特茶业有限公司于2007年4月创新的针芽形绿茶，产于我国著名戏剧大师李渔故里——兰溪市永昌街道夏李村。

夏李村伊山之麓茶园，传自李渔始栽家茶至今，绵延千亩、历经四百载。李渔家茶是兰溪英特茶业有限公司为传承李渔茶文化并结合企业现代科技优势而挖掘的具有浓郁兰溪地方特色名茶。李渔家茶用伊山茶园原料（图4-254），以半烘半炒工艺，经摊青、蒸汽杀青、理条、做形、提香烘干、足火烘干制成，外形肥壮多毫、挺拔似剑，色泽翠绿明亮，香气清香幽远，滋味甘醇、鲜爽（图4-255）。

2010年获得第五届浙江省绿茶博览会金奖。

到2018年，李渔家茶生产基地1 800多亩，产量25吨，产值800多万元，产品远销山东、北京等地。

图4-255　李渔家茶

图4-254　李渔家茶茶园

（五）兰乡龙雨

兰乡龙雨产于兰溪市西部山区黄店镇蟠山村野猪坦，创制于2007年（图4-256）。

兰乡龙雨经摊放、杀青、冷却、理条、冷却、烘干、理条、辉锅擦毛、提香制成，外形挺直，冲泡后芽在杯中徐徐下沉，形似针、香如兰、色翠绿、味甘醇（图4-257）。

2007年获中国（杭州）国际名茶暨浙江绿茶博览会金奖，2010年获中国（西安）咖啡烘焙节暨第五届浙江绿茶博览会金奖，2014年获“中绿杯”中国名优绿茶评比金奖和第九届浙江绿茶博览会名茶评比金奖。

到2018年，兰乡龙雨生产基地500余亩，产量15吨，产值450万左右，产品主要销往北京、上海、西安、新疆等地。

图 4-256　兰乡龙雨茶园

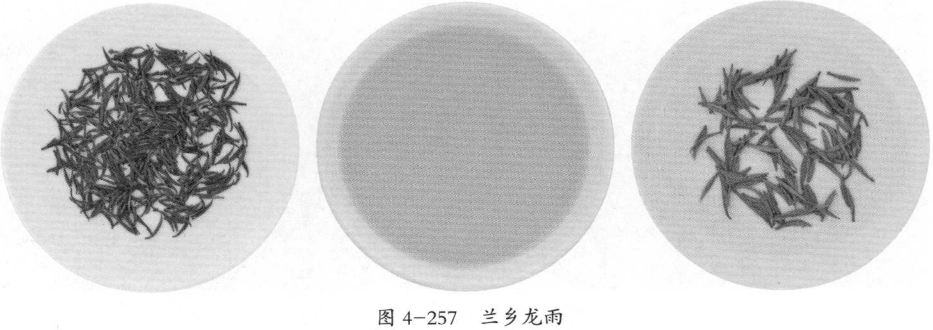

图 4-257　兰乡龙雨

（六）龙盘玉叶

龙盘玉叶茶产于东阳市佐村镇宅口一带，由东阳市龙盘玉叶农业开发有限公司于1990年创制，为扁平形绿茶。

佐村镇为东阳市产茶大乡，地处大盘山脉。境内多为海拔600米左右的山地，土层深厚，土质多为山地黄泥土，空气清新，生态环境优良，生长的茶叶自然品质优异（图4-258）。清康熙《新修东阳县志》记述茶叶采制运销："茶以东白大盘二山为最。谷雨前采者谓之芽茶，更早者谓之毛尖。最贵皆挪做，谓之挪茶，客反取粗大，但少炊之，谓之汤茶，转贩西商，如法细做，用少许撒茶饼中，谓之撒花，价常数倍"。

龙盘玉叶茶每年产于4—6月，以木禾群体种为主，经摊青、青锅、摊凉（回潮）、辉锅制成，外形扁平光滑，茶芽挺直肥壮，色泽绿润嫩黄，香高、鲜嫩持久，味鲜、醇厚，汤色清澈明亮，叶底嫩绿明亮（图4-259）。

1999年龙盘玉叶获得全国第三届"中茶杯"二等奖，2010年获得第五届浙江绿茶博览会金奖。

2018年，龙盘玉叶生产面积1 500亩，产量1.5吨，产值75万元，产品主销上海、杭州、济南、太原等地。

图4-259　龙盘玉叶

图4-258　龙盘玉叶茶园

（七）云雾纯芽

云雾纯芽产于东白山区白溪村一带，是东阳市杭川有机农产品开发有限公司创制的有机名茶。

云雾纯芽茶山海拔在500米以上，山中峰峦起伏，山上终年绕雾，峻岭平川时隐时现，溪涧有清流激湍，山间多茂林修竹，生态环境极佳（图4-260）。

图 4-260　云雾纯芽茶园

云雾纯芽在清明至谷雨季节采制，用本地东阳木禾群体种茶树，以一芽一叶和一芽二叶初展为标准，经摊放、机杀青、摊凉、理条做形、摊凉（回潮）、机械初烘、烘干制成，外形平直略开展，芽毫显露，色泽翠绿，芳香馥郁，具嫩板栗香，滋味鲜醇略甘，汤色清澈明亮，叶底匀齐嫩绿（图4-261）。

图 4-261　云雾纯芽

2002年，荣获中国精品名茶博览会金奖。2007年，荣获第四届“中茶杯”全国名优茶评比一等奖。

2018年，云雾纯芽面积400亩，年产量4.2吨，产值160万元，以东阳市内销售为主，部分产品销往上海、南京、宁波、金华等地。

（八）木禾茶

木禾茶是东阳市木禾茶叶有限公司创制的木禾品牌系列产品，其中包括木禾龙井、东白毛尖、木禾工夫红茶、黑木禾富硒龙井等产品，主产区在浙江省农业生态示范区——东阳市佐村山区。

佐村山区处于大盘山脉，茶园主要分布于海拔400～800米山林峡谷之间，自然生态环境十分宜茶，据清康熙《新修东阳县志》载："茶以东白、大盘两山为最、谷雨前采者为芽茶，最早者谓之毛尖——转贩西商，用少许撒茶饼中，谓之撒花，价常数倍"。木禾茶叶通过无公害基地及产品认证，通过SC茶叶生产许可认证，在历届农博和农交会上屡获殊荣，并被认定为"浙江名牌农产品"（图4-262）。

木禾龙井以东阳木禾茶品种的一芽一叶或一芽二叶鲜叶为原料，汲取龙井茶传统制作工艺精华，自主创新精细化大工艺，历经"摊青—杀青—二青—三青—四青—辉锅"等工序加工而成，其"色泽鲜绿或翠绿、香气幽雅、滋味甘醇、独具禾韵"（图4-263）。

东白毛尖亦以东阳木禾茶品种的一芽一叶或一芽二叶鲜叶为原料，经由"摊放—理条杀青—毛火—足火"工序，并结合自主研发的"天然兰香茶"前沿工艺技术精制加工而成，产品"绿色、兰香、鲜醇、形美"。

木禾工夫红茶产自高山无公害茶叶生产基地，以东阳木禾、龙井43和浙农117等优质中小叶种茶树的一芽一叶或一芽二叶鲜叶为原料，经"萎凋—揉捻—发酵—烘干—精选—拼制"等工序加工而成，其"条索细紧显毫、汤色红艳透亮、蜜香花香和发、滋味甘醇耐泡"，富显拼制工夫红茶特有的茶韵。

图4-262　木禾茶茶园

图 4-263　木禾茶

黑木禾富硒龙井，以公司从东阳木禾种中选育出的具有富集土壤硒能力的珍稀茶种——黑木禾为原料，以龙井工艺制成。产品“色泽乌绿鲜润、香气馥郁幽长、滋味鲜醇耐泡、富显禾韵”，且具富硒茶所特有的营养功效。该项技术达国内领先水平，通过省科技成果鉴定和登记，并为国家农业科技成果转化项目列项。

到2018年，木禾茶叶核心生产基地3 500余亩，产量18吨，产值500多万元。

（九）道人峰有机茶

道人峰有机茶产自金华道人山一带。

道人山地处浙中义乌市北部，海拔886米，山峦叠翠，常年云雾缭绕，土壤肥沃，是上佳的名优茶产地（图4-264）。

据明代《义乌县志》卷之三记载：“茗平山：在县东北七十里，法轮大师茶园也。”说明早在明代，法轮大师重云就在茗平山种茶。茗平山茶是道人

图 4-264　道人峰有机茶茶园

峰茶的前身，在民国时又称为龙门茶。民国《义乌县志稿》记："茶：邑产茶不一处，惟出九都龙门山者，汁浓厚而味甘香，称龙门茶，畅销颇远。"

1996年，道人峰茶业有限公司以最传统的手工炒制方法，按照有机农业的要求，创制道人峰有机茶。

道人峰有机茶经摊放、杀青、理条、手工炒制、烘干提香制成，外形略扁平挺直，带毫球，色泽嫩绿、匀整，内质清香持久，滋味鲜爽甘甜，汤色嫩绿明亮，叶底芽叶细嫩匀齐（图4-265）。

图 4-265 道人峰有机茶

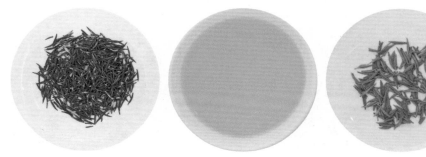

道人峰有机茶连续十六届获得国际、国内名茶金奖，2010年道人峰有机茶被浙江省农业厅认定为浙江名牌农产品，有机茶加工厂2007年被省农业厅命名为浙江省示范性标准茶厂，公司研究的茶叶科技项目有20多项。

道人峰有机茶连续20年获欧美、日本等国际有机认证。道人峰有机茶基地现为国家级有机茶标准化示范园区、浙江省有机茶标准化精品园区、浙江省特色优势农产品基地等，2014年被认定为国家级有机食品生产基地，2017年被认定为国家生态原产地产品保护基地，2018年道人峰茶叶加工技艺被列入金华第七批非物质文化遗产名录，2019年12月被浙江省农业农村厅确定为省级生态茶园。

2018年生产基地5 800亩，产量385吨，产值2 700万元，部分内销国内市场，大部分出口到欧洲、美国、日本。

（十）稠州大毫

稠州大毫产于义乌市重点茶区赤岸镇三角毛店村。

该茶区地处东海之滨，境内峰峦叠翠，山清水秀，又受东南亚季风气候影响，热量、雨量都很充沛，在多温多湿的条件下，有利于山地丘陵成土母质的分化和分解，使土层加深变厚，偏酸性，以上的气候、土质等自然生态条件，非常有利于茶树的生长。优越的自然环境造就了稠州大毫茶纯天然，无污染的先天品质（图4-266）。

图 4-266　稠州大毫茶园

稠州大毫茶的生产单位义乌市茶叶研究所，前身是义乌市毛店茶场，成立于1992年，并于当年研制了义乌市首只名茶“稠州大毫”。

稠州大毫用福云6号、福鼎大白茶、春雨1号和春雨2号为主，经摊青、杀青、揉捻、半烘干、做形、提毫、提香制成，工艺属半机械半人工，成品外形肥壮卷曲，显毫色绿，汤色嫩绿明亮，香气嫩栗香，滋味浓尚鲜，叶底嫩绿明亮（图4-267）。

图 4-267　稠州大毫

1992年3月被农业部茶叶检测中心鉴评为“名茶”，填补了义乌市无名茶历史空白。1994年6月参加“中茶怀”全国名茶评比荣获一等奖，同年为农业部茶叶检测中心推荐为优质产品。1995年获义乌市科技进步二等奖，金华市四等奖。

为适应市场需求变化，从2016年起，稠州大毫的制作总体上进行了改变，在原制茶工艺及半机械、半人工的基础上，最高档鲜叶原料“一芽”以纯手工制作，中档鲜叶原料全部机械化制茶，以适应市场需求。

2018年现有茶园面积220亩，产量15吨，产值285万元，稠州大毫主要以销售国内为主，也有部分产品销往国外市场。

（十一）大寒山茶

大寒山茶产于永康市大寒山老鹰峰茶场，由茶场场长朱双峰于2003年创制，为毛峰类绿茶。

老鹰峰茶场，坐落于永康、义乌市交界处、海拔800米的群山之中。此地山川秀丽、峰峦叠嶂、林深涧潺，常年云雾缭绕、风清气润、土质松软，未受任何现代污染。永康气候温和，年平均气温17.4℃，四季分明，光照充足，年日照时间为1 909小时，雨量充沛，年平均降水量为1 386.8毫米，年无霜期长244天，属典型的亚热带季风气候。大寒山海拔高、昼夜温差大、茶树喜温好湿、喜光又耐阴，非常适宜茶树生长（图4–268）。

朱双峰从2003年开始承包茶场，承包期30年。承包伊始，就注册成立永康市大寒山老鹰峰茶场；制定永康市大寒山老鹰峰茶场企业标准“大寒山高山茶”；注册了“寒峰”“大寒山高山”二个茶叶商标。2004年茶场280亩茶园通过中国农业科学院茶叶研究所有机认证中心有机茶认证，主要生产的茶类有绿茶、红茶、白茶，所产有机茶色泽自然、滋味醇厚、兰香四溢（图4–269）。

图4–268 大寒山茶茶园

图 4-269　大寒山茶

2003年，在浙江省农业厅第十五届名茶评比上被评为省一类名茶。2004年，获金华名牌产品。2005年，获浙江农业博览会金奖。2006年，获浙江绿茶博览会金奖。2007年，获第二届浙江绿茶博览会金奖。2008年，获第三届浙江绿茶博览会金奖。2017年，绿茶入选中国茶叶博物馆馆藏标准样。2018年，绿茶获义乌国际森林产品博览会金奖，红茶入选中国茶叶博物馆馆藏茶优质茶样。2019年，红茶获义乌国际森林产品博览会金奖、世界红茶产品质量推荐金奖。

2010年，大寒山茶有有机茶基地280亩、其他高山茶基地1 200余亩，年产大寒山茶10余吨，产值224万元，产品以本地销售为主，也销往山西、青海、山东、内蒙古、河北等地并远销美国、日本、英国等国。

（十二）浦江春毫

浦江春毫原名浦江毛峰，主产于浦江县西北山区的中余、檀溪、大畈、虞宅、杭坪、花桥、前吴七个乡镇，是由浦江县农业局经济特产站于1981年开始试制、1987年正式定名的毛峰绿茶。

浦江产茶历史悠久。明嘉靖《浦江志略》卷二“民物志”载：“茶，二都、三都、二十四都、二十八都出。”又清乾隆《浙江通志·物产》引明万历《浦江县志》：“二都、三都、二十四都、二十八都出茶。”依明、清县志所记，浦江前吴、花桥、朱桥、石宅、坑坪、中余等地都产茶，仙华山一带茶园早具相当规模。列为省风景名胜区的仙华山，著名奇山香炉石（俗名倒挂壶瓶）脚下，人称小雁荡的周围，有较多茶园。浦阳江、壶源江两大水系贯穿全境，雨量充沛，形成良好的小气候条件。还有宝掌泉、仙华泉、金牛泉、乌浆泉等泡茶好水。境内西北部山区是茶叶盛产地，山峦起伏，奇峰峥嵘，茶湾尖、马岭海拔955米，芜莱山788米，壶山921米，超峰山577米，山间林木葱郁，气候温和，年均气温14℃左右，年降水量1 500毫米。土层深厚，土壤肥沃，是天然的宜茶之地（图4-270）。

浦江春毫选用国家级良种迎霜为原料，在清明前后采摘，以一芽、一二叶初展为标准，经摊放、杀青、做形、干燥制成，具有“外形紧卷披毫、细嫩翠绿，内质香气高超，滋味鲜爽甘醇，汤碧明亮，叶底嫩绿匀净”之特征（图4-271）。经中国农业科学院茶叶研究所检验测定，符合卫生标准，水浸出物达47.4%。

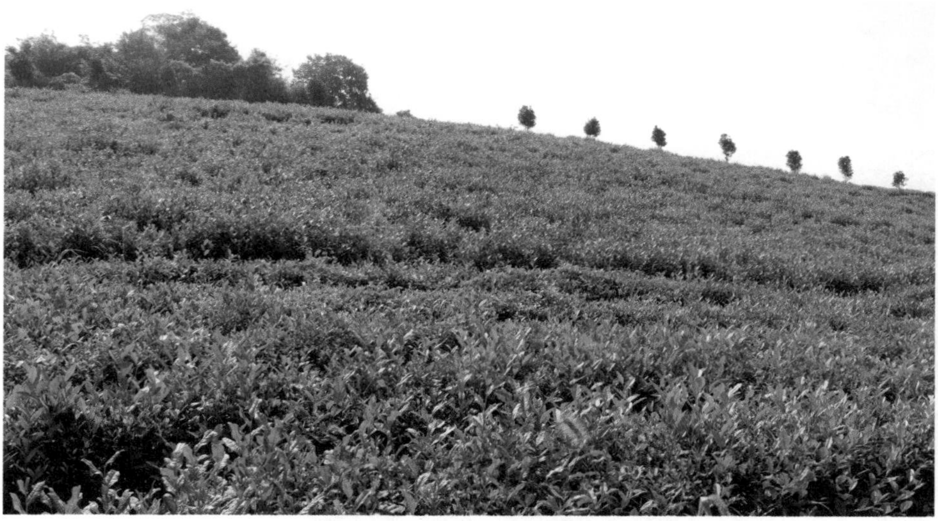

图 4-270　浦江春毫茶园

图 4-271　浦江春毫

1986年、1988年和1989年被评为浙江省一类优质茶，获颁浙江名茶证书。1989年10月农业部（在西安）召开第二次全国名茶评比大会上被评为“全国名茶”。1991年参加（杭州）西湖国际茶文化节，被评为“国际文化名茶”。1993年注册了“仙华山”牌商标，称为仙华山牌浦江春毫。1999年被认定为“中国国际农业博览会名牌产品”。2001年浦江春毫茶样被中国茶叶博物馆收藏。2002年被认定为浙江省绿色农产品。2003年至2007年连续五年荣获浙江省农业博览会金奖。2004年被认定为金华市名牌产品。2009年，浦江春毫制作技艺被列入金华市级非物质文化遗产代表作名录。

1999年后，浦江春毫由浦江县春毫茶业有限公司独家生产，到2018年已有生产基地5 400亩，产量16吨，产值750万元，主销金华本地。

（十三）东坪高山茶

东坪高山茶产自浦江县西部山区，2006年起开始试制并推向市场。

茶园主产核心区块位于浦江县车方岭、白鹤岭、陈塘坞、大岭一带，是浦江县白砂土壤的分布区，周围高山环抱，群山延绵，森林覆盖率高，生物多样性平衡，古木苍翠，动植物丰富，气候寒冷（图4-272）。

图 4-272　东坪高山茶茶园

东坪商标在2003年注册，2006年起开始试制并推向市场。东坪高山茶外形卷曲成颗粒状，色泽嫩绿隐毫，油润如绿色珍珠；汤色透亮有悬浮茸毫；嫩栗甜香高扬鲜醇，持久馥郁，有干茶香，温杯香，汤水含香，口腔喉韵留香，杯底冷闻更香的特色；滋味甘醇爽口，生津甘甜，浓度足，耐泡有韵味；叶底绿亮鲜活（图4-273）。

图 4-273　东坪高山茶

东坪高山茶基地被金华市评为“金华市非遗生产性保护基地”，生产企业浦江县茶艺轩农产品开发有限公司也被评为金华市农业龙头企业。

到2018年，东坪高山茶核心示范基地面积200亩，协议基地435亩，年产10.75吨，年销售810万元，以金华本地销售为主，在上海、北京、山东、山西、青海、广东等地也有销售网站和稳定客源。

（十四）更香有机雾绿

更香有机雾绿产于“中国有机茶之乡”浙江·武义，是由农业产业化国家重点龙头企业——浙江更香有机茶业开发有限公司推出的纯天然无污染的有机绿茶系列产品之一，也是公司的主打产品。创建于2001年，原料采自800米以上的高山有机茶园，其生长环境海拔较高，昼夜温差较大，山中空气清新，常年云雾缭绕，茶树生长旺盛，芽叶肥壮、茶香四溢，故名为“雾绿”（图4-274）。

武义位于浙江中部，是个“八山半水分半田”的山区县。是全省实施“有机茶工程”试点县之一，也是《浙江省特色优势农产品区域规划》的茶叶规划区，先后评为“全国重点

图 4-274　更香有机雾绿茶园

图 4-275　更香有机雾绿

产茶县”“中国有机茶之乡”“中国名茶之乡”等。全县森林覆盖率达72%，峰峦叠翠、气候温和、雨量充沛、山清水秀，特别适宜茶树生长，得天独厚的自然条件孕育了武义茶叶独特的自然品质。

更香有机雾绿品种以地方群体种（鸠坑种）为主，以2月至10月的嫩芽、一芽一叶至二、三叶为标准，经鲜叶摊青、杀青、冷却回潮、揉捻、解块、初烘、冷却、提香等工艺制成，具有外形匀整，微露锋苗；条索紧结卷曲，细嫩露芽；汤色嫩绿明亮，嫩香持久，滋味鲜醇悠长，品后口留余香的特点（图4-275）。

2010年获浙江绿茶博览会金奖、上海国际茶博会金奖。2012年被认定为金华市知名商品，获浙江农业博览会金奖。2013年获第6届中国义乌国际森林产品博览会金奖、浙江农业博览会金奖。2014年获浙江农业博览会金奖。2016年获第四届“国饮杯”全国茶叶评比一等奖，获浙江名牌产品。2017年被认定为浙江省知名农业企业品牌。

2018年，更香有机雾绿生产茶园5 000亩，产量280吨，产值6 150万元，主销浙江及北京、河北、新疆、内蒙古、山西、山东等地，并出口至美国、英国等国家。

（十五）乡雨茶

乡雨茶产于武义县牛头山麓一带，是浙江乡雨茶业有限公司于2000年，由金华市非遗武义绿茶制作技艺（武阳春雨）传承人祝凌平创制的针形绿茶（图4-276）。

乡雨茶品种以春雨2号为主，采用细嫩单芽，经摊青、杀青、理条、回潮、理条、初烘、复烘制成，形似松针细雨，色泽嫩绿光润，香气清高幽远，滋味甘醇鲜美（图4-277）。

2004年、2006年连续两次获“中绿杯”名优绿茶评比金奖，2004—

图 4-276　乡雨茶茶园

图 4-277　乡雨茶

2007年连续四次被评为浙江农业博览会金奖，2005年获第三届国际茶博览会名茶评比金奖，2006年获国际名茶金奖，2007年，“乡雨”商标获浙江省著名商标称号，2010年，被认定为浙江名牌产品，2011—2012年获浙江省绿茶博览会及上海国际茶业博览会双金奖，2014年获第七届“中绿杯”中国名优绿茶评比金奖，2018年获第二届中国国际茶叶博览会金奖。

至2018年，乡雨公司通过“公司+基地+农户”的模式建立了基地2 500余亩，产量25吨，产值3 642万元，产品主要销往浙江、上海、北京、天津等省市。

（十六）汤记高山茶

汤记高山茶产于武义县安凤高山地区，是由汤玉平于1999年创制的一种优质高山绿茶（毛峰）。

汤玉平，1991年毕业于浙江农业大学茶学系，同年分配到武义农业局工作，一直在农村基层从事茶叶生产、科技推广工作，并参与“武阳春雨”茶开发，后于1996年下海创业。

1997年，汤玉平承包了海拔近千米的武义最高行政村——新宅镇安凤村的茶园，这里植茶历史悠久，茶园规模大，自然环境优异，但交通不便，经济效益差，大片茶园基本处于荒芜状态。1998年，成立汤记高山茶叶公司（图4–278）。

图 4–278　汤记高山茶茶园

汤记高山茶采用细嫩高山原料，经杀青、揉捻、干燥制成，外形细嫩稍曲，色泽绿润，香气清高，馥郁持久，汤色浅绿亮，滋味甘醇爽口，回甘生津（图4–279）。

1998年，获中国文化名茶。2003年，获上海国际茶文化节中国精品名茶博览会绿茶类金奖。2005年，获浙江农业博览会金奖。2006年，获浙江省著名商标。2010年获首届“国饮杯”特等奖，并入选浙江大学茶学系与浙江农林大学茶文化专业教学用茶。2019年成功打入上海市场成为上海百佳茶馆推荐用茶，同年，基地被评为县级有机农业示范基地。

图 4-279　汤记高山茶

到2018年，汤记高山茶业有限公司拥有茶叶加工厂2家，高山茶生产基868余亩，产量10吨，年产值600万元，产品主销浙江、上海、江苏、西安、北京等地。

（十七）千丈岩茶

“千丈岩”商标系武义县清溪茶叶专业合作社自主品牌，合作社现有工商注册社员168户，2011年增设浙江千丈岩农产品开发有限公司。

合作社现有茶叶联结基地6 580亩，基地位于全球绿色城市——浙江省武义县东南部海拔近千米的千丈岩、牛头山一带高山区，此地远离工业污染，自然植被丰富，肥沃的紫沙性土壤对茶叶生长具有得天独厚的天然条件，造就了形、色、香、味独具一格的先天品质（图4-280）。

图 4-280　千丈岩茶茶园

合作社建有年加工能力1 200吨的茶叶初、精制加工厂，生产浙江省十大名茶——千丈岩牌“武阳春雨”系列名优绿茶和玳果茶、灵草茶、高山兰花茶、工夫红茶、春雨灵针、春雨牡丹等千丈岩特色名茶以及针形、扁形、卷曲形、紧缩形等大众中低档红茶、绿茶、白茶（图4-281）。

图 4-281　千丈岩茶

千丈岩商标产品质量稳定，经国家认监委、省、市、县各级政府职能部门连续13年抽查检测，合格率达100%，被认定为“金华市知名商品”，“金华名牌产品”，千丈岩牌“武阳春雨”被农业农村部产品质量安全中心收集登录为“全国名特优新农产品”。

合作社茶叶基地被评为金华市放心农产品示范基地，武义县农村实用技术培训基地。

合作社先后荣获“浙江省AAA农民专业合作社”“国家级首批农民专业合作社示范社”“ 金华市食品安全诚信企业”“武义县守合同重信用农民专业合作社”等荣誉。

（十八）骆驼九龙黑茶

骆驼九龙黑茶产于武义县，是浙江武义骆驼九龙砖茶有限公司于1985年创制的黑茶（图4-282）。

骆驼九龙黑茶是以武义本地群体小叶种茶鲜叶为原料，以传统工艺为基础，结合现代科技进行了创新，产品主要有茯砖茶、黑砖茶、青砖茶、花砖茶等传统边销茶及红黑一品、金花茯茶、荷韵黑茶、墨之缘等现代创新型黑茶。与国内其他省份黑茶不同，骆驼九龙黑茶口感醇、绵、柔，不苦不涩，陈香浓郁，尤其金花茯茶菌花香、枣香、糯香明显，滋味醇厚（图4-283）。

2009年，公司成立了浙江骆驼九龙发酵茶研究院省级科研院所，同时与中国农业科学院茶叶研究所、浙江大学、中华全国供销合作总社杭州茶叶研究院、湖南农业大学等高校院所联合攻关，陆续推出低氟黑茶、红黑

图 4-282　骆驼九龙黑茶茶园

一品、精品茯茶等极具市场竞争力，符合现代消费需求的创新型黑茶；2018年，公司又与中国工程院院士刘仲华教授建立了院士专家工作站，为企业持续科技创新提供技术支撑。

公司黑茶产品于2009年荣获首届中国黑茶文化节黑茶金奖；2012，被中国茶叶流通协会评为全国畅销边销茶品牌；2013年，荣获中国茶叶博览会黑茶金奖，2014年，被浙江省质量技术监督局评为浙江省名牌产品；2014，被浙江省农业厅评为浙江名牌农产品；2015，被浙江省工商行政管理局评为

图 4-283　骆驼九龙黑茶

浙江省著名商标；2019年，中国茶叶学会对公司的金花茯茶进行了品质评价，达到五星名茶品质标准。

2018年，骆驼九龙茶园基地2.5万亩，产量5 100余吨，产值7 500万元，产品主销国内新疆、甘肃、青海、宁夏、内蒙古、北京、上海、杭州、广州、西安等地，还远销蒙古、韩国、俄罗斯以及东南亚等国家和地区。

（十九）浙星红茶

浙星红茶产于浙江武义牛头山麓一带，由浙江武义浙星农业开发有限公司于2014年研发，因企业而得名。

基地位于武义县柳城畲族镇车门村，与4A级景区牛头山相邻，环境优美，空气优良（图4-284）。

浙星红茶以土茶和鸠坑种为原料，在红茶工艺基础上结合乌龙茶技艺，经过萎凋、摇青、揉捻、发酵、烘干、精制、多次复焙制作而成。兼具传统红茶的韵味和乌龙茶的香气，花香浓郁，经久耐泡，茶汤黄亮透明，润喉久久回甘（图4-285）。

图 4-284　浙星红茶茶园

图 4-285　浙星红茶

2015年荣获浙茶杯特等奖，2016年荣获中茶杯一等奖，2016年浙星红茶被评为金华市名牌产品，2017年浙星被评为金华市著名商标。

2018年茶园面积2 000多亩，产量达150吨，产值1 500万元，产品远销广东、山东、北京、西安等地。

（二十）螺山春

螺山春产于磐安县，因外形卷曲似螺，县城内有螺山路、螺山公园和海螺山而得名（图4-286）。

螺山春是磐安县经济特产技术推广站按照“名优茶系列开发、多茶类组合生产”的方针，在成功开发了磐安云峰茶以后，于20世纪末研制成功的创新名茶。

螺山春以一芽一叶或一芽二叶为采摘标准，经摊放、杀青、揉捻、初烘、烘揉、复烘制成，外形条索细紧，卷曲似螺，茸毛披露，色泽翠绿，香

图 4-286　螺山春茶园

气浓郁，滋味醇厚，汤色清澈明亮，叶底嫩绿匀整，具有“香高、味浓、耐冲、回甘”品质特征（图4-287）。

图 4-287　螺山春

2000年，获第二届国际名茶评比金奖。2012年荣获浙江绿茶博览会金奖；2013年获浙江农博会金奖；2015年获第二十一届上海国际茶文化节金奖等。

2018年，螺山春茶生产基地1 500亩，年产量在42吨左右，产值1 200万元，以本地消费为主，少量销往北京、山东等省市。

（二十一）壶江翠高山茶

壶江翠高山茶，产于浦江县西北山区杭坪镇白头山，因处一级饮用水源保护区的壶源江上游而得名，由浦江杭坪凯凯茶叶专业合作社于2016年创立和生产（图4-288）。

图 4-288　壶江翠高山茶茶园

壶江翠高山茶以一芽一叶或一芽二叶初展的鲜叶为原料，经摊放、杀青、揉捻、烘制等工艺制成，具有外形扁平挺秀、色泽绿翠、内质清香味纯之特点（图4-289）。

2017年被评为省级科技示范户、县农村科普示范基地、镇先进农村龙头企业。2019年11月评为浦江县放心基地。

到2018年，壶江翠高山茶基地面积500亩，年产量12吨，年产值约300万元，主销广州、山东、苏州地区。

图 4-289　壶江翠高山茶

七、衢州市

（一）衢州玉露

衢州玉露茶产于衢州市衢江区乌溪江库区岭洋乡，由衢州市大山茶叶有限公司于2000年创制（图4-290）。

衢州玉露经摊青、杀青、揉捻、整形、干燥制成，成品条索紧直、翠绿油润、香高醇厚、滋味醇和、汤色黄绿明亮、匀整成朵（图4-291）。

图 4-290　衢州玉露茶园

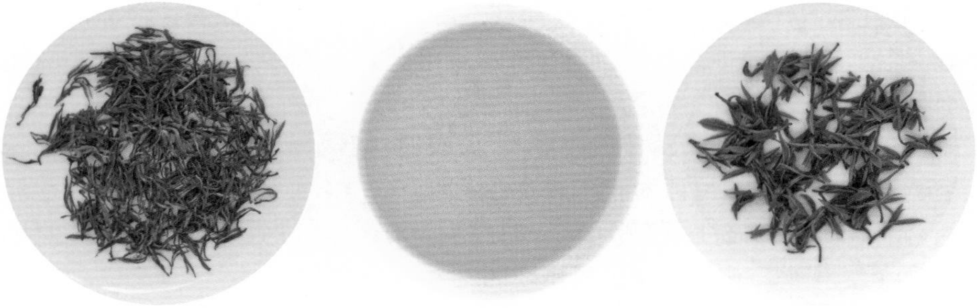

图 4-291　衢州玉露

2007年，获衢州名牌产品。2010年获浙江绿茶博览会金奖、衢州市著名商标。2018年获浙江绿茶博览会金奖。

2010年衢州玉露生产基地31 500亩，产量705吨，产值12 900万元。主销杭州、上海、宁波等地。

（二）吴刚茶

吴刚茶产于浙西大竹海龙游县龙南山区，因主体浙江龙游溪口吴刚茶厂而命名。

龙游是浙江传统的茶叶产区之一，是重要的绿茶生产基地。吴刚茶产于林木繁密的龙游南部山区，森林覆盖率87%，土壤以黏、沙性红壤为主，pH值为4.5~6，土层深厚，有机质含量较高，矿物质营养元素丰富。该区域内海拔150~800米，年降水量1 800~2 100毫米，年平均气温16~21℃，年无霜期270~310天，年平均湿度80%，是茶叶种植生长的理想区域（图4-292）。

图 4-292　吴刚茶茶园

吴刚茶厂创立于1996年，主要生产条形茶、扁形茶和红茶。

吴刚条形茶经摊青、杀青、揉捻、初烘、理条、提香制成，外形细嫩挺秀，色泽翠绿显亮，香气馥郁持久，滋味鲜爽回甘，汤色鲜绿明亮，叶底完整成朵。

吴刚扁形茶经摊青、杀青、压扁、初烘、理条、提香、辉锅制成，外形扁平光滑，色泽嫩绿油润，香气清香馥郁，滋味鲜爽，叶底肥嫩成朵（图4-293）。

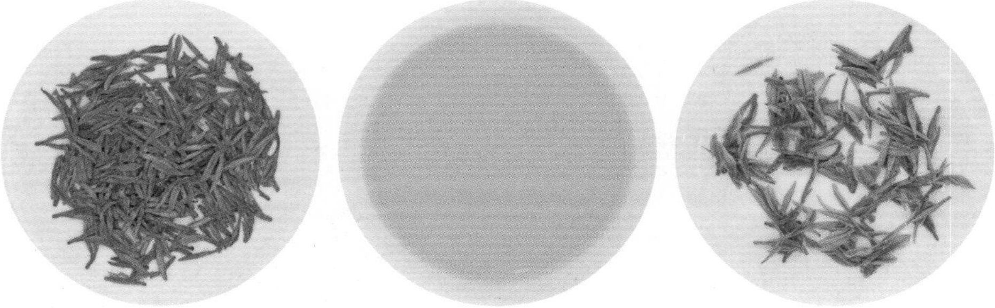

图 4-293 吴刚茶

吴刚红茶经萎凋、揉捻、发酵、初烘、理条、复烘制成，外形细紧卷曲，色泽乌润，金毫显露，汤色红艳明亮，香气高鲜有花香，滋味醇厚鲜爽，叶底均匀红亮。

2003获得上海国际茶文化节中国精品名茶博览会金奖。2004年、2007年连续获得浙江农业博览会金奖。2005年获得中国济南第三届国际茶博览会名茶评比金奖。2007年获得浙江绿茶博览会金奖。2008年获得浙江省名品正牌农产品。2009年获得第二届中国（衢州）农博会粮交会华东十大名茶。2010年西安国际烘焙、咖啡展览会暨浙江绿茶博览会金奖、浙江省名牌产品。

2010年，吴刚名茶基地面积已达5 600亩，生产量达80吨，主销本地及北京、山东、江苏、上海、武汉等地。

（三）罗洋曲毫

罗洋曲毫产于江山市张村乡双溪口村境内（原江山市双溪口乡）。

双溪口村，是金衢第一高峰、仙霞山脉主峰所在地，周围2 000多平方千米内均为天然混交林，峰峦叠嶂，溪流淙淙，常年云雾缭绕，风清气润，无任何污染；因其得天独厚的自然生态环境，昼夜温差大，茶芽萌发早迟有1月之差，茶叶内含物质丰富，具有香高持久、耐冲泡之特点（图4-294）。

图 4-294 罗洋曲毫茶园

江山茶，始于唐，兴于宋，盛于明。早在北宋时期仙霞山区所产之茶，已成为江南名茶之一，得到苏东坡等名人墨客的大力赞赏。据清同治《江山县志》载："茶出占村、上王、张村诸处，廿七都尤盛……"（注："廿七都"即为现今的双溪口等地）。200多年前，英国使者马戛尔尼勋爵曾称江山一带为"中国最好的茶叶种植区"。沧桑变迁，昔日的绿茗一度失传。

1980年，江山县恢复试制历史名茶，"江山绿牡丹茶"问世。2002年江山市十罗洋茶场与浙江大学合作，对历史名茶实施进一步探索试制，2004年一种外形细紧勾曲的"罗洋曲毫"茶问世。

罗洋曲毫由江山市十罗洋茶场独家生产，该茶场成立于2002年10月，为衢州市农业龙头企业。2017年被公示为浙江省AAA级"守合同重信用"企业。

2004年，江山市十罗洋茶场注册了"十罗洋"商标。2008年注册了"罗洋曲毫"商标。2009年"十罗洋"商标被认定为"浙江省著名商标"。2018年"十罗洋"商标被认定为"浙江省知名商号"。

罗洋曲毫品种以龙井43、迎霜、鸠坑为主，要求茶园在海拔600米以上，以一芽一叶为采摘标准，经摊青、杀青、揉捻、初烘、回潮、做形、筛分、做形、烘干制成，外形细紧勾曲，芽叶匀整，具有栗香馥郁持久，滋味浓醇和爽，耐冲泡，耐贮藏等特点（图4–295）。

罗洋曲毫茶2005年被认定为“绿色食品”；2006年制定企业标准；2007年荣获中国（杭州）国际名茶暨第二届绿茶博览会和浙江农业博览会金奖；2009年荣获华东十大名茶和浙江名牌产品、浙江名牌农产品；2011荣获第三届中国（衢州）农博会粮交会金奖；2018年荣获浙江绿茶（银川）博览会名茶评比金奖。

2018年，茶场有茶园1 000余亩，联营茶园2 000余亩，年产罗洋曲毫15余吨，产值900余万元，主销衢州地区，并销往杭州、上海、北京、深圳等地。

图4–295　罗洋曲毫

（四）常山银毫

常山银毫产于常山县，由常山县农业局科技人员于1982年创制。

常山县属于浙西山区，位于北纬28° 46'～29°13'、东经118°15 ' ～ 118°45 '，属亚热带季风气候，四季分明，雨量充沛，森林覆盖率72.8%，全平均气温17.3℃，全年降水量1 750毫米，无霜期239天。土壤以黄壤土为主，母质为花岗岩、石英砂岩等风化物残积、堆积物，质地为砂质壤土，土层厚50～80厘米，pH值为4.5～5.5，有机质含量2%以上，腐殖质层厚10厘米以上，常山特定的气温、光照、雨量等气候条件及地理环境，十分适合茶树生长（图4–296）。

常山银毫以生长肥厚、茸毛显露的一芽一叶为采摘标准，经摊青、杀青、揉捻、初干、理条、提香、复干制成，外形挺直如矛，色泽翠绿显毫，香气馥郁持久，滋味鲜醇带甘，汤色嫩绿明亮，叶底完整成朵（图4–297）。

常山银毫品质优异，质量稳定，成绩显著，多次被各级授予优质名茶证书：1991年被国家旅游局、浙江省人民政府、91杭州国际茶文化节组委会联合授予“名茶新秀”奖杯及证书；1992年获首届中国农业博览会铜质奖；1995年在第二届中国农业博览会上，超群轶众，力压群芳，又荣获金奖，饮誉全国农产品最高奖。1998年获首届浙江省名特优新农展会金奖。1999年被授予省名茶证书。2001年获中国国际农业博览会名牌产品称号、2002年获中国精品名茶博览会金奖、2003年获浙江农业博览会优质农产品金奖。

为推进标准化生产与做强《常山银毫》品牌，分别于2000年、2005年制定了《常山银毫》县级、市级系列地方标准，于2011年注册了《常山银毫》集体证明商标。

图 4-296　常山银毫茶园

图 4-297　常山银毫

2018年采制面积6 000多亩，产量130吨，产值1 500万元，产品主要销往本地及周边市场，少量销往杭州、上海等大中城市。

（五）龙顶香茗

龙顶香茗主产于开化县马金、齐溪、何田等北部乡镇，是以浙江省农业科技企业——开化县菊莲高山茶叶专业合作社为主体，浙江大学茶叶研究所为依托创制的名茶（图4-298）。2009年10月通过市科技局组织的专家评审。

龙顶香茗以鸠坑群体种一芽一叶、二叶、三叶为主要原料，经摊青、杀青、微波、冷却风选、理条、回软、揉捻、解块、理条、足干提香制成，成品茶条索紧结，香气清高，滋味醇厚（图4-299）。

2018年龙顶香茗生产基地800亩，通过合作社茗博园红茶坊民宿的带动，年产量30吨，产值达2 000多万元，产品主要销往国内各大中城市，如北京，杭州，上海，苏州，深圳等。

图 4-299　龙顶香茗

图 4-298　龙顶香茗茶园

(六) 御玺贡芽-1631

图 4-300　御玺贡芽—1631 茶园

图 4-301　御玺贡芽—1631

御玺贡芽-1631产于开化县，是1997年，由浙江云翠茶业发展有限公司董事长汪秀芳等技术人员，在开化龙顶名茶的基础上，翻阅大量史册，对公元1631年的明代贡茶进行研究分析，恢复明代贡芽神韵创制的名茶。

御玺贡芽原料采自于钱江源国家森林公园开化县齐溪镇仁宗坑村海拔800~1 200米的茶树（图4-300），以纯手工工艺制成。外形紧结盘花成颗粒状、披毫、嫩绿油润，香气为浓郁玉米香+花香，汤色嫩绿明亮、滋味醇厚鲜爽、甘甜，叶底尚嫩厚成朵、匀齐、嫩绿明亮，且具耐冲泡品质特色（图4-301）。

2016年入选“浙江省非物质文化遗产名录”“G20杭州峰会食材总仓供应产品”。

2018年，生产基地680亩，产量为3.6吨，主要销售地区为杭州、上海、北京、广州、天津、长沙等城市。

图 4-302　凯林贡茗 1631 茶园

(七) 凯林贡茗1631

凯林贡茗1631产于开化县，是开化县名茶开发公司于2006年创制的颗粒形绿茶，由公司科技人员余书平、吴荣梅、郭重庆、姚东等经市场调研、技术路径分析、加工工艺优化创制而成(图4-302)。

凯林贡茗1631经摊青、杀青、堆放回软、揉捻、做形、分筛、烘干制成，外形紧如蟠龙、色泽嫩绿，嫩香持久、滋味鲜醇甘爽、汤色明亮如鹅黄色、叶底嫩绿成朵(图4-303)。

2018年生产基地1 600余亩，产量3 000余千克，产值60万元主销北京、上海、杭州等喜欢传统茶叶滋味的人较多的城市。

图 4-303　凯林贡茗 1631

图 4-304　蓬莱仙芝茶园

八、舟山市

（一）蓬莱仙芝

蓬莱仙芝产于岱山县，为卷曲形绿茶。

蓬莱仙芝主要产区在“蓬莱十景”之一的“白峰积雪”摩星山周围，空气清新、云雾缭绕、四季湿润、土地肥沃（图4-304）。

岱山大规模种茶始于20世纪70年代后期，在各级政府和有关部门的大力支持下，把茶叶生产作为农村多种经营的骨干项目加以扶持，当时叫“婆婆茶”“谷雨茶”等。1979年省、市、县茶叶专家根据徐福东渡求仙采集长生不老之药的传说和岱山岛（自唐代起被称为“蓬莱仙岛”）的美名，把岱山茶叶取名为“蓬莱仙芝”。当时岱山依然以大宗出口绿茶为主，20世纪80年代后期到90年代中期，出口滞销、价格低迷，岱山转而发展“蓬莱仙芝”，从内销找出路。

蓬莱仙芝采一芽一叶初展鲜叶，经摊青、杀青、揉捻、烘干、炒干制成，外形似水波状微曲，金黄尖、翠绿底、条索紧结，芽锋显露，冲泡后，香气清雅高洁，汤色绿莹明澈，滋味甘美鲜爽（图4-305）。

1997年，由县供销合作社发起，联合全县12家茶农组建了岱山县茶叶专业合作社，管理“蓬莱仙芝”品牌。2001年4月合作社注册“蓬莱仙芝”商标。2003年8月，制定了《蓬莱仙芝茶叶加工技术规范》。2005年12月

荣获舟山市名牌产品。2008年4月在名优绿茶评比中荣获国家“中绿杯”银奖和浙江省绿茶博览会金奖；8月，制定《蓬莱仙芝茶叶》地方标准；2010年1月“蓬莱仙芝”商标，被认定为舟山市级著名商标。2012年5月被舟山市茶文化研究会和市农林局评为舟山市首届名优茶一等奖。2013年岱山县茶叶专业合作社获全国示范性农民专业合作社，12月获浙江省农业科技企业。2016年“蓬莱仙芝”绿茶又顺利通过国家绿色食品A级认证，获浙江绿茶（西宁）博览会金奖、国家“中绿杯”银奖。

截至2018年，蓬莱仙芝茶叶面积1 760亩，产量15吨，产值580万元，主销岱山本地，小部分销往周边县城。

图 4-305　蓬莱仙芝

(二) 定海山芽茶

定海山芽茶，产于定海县，为针形绿茶。

定海海岛山岙常年云雾多，日光漫射，紫外线多，茶树能积累较多的芳香物质，茶叶肥厚柔软，持嫩性强，可以提供良好的制作名茶原料（图4-306）。

清光绪六年（公元1880年）《定海厅志·物产》：茶，近时各处所产浸多，制亦合法，以黄杨尖山为最胜。

清光绪十一年（公元1885年）《定海厅志》卷十四：黄杨尖山，诗人曹伟皆诗：黄杨尖上白云浓，谷雨茶芽细如松。村女踏歌莲步稳，负筐直到最高峰。

图 4-306 定海山芽茶茶园

民国《定海县志·物产志》：民国四年（公元1915年），美国巴拿马赛会征集各国出品，黄洋（杨）尖芽茶曾得三等奖凭。

民国二十四年（公元1935年）《茶叶全书》称："定海城东十华里，有黄杨尖山，主峰为群岛之寇，并产茶叶，采制亦合法，为定海之最胜"。

因历史原因定海山芽茶生产一度中止，直到20世纪90年代初，全面恢复茶叶生产，黄杨尖重新开垦整理了部分茶园，生产定海山芽茶。其采用“清明”前后单芽或一芽一叶初展的原料，经摊放、杀青、摊凉、理条做形、干燥、提香制成，外形紧直挺秀，香气馥郁持久。沸水冲泡后，芽尖竖立，汤色清翠，叶底嫩绿明亮，犹如群峰迭翠、满目葱茏，滋味甘醇爽口（图4-307）。

到2018年，面积500余亩，主要在定海小沙茶岭墩、盐仓共裕、临城街道高峰等地方，产量1.5吨，产值180万元，主销舟山当地。

图 4-307 定海山芽茶

九、台州市

（一）临海蟠毫

临海蟠毫产于临海市，由临海市时任特产股长的梁毅带领一批茶叶科技人员于1981年创制于临海市特产场，因外形蟠曲显毫被时任省农业厅茶叶科科长胡坪命名为“蟠毫”，而产于临海最终定名为临海蟠毫。

临海产茶历史悠久。据南宋嘉定《赤城志》卷十九：“盖竹山在县南三十里……有竹如盖，故以为名。抱朴子云：此山可合神丹。有仙翁茶园，归传葛元（玄）植茗于此。”《临海文物志》载，盖竹洞碑记：旧传东汉时，有陈仲林与许道居、尹林子、赵叔道三人居山得道，吴葛孝先尝营精舍，至今有仙翁茶园，及礼斗坛故址。葛玄为汉代名士，说明汉代时期临海就有人工种植茶树。临海盖竹山位于市区南汛桥镇洋岙村，离市区约15千米，是道观三十六洞天之第十九洞天，七十二福地之第二福地。唐代为浙江十州五十五个产茶县之一。南宋嘉定《赤城志》卷三十六：茶……今紫凝之外，临海言延峰山，仙居言白马山，黄岩言紫高山，宁海言茶山，皆号最珍。明洪武初年（公元1368—1398年），芽茶已列为贡品，弘治年间（公元1488—1505年），年贡芽茶9斤。嘉靖年间（公元1522—1566年），临海云峰茶已成为浙江13种名茶之一。有“茶——上云峰茶，味异他处”“出延峰山者佳”记载。清顺治七年（公元1650年）记载“临海等县，岁贡芽茶15斤”“每年谷雨后十日起解，台州府限七十一天送部”。康熙十五年（公元1676年）记载“年解官府芽茶53.8斤”（图4-308）。

图4-308　临海蟠毫茶园

临海蟠毫茶以福鼎大白茶的一芽一叶至一芽二叶初展为原料，经鲜叶摊青、杀青、回潮、揉捻、初烘、回潮、造形、复烘、整理等独特的加工、造形工艺，制成既蟠曲翠绿又满披白毫的绿茶产品。其主要呈味物质含量为：水浸出物48%、茶多酚20%、氨基酸5%、咖啡碱3.5%。其品质特征为：外形蟠曲重实隐绿，白毫披身；内质栗香浓郁，滋味鲜浓甘醇，汤色清澈明亮，叶底肥壮嫩绿明亮（图4-309）。

临海蟠毫茶1984年获浙江省农业厅《浙江名茶》证书；1986年农牧渔业部、国家计委农计字第14号下达农业商品基地计划，临海蟠毫茶列入全国第一批名茶基地建设；1986年获商业部全国名茶证书；1992年获林业部全国名茶证书；1998年获省政府农业名牌产品；2000年获国际名茶金奖，同年制订了临海蟠毫茶系列地方标准；2002年“临海蟠毫”证明商标在国家工商总局成功注册；2004年被浙江省工商局认定为浙江省著名商标；2005年在国家质检总局注册了临海蟠毫原产地保护标记；2010年临海市被中国茶叶学会评为中国名茶之乡；多次获得“中茶杯”“中绿杯”及国家级、省级农博会、茶博会金奖。

图 4-309　临海蟠毫

临海蟠毫茶主要生产企业有临海市大山茶厂、临海市兰辽茶业有限公司、临海市花园茶厂等。2018年茶园面积1万多亩，年产量300吨，年产值6 000万元。产品主销杭州、上海、天津、北京等地。

（二）羊岩勾青

羊岩勾青茶产于临海市河头镇羊岩山一带。

羊岩山离市区30千米，主峰海拔786米，属中亚热带海洋性气候，四季分明，夏冬长，春秋短，气候温暖湿润，年平均气温17.1℃，≥10℃的年均积温5 370.3℃，空气湿度大，相对湿度在80％以上，水热同季，无霜期长，年达243天，日照充足，年日照时数1 866.6小时，雨量充沛，平均降水量1 602.7毫米，土壤pH值为4.6~6.4，适于茶树生长（图4-310）。

据宋《嘉定赤城志》记载，临海羊岩山“在县北五十五里，自麓至巅十余里，南瞻海门，北望华顶，如在目前，山顶石壁有石影如羊，又有石纹隐起石蛇……。”羊岩山由此而得名。又据陈懋森在《临海县志稿》有关茶叶的记载：“今邑以西北乡石牛头山（也有人说羊岩山石壁上的图影似一头牛，又称石牛头山）为第一，胜于天台，天台茶历三开水，汁味俱尽，此山之茶，经五开水，汁味尚存。”可见羊岩山产茶历史之久远，品质更胜一筹。

20世纪70年代，开始建茶场。20世纪90年代初，茶场科技人员采自福鼎大白茶、迎霜等原料创制羊岩勾青，1996年通过台州市科委组织的鉴定。

羊岩勾青以一芽一叶初展至一芽三叶为采摘标准，经摊青、杀青、揉捻、初烘、造形、复烘制成，外形勾曲，色泽绿润，汤色黄绿明亮，尤其是香高持久，滋味醇爽，口感特佳，耐冲泡、耐储藏，独具特有品质（图4-311）。

1996年，获浙江省农业厅技术改进奖和台州市政府科技进步三等奖。2001年获“浙江名茶”证书，被世界茶联合会会长王家扬称为“江南第一勾

图 4-310　羊岩勾青茶园

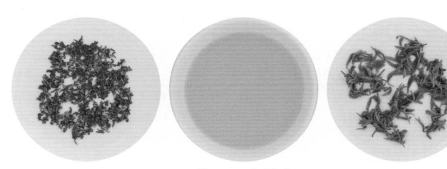

图 4-311　羊岩勾青

青茶”，中国工程院院士、中国农业科学院茶叶研究所研究员陈宗懋考察茶场时，题写了“羊岩勾青，香高味醇，实乃华茶之极品”。羊岩勾青茶荣获中国国际农博会名牌产品、中国绿色食品、浙江名牌农产品、国际名茶评比金奖、省绿博会金奖、省农博会金奖等。其品牌价值评估列入全国100强，被授予“全国百佳农产品品牌”“全国质量稳定合格产品”“中国最具影响力品牌”“浙江市场百家消费者最喜爱的农产品品牌”等荣誉称号。

2018年茶园面积13 500亩，年产量440吨，年产值13 000万元，产品销往全国30个省区市。

（三）绿壳红

绿壳红红茶产于临海市东塍镇桐坑村，是由台州市桐坑茶业有限公司于2012年研制的小叶种工夫红茶。因产地历史故事而得名。

桐坑山脉林木苍翠、百峰争艳、溪水清冽，有桃源胜景之美誉，属国家级一级水源保护区，自然风貌突出，海拔650多米，茶园多分布在海拔550米以上的黄红壤，植被覆盖率极高，常年云雾缭绕，无工业污染源。据历史记载，桐坑山一直都是临海的优质产茶圣地（图4-312）。

绿壳红名字的由来不同其他名茶。桐坑是地名，清末年代有一“绿壳”王金满聚义桐坑，劫富济贫，为反抗清腐败官员剥削，为老百姓出头，后被招安。所以一直流传其故事于后人，受人传颂。“绿壳”本是绿衣大盗，强盗，为台州地区方言。因其事迹与名著《水浒传》水泊梁山极似，素有台州版《水浒传》之说，也被人津津乐道。桐坑，就是台州人梦中的“水泊梁山”。为了纪念金满大王当年那段历史，打造品牌文化，让品牌留住人文故事，让人文故事丰富企业文化。台州市桐坑茶业有限公司茶叶简称“绿壳茶”，茶园名为“绿壳茶园”，起初以制作“绿壳绿”绿茶为主，后研发红茶，取名“绿壳红”红茶。

绿壳红原料用单芽、一芽一叶或一芽二叶初展鲜叶，制作分为萎凋、揉捻、发酵、烘干四道工序，制成的红茶条索紧细，金毫披被，汤色橙红明亮，香气甜纯，滋味浓醇，叶底红亮，多芽。绿壳红茶功夫泡法以茶水比

图 4-312　绿壳红茶园

1：（31～37）最佳，利用杯温醒茶即可激发浓郁茶香，第一泡不用洗茶，汤色橙红明亮有金圈，似琥珀色，耐泡度极高；还可以用玻璃杯泡法，茶水比以1:（100～110）最佳，口感浓醇，胶质感明显，别有一番风味（图4-313）。

图 4-313　绿壳红

公司先后荣获2009年台州市农业龙头企业、2014年台州农业名牌、2016年全国30座最美茶园。绿壳红红茶先后荣获连续三届“中茶杯”特等奖和金奖产品、2017年浙江省优质红茶评比金奖、第十二届国际名茶评比佳茗大奖、2018年第二届亚太茶茗大奖峨眉山国际评比大赛金奖、浙江绿茶博览会名茶评比金奖等11个金奖。原台州市委书记陈奕君曾在出国考察时，将“绿壳红”红茶作为茶礼赠送给以色列耶路撒冷市市长摩西·莱昂。

到2018年，茶区范围涉及临海东塍镇桐坑村和尚坪茶区、王加山磨塘茶区等共1 000余亩，统称为绿壳茶园，年产量6吨，年产值600多万元，主销台州、北京、内蒙古、上海、江苏等地。

（四）乌岩春玄茶

乌岩春玄茶产自海拔800米的临海安基山，由临海市乌岩春茶业专业合作社于2005年创制并独家生产。

安基山西连仙人居，东临天台山，茶园凌云踏雾，俯瞰南黄古道。茶园土壤pH值4.5～6.4，土层深，土壤肥沃，有利茶叶生长；海拔600～880米，昼夜温差大，有利茶内含物累积（图4-314）。

安基山上有一座悬空寺庙名乌岩寺，寺边有“神水”“神茶”，乡民来此取水采茶者络绎不绝。相传有秀才罗志坚上京赶考，病倒安基山，被住持用茶所救，从此看破功名，在黄坦讲学教化乡民，耕农茶桑，每值开春采茶时节，秀才与住持就带领乡民来乌岩寺采茶，亲自指导加工后赠与乡民，秀才题词：“览安基山胜境，品乌岩春香茗”。1958年黄坦洋公社兴办水力茶厂时，当地村民为纪念秀才的讲学教化，遂在乌岩寺旁摩崖石刻“览安基山胜境，品乌岩春香茗”，当地茶叶遂得名“乌岩春 ”。

乌岩春玄茶经摊放、青锅、摊凉回潮、辉锅制成，外形扁平挺直嫩绿鲜润，香气清香持久，滋味鲜醇甘爽，汤色嫩绿明亮，叶底细嫩明亮（图4-315）。

图 4-314　乌岩春玄茶茶园

图 4-315　乌岩春玄茶

2007年合作社成立，并获科技示范户、台州市市级规范化合作社、台州市农业龙头企业、临海市科普示范基地、农业龙头企业等荣誉，“乌岩春”品牌获浙江老字号、第九届、第十一届国际森博会金奖，其安基山茶场荣获国家级航空营地、浙江省100个最美田园、省级茶叶精品园、残疾人扶贫基地等荣誉。

2018年茶园面积1 000余亩，年产量10吨，年产值500多万元，主销台州、杭州、上海等地区。

（五）百顶茶

百顶茶产自临海市河头镇百罗山，由临海市百罗茶叶专业合作社创制于2004年。

河头镇是浙江省茶叶之乡、浙江省特色优势产业强镇，茶园主要集中在以羊岩山、百罗山为核心的茶叶产业带，大多分布在海拔700米以上，常年云雾缭绕，散射光充沛，气候怡人，雨露充足，所产茶叶内含物丰富，香高味爽（图4–316）。

百顶茶以当地群体良种一芽一叶或一芽二叶初展鲜叶为原料，经摊放、杀青、揉捻、初烘、造形、复烘等工序，制成的成品茶外形勾曲、条索紧实，色泽翠绿鲜嫩，汤色清澈明亮，叶底细嫩成朵（图4–317）。

图 4–316　百顶茶茶园

图 4–317　百顶茶

临海市百罗茶叶专业合作社荣获2011年临海市十佳农民专业合作社、2012年浙江省示范性农民专业合作社和2014年国家农民合作社示范社。

2018年茶园面积800亩，年产量15吨，年产值500万元，主销上海、安徽、东北等地。

（六）碧谷茶

碧谷茶产于浙江省临海市东塍镇岭根村，是临海市白岩山茶叶专业合作社于2005年研制的卷曲形绿茶。

岭根村地处临海市区以东，三面环山，东西龙虎山对峙，北有谷堆山为屏障，里王、山皇两溪自西向东穿村而过，汇入北南流向的法洪溪而入牛头山水库，为牛头山水库上游，2017年被评为省3A级景区，是著名的长寿村。在清朝时期，该村王世芳寿长140岁，曾3次赴京出席乾隆皇帝“千叟宴”，乾隆皇帝御赐木牌坊一座，是至今为止有历史记载寿命最长的一人。其茶园平均海拔450米，水汽充足，土壤肥沃，小气候优越，适宜茶树生长（图4–318）。

碧谷茶以一芽一叶或一芽二叶初展鲜叶为原料，按照摊放、杀青、揉捻、初烘、造形、复烘六道工序制作而成，成品茶条索细紧卷曲，色泽翠绿，香气嫩香显，茶汤嫩绿明亮，叶底嫩匀成朵（图4–319）。

图 4–318　碧谷茶茶园

图 4-319　碧谷茶

碧谷茶先后荣获2011年第九届“中茶杯”全国名优茶评比一等奖、2014年台州市著名商标、2014年第三届“国饮杯”全国茶叶评比特等奖、2019年台州市优质名茶评选绿茶组金奖。

2018年茶园面积250亩，年产量5吨，年产值500万元，主销江苏、上海和台州本地。

（七）龙乾春

龙乾春产于黄岩、仙居和永嘉三县（区）交界的台州市黄岩大寺基林场内。

林场位于台州市区最西部，最高海拔1 312米，系括苍山余脉，地理位置介于北纬28° 53′25″~ 28°38′8″，东经120° 47′18″~120° 53′16″，气候属于中亚热带季风湿润气候，冬夏季风交替显著，四季冷暖干湿分明，光照适中，年平均气温16~18℃，极端最低气温-9~ -7℃，极端最高气温30℃，最热7—8月平均气温28℃，常年平均降水量1 500毫米，常年降水日数160~170天。山地土壤为黄壤，分两个亚类五个土属。黄红壤亚类有黄泥土，粉红泥土，红砂土三个土属；侵蚀型红壤有石砂土、岩秃两个土属，还有香灰土，多数地方土壤坡缓土厚，有机质含量丰富，肥力条件较高，尤其适宜茶树生长（图4-320）。

龙乾春用鸠坑、龙井43号幼嫩芽叶经摊青、杀青、理条造形、初烘、足火提香制成，讲究薄摊吐芳，小锅保色，理条做形，轻揉促质，低温透香。成品外形细秀绿润、香气清香持久、滋味鲜醇爽口、汤色嫩绿明亮，叶底嫩匀完整（图4-321）。

1991年10月台州市科委组织中国农业科学院茶叶研究所、浙江省农业厅、中国茶叶加工研究所等专家通过品质鉴定，一致认为“龙乾春”茶叶达到名茶标准。1992年荣获林业部首届名茶评比优质奖。1993年《龙乾春》商标经国家商标局核准注册。1994年获首届“中茶杯”全国名茶评比特等奖。2002年荣获中国名茶博览会金奖。2004、2005年获浙江省农博会金奖。2006年获北京马连道第六届茶叶节暨浙江绿茶博览会金奖。2007年获浙江省农博会优质奖。2008年获第四届“中绿杯”中国名优绿茶金奖。

2018年茶园面积1 200亩，年产量1吨，年产值70万元，主销台州市区。

图 4-320　龙乾春茶园

图 4-321　龙乾春

（八）龙灵尖茶

龙灵尖茶产自台州市黄岩龙灵尖茶厂，位于浙江黄岩西部的北洋镇。茶叶基地分别坐落在黄岩北洋镇灵石尖茶场和头陀镇前陈村茶场，常年云雾缭绕，生态环境得天独厚（图4-322）。

龙灵尖茶香高持久，滋味醇爽，汤色明亮，口感特佳，耐冲泡和耐贮藏

（图4-323）。

龙灵尖茶先后获第七届“中茶杯”全国名优茶评比特等奖、第二届“凯捷杯”中华名茶绿茶类银奖、“中绿杯”中国名优茶评比优质奖、第八届“中茶杯”全国名优茶评比特等奖和第九届“中茶杯”全国名优茶评比金奖。

2018年茶园面积500亩，年产量2.5吨，年产值800万元，主要销售于江、浙、沪和北京、东北等地。

图 4-322　龙灵尖茶茶园

图 4-323　龙灵尖茶

（九）玉环火山茶

玉环火山茶是玉环县农业科技有限公司于2008年，依托以中国茶叶学会和浙江大学技术力量所创制，因产于玉环县火山口周边而得名。

火山茶基地位于玉环市大麦屿街道联丰村镶额，离东海海岸线仅百米，是华东地区至今保存最完好的微型火山口遗址。这里有肥沃的万年火山灰土壤，和独特的海岛生态环境舒适的海风晨雾，土壤含有丰富的有机微量元素，其中硫、钾含量较高。生长在火山岩缝隙上的有机茶树，富含硒、锌等微量元素（图4-324）。

玉环火山茶以一芽一叶初展至一芽一叶为采摘标准，其中绿茶经摊青、杀青、理条、干燥制成，外形扁平，挺秀光洁，色泽黄绿，冲泡后细嫩成朵，汤色嫩绿明亮，幽兰清香，滋味醇和爽口。红茶经萎凋、揉捻、发酵、整形、烘焙、提香制成，茶形细卷如眉，茶色姹紫嫣红，茶香鲜甜清纯，茶汤澄明透亮，滋味醇和干爽，叶底红匀明亮（图4-325）。

图 4-324 玉环火山茶茶园

图 4-325 玉环火山茶

2011年注册“龙额”商标，并先后荣获2012—2018年连续7届浙江农博会金奖、2012年上海国际茶文化节特优金奖、2013年“中茶杯”全国名优茶评比特等奖、2014年“国饮杯”全国茶叶评比一等奖、2014年台州市著名商标、2017年台州市名牌产品称号，2017年龙额牌玉环火山红茶入选中国茶叶博物馆名茶样库，2018年入选玉环市非物质文化遗产名录。

2018年茶园面积700亩，年产量6.5吨，年产值1 200万元，产品主销浙江、江苏、上海、北京等地。

（十）天台山白茶

天台山白茶产于天台县，以当地白化品种为原料且命名。

20世纪80年代初，在天台县华顶山麓的历史产茶名村双溪村发现两棵罕见的天台山茶树，分别为天台白茶1号和2号，中国农业科学院茶叶研究所对其进行种质资源保存，其间当地也进行了多次培育，但由于技术原因一直没有推广种植，不被众人所知。直到20世纪90年代，短穗扦插技术成熟，1995年，在天台县特产技术推广站支持下，天台石溪白茶专业合作社成功培育出天台山白茶茶苗，并注册了“碧玺”商标（图4-326）。

图4-326　天台山白茶茶园

天台白茶1号，茶农称“杀勿熟”。灌木型，开小白花，树势半开展，主杆已于1958年砍伐，树高1.6米，嫩叶玉白色，成熟叶黄绿色，向上斜生，柳叶形，平展略皱，叶脉明显，8～16对。茶芽玉白色，体短粗壮弯曲，茸毛短而密。清明前后采摘。新芽芽叶互抱如白菊蕾，长到3~4叶才开展，此时新梢叶腋中已长有小芽，持嫩性特强，叶片开展后由白色渐变为黄绿色。花小少结果。采制炒青绿茶，味先苦而后甘甜，口颊清凉。香气浓烈并有较重的中草药香。叶底风干后呈粉红色，叶基叶脉为深红色。

天台白茶2号，为野生天然变异白化品种，多年来长势仍比较旺盛。原为野生，现移植于园地边。树高1.8米，分枝低较密，树势半开展。叶长（椭）圆形，深绿色，斜生，向上翻卷，叶脉6~8对，叶质薄而柔软，持嫩性特强（春夏秋三季新梢均呈浅白色）。茶芽色洁白，待到驻芽时才由白色转变为浅黄后转绿。经绿茶加工工艺加工后的干茶，外形细紧嫩绿显毫，色泽墨绿，叶底嫩绿浅黄（或显白），香气清香。据测定：茶多酚28.63%，氨基酸5.11%；其所制红茶，外形红艳，有甜香，汤色红艳透亮，味鲜爽带甜。青叶杀青时，芽叶由白色慢慢地变为绿色，冲泡时茶叶展开后，可看到先绿色又慢慢变为白色，如刚冲泡的白菊花茶一样。

天台山白茶经摊放、杀青、轻揉、初焙、提毫、复焙制成，成品外形细紧、嫩绿显毫、高香持久、味浓鲜爽（图4-327）。

图4-327　天台山白茶

1991年被授予省名茶证书，在杭州国际茶文化节上被评为名茶新秀和“七五”全国星火计划博览会金奖。2010年，获第十七届上海国际茶文化节“中国名茶”评比金奖。

2018年茶园360多亩，年产量10吨，年产值1 100万元，主销台州、杭州、上海、江苏等省市。

（十一）天台黄茶

天台黄茶产于天台县，以当地黄色白化品种——中黄1号为原料制作而成。

1998年街头镇石柱村茶农陈明在寒山寺一带发现了黄化叶变异株，后在中国农业科学院茶叶研究所、浙江九遮茶业有限公司和天台县特产技术推广站的联合研究下，于2001—2007年完成单株鉴定和扩繁，2008年该

图 4-328 天台黄茶茶园

品种在天台、缙云、四川旺苍、贵州黎平等地开展试种和适应性试验，至2018年该品种已在省内缙云、长兴等12个县市引种，省外贵州、四川、江苏、河南等7省引种，累计推广面积达5万余亩（图4-328）。

天台黄茶属光照敏感型自然黄化品种，在外观上表现为春季新梢呈鹅黄色，颜色鲜亮，夏季新梢为淡黄色。在内质上表现为高氨基酸（7%以上）、高叶黄素，低茶多酚、咖啡碱的特征。其主要优势：一是制茶品质优异。春茶试制烘青绿茶，审评平均得分高达93.2，其外形色泽均色绿透金黄，内质嫩（栗）香持久，滋味鲜醇，叶底嫩黄明亮，具有“三绿透三黄”的独特品质。二是适应性好。区域试验和生产性试种表明，普通栽培措施下，移栽成活率达到90.7%，且田间试验表现出较强的抗逆性。三是氨基酸含量高。天台黄茶氨基酸含量超过7.0%，酚氨比平均为2.3，成品茶的鲜爽度好，具有制作优质绿茶的物质基础。四是经济效益显著。鲜叶年平均产量为1 243.4千克/公顷，其单位面积发芽密度大、单位发芽数量多，具有较高的产量潜力，同时“新、奇、特”的显著特性，符合茶叶生产和消费需求趋势，前景广阔且效益显著。

天台黄茶以中黄1号品种为原料，以扁形茶加工工艺为主，市场上还有毛峰、针形茶等产品；经扁形茶工艺制成，成品茶外形细嫩绿润透金黄，汤色嫩绿清澈透黄，香气清新悠长，滋味鲜爽甘甜，叶底嫩黄鲜艳，呈现出“三绿透三黄”特征（图4–329）。

图4–329　天台黄茶

近年来，天台黄茶先后在国内“中茶杯”等名茶评比中斩获10多个奖项，并得到媒体广泛关注，先后在人民日报海外版、农民日报、新民晚报、浙江日报等媒体报道，2019年天台黄茶入选北京世园会生活体验馆进行专场展示。

2018年茶园面积8 000余亩，年产量20多吨，产值9 000万元，畅销杭州、上海、江苏、北京等地。

（十二）葛玄绿茶

葛玄绿茶是浙江华顶茶业有限公司旗下品牌，始于清同治十二年（公元1874年），1992年建立现代生产营销模式。

葛玄绿茶产于天台山北山和万年山两大传统产区，茶区常年云雾缭绕，茶叶生长缓慢，且昼夜温差大，营养物质积聚丰富。再加上气候优越，土壤肥沃，葛玄茗茶高山韵味十足（图4–330）。

图4–330　葛玄绿茶茶园

葛玄绿茶工艺以毛峰为主，部分茶叶为适应市场需要制成勾青、龙井。茶叶芽头肥壮，叶肉厚实，柔软有韧性，茶汤清澈透亮，茶色香味清新，品之为厚，再品为醇，三品为甘（图4–331）。

葛玄绿茶注册商标“葛玄”，2009年被认定为浙江省著名商标。

2018年茶园面积1 000亩，年产量80吨，年产值3 000万元，主销浙江、上海、江苏、广东、天津等省市。

图 4-331 葛玄绿茶

（十三）济公佛茶

济公佛茶产自佛宗道源、济公故里——天台山，是台州市旭日茶业股份有限公司品牌。

1984年，杨慧珍招工到天台华顶林场工作，跟随父亲杨周杰（华顶林场茶叶队队长）做茶叶。1992年，杨慧珍与丈夫许旭日一起承包了华顶林场门市部，并于2001年创建台州市旭日茶业有限公司。2007年从浙江圣达集团有限公司买来了“济公”商标。2013年，杨慧珍儿子许岳骏放弃出国深造的机会，成为济公佛茶第三代传人。2017年，公司变更为“台州市旭日茶业股份有限公司”（图4-332）。

济公佛茶产于每年4—5月，品种以鸠坑种、浙农113为主，经杀青、揉捻、初烘、理条、整形、烘干制成，成品茶外形紧结挺秀绿润显毫，汤色嫩绿清澈明亮，香气高锐浓郁持久，滋味甘醇鲜爽，叶底芽叶成朵匀齐（图4-333）。

济公佛茶荣获2010年台州高山绿茶文化节名优

图 4-332 济公佛茶茶园

茶评比金奖、2011年“浙江老字号”荣誉称号、2017年浙江农业博览会金奖和第十届“中茶杯”全国名优茶评比一等奖、2018年第二届中国国际茶叶博览会金奖。

2018年茶园面积1 500亩，年产量20吨，年产值2 000万元，主销台州、杭州、宁波、上海、广州等地。

图 4-333　济公佛茶

（十四）仙居碧绿

仙居碧绿，亦称仙居碧青，产自仙居县天顶林业有限公司（原仙居县苗辽林场）。1973年在苗辽林场试制成功，名为“碧青茶”，1981年改名为“仙居碧绿”。

仙居地处浙江东南部，括苍山南北两支脉以钳形之势围抱整个仙居，形成南、北、西三面环山的地势，中部为永安溪河谷盆地，全县“八山一水一分田”。境内海拔千米以上的山峰有109座，高山层叠，峰峦起伏，连绵不绝的崇山峻岭中，云雾缭绕，林木葱翠，溪流密布，清泉长流（图4-334）。

图 4-334　仙居碧绿茶园

仙居产茶历史悠久。据南宋嘉定《赤城志》卷三十六《风土门》:“桑庄《茹芝续谱》云，天台茶有三品，紫凝为上……今紫凝之外，临海言延峰山，仙居言白马山。”当年《赤城志》所记的白马山，即今溪港乡金坑村。又清光绪《仙居县志·土产》:“茶，产高山者佳，十三都、三十都，皆产之地。”县志所载十三都即今淡竹乡，三十都即今朱溪镇一带。

仙居碧绿的原产地和主产区是距县城50千米的国营仙居县苗辽林场。林场位于海拔千米的括苍山脉苗辽山上，与黄岩、永嘉两县毗邻。1969年以来，苗辽山人先后开辟成功了错落有致的以鸠坑群体种为主体的梯级茶园80公顷，宛如翡翠点缀在望海尖、白峰尖、天顶尖和大雷尖等五峰矗立的山间谷地中。茶园四周云雾弥漫，林木葱茏，山间的短叶松、杉木、柳杉、杜鹃等乔、灌木形成了为茶园挡风御寒的天然屏障和得天独厚的宜茶环境。茶园分布在海拔700~1 100米山间平坦的沃土上，茶地多属山地乌黄泥砂土，土层深达60~80厘米，加上林场刈割柴草铺覆茶园行间，使得茶园0~15厘米土层中，有机质含量为4.34%。

仙居碧绿于谷雨前开采，采摘标准为全芽至一芽二叶，经摊青、杀青、揉捻、初烘、理条(曲毫)、烘干(提香)等过程制成，成品茶叶片肥壮重实，汤清汁绿，清澈透明，味香持久，呈兰花香，入口清爽，回味香甜，冲泡三次，其味仍感醇甜，余香久存(图4-335)。

图 4-335 仙居碧绿

仙居碧绿于1981年被评为浙江省一类名茶，1992年在浙江省首届名特优新产品展销会上被评为畅销产品，1993年获得省名茶证书，1994年获林业部首届名特优新博览会银奖，1995年获林业部名特优新品博览会银奖，1999年通过中国农业科学院茶叶研究所有机茶研究与发展中心认证为有机茶 ，2001年获中国国际农业博览会名牌产品，2002年获中国精品名茶博览会金奖，2003年获上海国际茶文化节中国精品名茶博览会金奖，2004年获宁波国际茶文化节名优绿茶评比金奖，2005年获中国济南国际茶文化

节中国精品名茶博览会金奖，2003—2010年连获浙江省农业博览会金奖，2010—2012年连获台州高山绿茶文化节优质名茶评比金奖，2008—2015年连获浙江绿茶博览会金奖，2010—2016年连获第九届中国义乌国际森林产品博览会金奖，2018年获台州市优质名茶评选（绿茶组）金奖。

2018年茶园面积1 280亩，年产量60吨，年产值900万元，主销浙江、上海、北京、内蒙古、安徽、江西、广州等地。

（十五）仙青单芽

仙青单芽为仙居县茶叶实业有限公司重点产品，于1997年研发创制。

仙居自古产茶，越王勾践曾赐名“白马茶”并有诗曰：“仙人布道白马茶，苍天不负青云志”。有戴氏后人取“仙”“青”二字，开设商行，又借此告后世之人：“经商皆以道，有志事竟成！”

仙居县茶叶实业有限公司成立于2001年，是浙江省级骨干农业龙头企业，有厂房26 130平方米、机茶园23 500多亩，年产茶叶1 000多吨（图4-336）。

图4-336　仙居单芽茶园

仙青单芽以细嫩芽头为主，经摊青、杀青、摊凉、揉捻、初烘、理条、回潮、提香制成，条形饱满秀丽、香气鲜爽清香，汤色清澈明亮，叶底嫩绿均匀（图4-337）。

仙青单芽荣获第九届国际茗茶评比金奖、2014年浙江农业博览会金奖、2017年第十届义乌国际森林产品博览会金奖，2017年被评为浙江名牌产品等荣誉。

2018年，仙青单芽生产基地3 000亩，年产量5吨多，年产值600万元，主销浙江地区。

图 4-337　仙居单芽

（十六）香山早

香山早为三门县玉龙茶叶专业合作社于2003年创制的一款扁形绿茶，产于三门县西北部珠岙镇香山村，因产地及春茶开采特早而取名。

据《三门地方志》记载，“香山产茶历史悠久，香山茶以优质高产闻名”。香山村民历来喜种茶。中华人民共和国成立前，就习惯在村边地旁种茶，至20世纪60年代至70年代，茶园面积有10余公顷，90年代达到鼎盛时期，有近100公顷。香山茶产区，地理条件独特，环境优美，气候宜人，土层深厚，质地疏松，耕种独特，茶树生长良好，茶芽萌发特早（图4-338）。每年2月中下旬便可开采，比周边茶区早10～15天，成为杭州、新昌、宁波等地茶商的抢手货，是名副其实的浙东早茶产区。

香山早1号是从当地香山茶区群体种中通过单株选择-无性繁殖方法选育而成的茶树新品系。从1992年发现并经连续多年观察的发芽早、芽头壮、茸毛少、展叶慢、节距短的5个优良单株，根据各单株发芽迟早、芽头大小及生长状况，初选了其中3个综合性状突出单株，分别命名为香山早1号、2号和3号，并建立品系鉴定园。2000—2002年进行品系初步比较试验，选择了香山早1号和2号二个表现突出的无性系为优良品系，进行繁育推广。2003—2005年在本县及天台、宁海等自然条件相似周边县市布置品比试验，因“香山早1号”春茶萌发期比“香山早2号”早，其他综合性状相似。2003年经浙江大学茶叶研究所DNA遗传指纹鉴定、生化成分测定及制茶品质鉴定，结果表明“香山早1号”与本省嘉茗1号、黄叶早、浙农139等5个特早生品种属于不同的遗传类型。

香山早1号属灌木型，中叶类，特早生种。植株中等，树姿半开张，分枝较密。叶片长椭圆形，呈水平状着生，叶色深绿，叶面平整或略有隆起，叶尖渐尖。芽绿色，茸毛少。花瓣6~8瓣，子房茸毛中等，花柱3裂。春茶开采期一般在2月下旬。其儿茶素总量13.74%，氨基酸含量5.5%，茶多酚含量25.0%，咖啡因含量3.02%，水浸出物44.7%。

香山早茶最初以当地群体种为主，现以香山早1号及嘉茗1号、平阳特早、龙井43为主，按一芽一叶至一芽二叶标准精采细摘，经摊青、青锅、回潮、辉锅等工艺制成，成品茶外形扁平挺削，光滑匀整，色泽嫩绿油润，嫩香持久，滋味甘醇爽口，汤色嫩绿明亮，叶底厚实（图4-339）。

图4-339　香山早

图4-338　香山早茶园

香山早茶多次荣获浙江农博会、森博会和浙江绿茶博览会金奖，并获台州市名牌产品等多种殊荣。

2018年茶园面积1 800亩，年产量12吨，年产值600万元，产品远销上海、北京、山东等地。

（十七）三门绿毫

三门绿毫产于三门县亭旁镇境内的芦田山、大龙岭一带，创制于2002年（图4-340）。

图 4-340　三门绿毫茶园

图 4-341　三门绿毫

三门绿毫以优质良种茶的嫩芽为原料，经摊青、杀青、摊凉、揉捻、烘干等工艺制成，外形秀直，色泽翠绿，香气清雅，纯而不淡、苦而不涩，汤色嫩绿鲜明。入杯冲泡，其芽叶朵朵直立于杯中，宛如翠衣仙子群舞于碧波潭中，堪称“茶中仙子”（图4–341）。

三门绿毫荣获浙江农博会、森博会、茶博会等各类金奖20余次，“太师峰”牌商标被授予台州市名牌产品、浙江市场消费者最满意品牌和浙江省著名商标。

到2018年，三门绿毫有基地2 000余亩，年产量30吨，年产值1 000万元，主销上海、北京、宁波、山东等地区。

（十八）天湖碧清茶

天湖碧清茶产于温岭市大溪镇仰天湖，由温岭市仰天湖茶叶有限公司于2018年创制。

仰天湖茶场始建于1959年，原为集体场，后转为国有事业单位，主要生产茶叶、苗木。因山顶上有一个3 200平方米不管气候多么干旱而常年不涸的湖而得名（图4–342）。

图4–342　天湖碧清茶茶园

图 4-343　天湖碧清茶

1996年注册了“天湖碧清”和“天和笔青”两个商标。取名“天湖碧清”源自仰天湖茶场创办之时职工的一句唱词“仰天湖水碧绿清”，而“天和笔青”既是取了台州方言“天湖碧清”的谐音，又增加了茶叶品牌的文化韵味。

天湖碧清茶为炒青类绿茶，选用一芽一叶或一芽二叶初展鲜叶，按照摊青、杀青、理条（2次）、炒干、辉锅等工序制作，成品茶外形扁平光滑、挺直剑削，汤色清澈明亮、滋味鲜醇甘爽、香气持久清香等特点（图4-343）。

天湖碧清茶荣获中国义乌国际森林产品博览会金奖、台州市优质名茶评比金奖、温岭市农渔业产品博览会金奖、温岭名牌农产品和温岭市著名商标、浙江名特优食品作坊、第六批浙江老字号和“温岭农耕”和“台九鲜”授权农产品。

2018年生产基地500多亩，年产量1.3吨，年产值25万元，主要销往辽宁、内蒙古、甘肃等地。

（十九）方山云雾茶

方山云雾茶是台州市方山云雾茶业开发有限公司所创名茶（图4-344）。

图 4-344　方山云雾茶茶园

方山云雾茶经摊青、杀青、理条、炒干、辉锅制成，外形扁平光滑、挺直剑莂、汤色清澈明亮、香气持久清香、滋味鲜醇甘爽（图4-345）。

方山云雾茶荣获2009年和2010年中国义乌国际森林产品博览会金奖、2014

年浙江省老字号、2017年浙江省农博会金奖。

2018年茶园面积380亩，年产量3吨，年产值460万元，主销台州地区。

图 4-345　方山云雾茶

十、丽水市

（一）丽水香茶

丽水香茶产于丽水市范围内，是20世纪90年代后期以“中国老百姓喝得起的好茶”理念定位所创制的优质绿茶，以香高得名。

丽水市青山绿水，群山叠嶂，海拔1 000米以上的山峰有3 573座。森林覆盖率达80.79%，被誉为“浙江绿谷”“中国生态环境第一市”。国家环境监测总站发布的《全国生态环境质量评价研究报告》显示，以地级市为单位，丽水排名全国第一（图4-346）。丽水市所属的9县（市、区）的生态环境质量全部进入全国前50位，其中庆元、景宁、龙泉、云和排前十位以内。

丽水香茶是全丽水市合力打造的区域品牌，经丽水茶→惠明（畲乡产区、绿谷产区）→丽水生态茶→丽水香茶演化而来，广义丽水香茶泛指浙江丽水

图 4-346　丽水香茶茶园

境内松阳、遂昌、景宁、缙云、莲都、龙泉、云和、庆元、青田等9县（市、区）所产茶叶，狭义丽水香茶指主产于松阳、遂昌及龙泉、莲都、云和等地，一种针对内销市场大众消费的半烘炒优质绿茶。

丽水市茶树良种率达82.64%，丽水香茶便是以茶树优良品种为主，经摊放、杀青、理条、揉捻、初烘、复烘制成，外形条索细紧、色泽翠润、香高持久、滋味浓爽、汤色清亮、叶底绿明的独特风格，以“色绿、条紧、香高、味浓”四绝著称（图4-347）。

图 4-347　丽水香茶

2018年，丽水香茶生产面积32万亩，产量2.4万吨，产值达17亿元，主销浙江本地及山东、北京等北方市场，其中济南市场销量占产量一半以上。

（二）山水龙剑

山水龙剑产于莲都区大港头半岭一带，2003年由丽水市绿谷茶业有限公司创制（图4-348）。

山水龙剑于清明前后采制，以单芽到一芽一叶初展为采摘标准，经摊青、青锅、摊凉回潮、辉锅制成，形如绿色的剑、尖挺有力、色泽内绿、汤色清澈明亮、滋味鲜嫩爽口、香气清高叶底匀齐、嫩绿明亮（图4-349）。

1999年，获第三届“中茶杯”全国名茶评比一等奖。2003年获得浙江名茶称号，2004年被评为丽水市农业名牌产品。2005年获中国济南第三届国际茶博会金奖、浙江省农业博览会金奖。

到2018年，生产基地1 300亩，产量17吨，产值660万元，产品主销浙江、上海、江苏、北京、黑龙江等地。

图 4-348　山水龙剑茶园

图 4-349　山水龙剑

(三) 莲城雾峰

莲城雾峰茶于1990年由莲城区农业局在黄村山尖茶场创制，后由浙江梅峰茶业有限公司注册生产。

黄村山尖位于处州莲城的东部，紧连括苍山脉，山峦重叠，群峰连绵，山高雾多，松竹常青，气候温和。因受中亚热带季风影响，春早、冬迟，年均气温≥16℃，日均气温≥15℃的持续天数为195～205天，无霜期长达260天。春季回暖早，降水充足，年降水量在1 360～1 660毫米。这里土壤深厚，表土质似香灰，有机质含量丰富，茶园间山泉终日不断，冬暖夏凉，茶树生长在土壤肥沃、云蒸霞蔚的环境中（图4–350）。莲城雾峰自创制以来，在名茶评比中连连得奖。1992年被评为浙江省级优质茶，授予省级优质茶证书。同年，在首届中国农业博览会上荣获铜质奖。1993年被评为省一类名茶。

历史曾经给莲城留下许许多多有关茶叶的记载及传说。《陈氏颍川郡宗谱》载："陈定三其乡茶叶贩鬻江浙间。"《括苍汇纪》载：明朝万历七年（公元1579年），"丽水贡茶芽四斤"。民国《丽水县志》载："北乡茶为上，近有输出外地。"

莲城雾峰茶品种以鸠坑群体种为主，在清明前开园采摘，经摊青、青锅、摊凉回潮、辉锅制成，外形扁平，尖削挺直，光滑绿翠，汤色嫩绿，清澈明亮，香高持久耐冲泡，滋味甘醇鲜爽，叶底嫩绿明亮，芽叶肥嫩成朵（图4–351）。

莲城雾峰曾遍布各个茶场，采摘面积达3 000亩，1996年产量4.5吨以上。到2018年，主要产于浙江梅峰茶业有限公司位于莲都区仙渡乡大姆山的生态茶园，面积2 200亩，产量25吨，产值1 650万元，主销杭州、上海、天津、北京、东北等地。

图 4–350　莲城雾峰茶园

图 4-351　莲城雾峰

（四）莲都红

莲都红产于莲都区仙渡乡大姆山，由浙江梅峰茶业有限公司于2010年创制（图4-352）。

莲都红产于每年3—4月，经摊青、萎凋、揉捻、发酵、干燥制成，外形紧结卷曲、多毫鲜绿，汤色红亮透明，香气高锐，浓烈持久，滋味甜爽、醇正，叶底色泽新鲜明亮（图4-353）。

图 4-352　莲都红茶园

图 4-353　莲都红

2018年，莲都红生产面积1 800亩，产量20吨，产100万元，主销杭州、上海、天津、北京、东北等地。

（五）龙泉金观音

龙泉金观音产于龙泉市凤阳山北麓，是2004年创制的乌龙茶新品。

龙泉属典型中亚热带湿润季风气候，年平均气温16.9~17.5℃，年降水量1 564~1 824 毫米，年日照时数为1 740.9小时，年均活动积温5 545.7℃，年平均相对湿度为79%。龙泉境内的洞宫山脉和仙霞岭山脉同属武夷山系，气候、土质、生态等方面都与福建武夷山颇为相似，十分适宜种植和加工乌龙茶。武夷山系分两支自西向东延伸入境，构成了以洞宫山、仙霞岭为骨架的全省最高阶梯，主峰凤阳山黄茅尖，海拔1 929米，为“江浙第一高峰”。水为三江之源，是瓯江、闽江、乌溪江三江源头，地表水的质量均为Ⅰ类，清澈，纯净。生态全国领先，境内森林茂密，森林覆盖率达84.2%，素有“浙南林海”之称。山地土层深厚，土壤有机质丰富，pH值为4.0~6.0，非常有利于茶树生长，形成了发展特色生态茶的独特优势（图4-354）。

史载龙泉在三国时即已产茶。《龙泉县志》记载，明成化年间岁贡“芽茶四斤”。清代张作楠在处州府任府学教授著的《梅簃随笔》“每岁清明后谷雨前，县令发价采办，额定贡茶24斤，色味双绝……”。清·邑人季达曾作《崇仁寺》一诗：“步步拥长林，莓苔一径深，排云古塔迴，背日片岩阴，瀑冷清禅骨，茶香醒客心，兴穷诗未就，风外一蝉吟”。清乾隆年间，龙泉诗人林撝在《茶厂谣》一诗中写道：“龙泉邑大二百里，邑里山山有茶树”，“家家派茶务，输茶日日到茶厂”。

龙泉金观音原称“天茶”，据清代顺治《龙泉县志》记载，“天茶”产于

图 4-354　龙泉金观音茶园

龙泉天堂山，山下别有净室，岭半有盘茶王殿（现还存有遗迹），公元1370年前后，明太祖朱元璋赐称。“天堂茶文化，上下一千年，湖岭泉亭庙，都与茶相连。”蕴藏着龙泉十分悠久的历史茶文化。“天茶”引自武夷山，根据《季氏宗谱》记载，五代十国时（公元907年），龙泉人季大蕴曾赴闽地武夷山引茶，并传授武夷山的种茶和做茶技术，后被吴越王钱氏封为农师，后人为纪念他引茶、传茶和种茶的功绩，在盘茶王殿塑上了大蕴像。后因战乱，民不聊生，连片茶山毁于战火，但在山坡上依然保存了一些水仙品种，为处属名茶，农家历来有加工“天茶”自用，制茶工艺如涓涓细流生生不息，一直延续。民国三十一至三十四年（公元1942—1945年），中国茶叶公司浙江分公司迁龙泉，在离城4里的黄罐村设立茶厂，收购青叶制作乌龙茶，且颇具规模。

1987年，龙泉市成立名优茶攻关小组，在传承“天茶”的工艺基础上，对传统的制茶工艺进一步规范和提升，生产出独具花香型的“观音茶”（1992版《龙泉县志》有记载 ）。当地老百姓和消费者都喜欢“观音茶”，又产自龙泉，取名为“龙泉金观音”。

2004年，龙泉市从福建引入茗科1号品种（又称金观音，系铁观音与黄金桂人工杂交选育品种），在浙江大学茶学系汤一副教授指导下，开发独具“香、活、甘、韵”特色的龙泉金观音乌龙茶系列新产品。2006年“龙泉金观音”茶通过了浙江省科技厅新产品鉴定2007年，龙泉市茶叶产业协会把“龙泉金观音”申请注册为著名商标，并出台了品牌管理办法，制定了省地方标准。

龙泉金观音品种以茗科1号（金观音）、金牡丹为主，以中小开面2~3叶为采摘标准，经萎凋、做青（摇青、晾青）、杀青、揉捻（包揉）、干燥（初烘、复烘）制成，成品有清香型和浓香型两种，清香型外形呈螺钉形，紧结重实，深绿鲜润，汤色蜜绿明亮，花香，滋味鲜醇，叶底软匀绿亮。其典型品质特征“螺钉形、花香浓”（图4-355）；浓香型外形呈条索形，叶端扭曲，色泽褐润，汤色橙黄明亮，蜜果香，滋味醇厚，叶底褐绿边红。其典型品质特征“蜜果香浓、褐绿边红”。

图 4-355　龙泉金观音

到2018年，龙泉金观音生产基地面积62 480亩，产量3 010吨，产值4.4亿元，主销武夷山、杭州、江苏、济南、东北等地。

（六）凤阳春

凤阳春是龙泉市凤阳春有限公司在1987年研发的名茶，亦称福乐云毫，产于国家级自然保护区凤阳山山麓（图4-356）。

凤阳春采一芽一叶有机高山茶，经摊青、杀青、揉捻、复炒、复揉、理条拉直、炒干、提香制成，外形形似松针，锋苗挺秀，茸毫隐露，色呈翠

图 4-356　凤阳春茶园

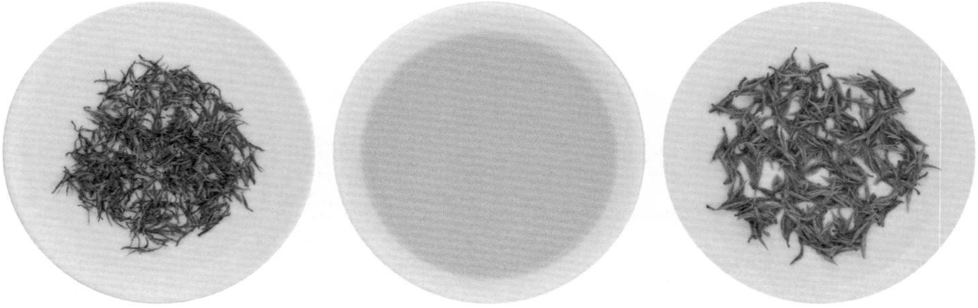

图 4-357 凤阳春

绿，内质清香浓郁，味醇甘甜（图4-357）。

1987—1990年连续被评为丽水地区优质名茶。1989年在浙江省名茶评比中榜上有名。1993年、1995年又连续两届被评为浙江省一类名茶。1995年，被评为全国第二届农业博览会金奖。2000年国际名茶评审委员会的国际名茶优质奖。

1995年产量在3吨以上。到2018年，凤阳春有限公司拥有优质茶园1 700亩，年产凤阳春名茶45吨，产值1 750万元，产品远销上海、江苏、山东、福建和本省各地。

（七）白天鹅

白天鹅茶产于龙泉凤阳山麓（图4-358）。

1993年，龙泉市茶叶科技工作者在借鉴古籍有关龙泉贡茶的记载和吸收消化全国各地名茶技术的基础上，在浙江农业大学、浙江省农业厅、国内贸易部茶叶加工研究所等专家教授的指导下，开展了白天鹅茶的研制开发工作，当年制出了样品，在省林场系统名茶评比中获总分第一名，在第十届全省名茶评比中获一类名茶称号。

白天鹅在清明前后采摘，经摊青、杀青、理条做形、提毫、烘焙、撞火制成，外形扁平挺直，色泽银绿隐翠，银毫满披，香气清高持久，滋味浓厚鲜爽，汤色嫩绿明亮，叶底全芽色绿匀齐（图4-359）。

1995年获第二届中国农业博览会金质奖；1999年获“浙江名茶”称号；2001年，获浙江省“龙顶杯”名茶评比金奖；2006年获北京马连道第六届茶叶节暨浙江绿茶博览会金奖；2007年，获浙江农业博览会金奖；2008年，获第三届浙江绿茶博览会金奖；2008年，获“中绿杯”中国名优绿茶评比银奖。

到2018年，白天鹅生产面积400亩，年产量2吨，产值156万元，主销杭州、北京、南京等地。

图 4-358　白天鹅茶园

图 4-359　白天鹅

（八）绿谷伯温茶

绿谷伯温茶产于青田县境内章旦乡红罗山上，创制于2008年。

红罗山峰峦叠嶂，群峰秀丽，常年云雾缭绕，土壤肥沃，茶树生长旺盛。优越的自然环境，造就其独特的优异品质（图4-360）。

绿谷伯温茶采于于清明与谷雨之间，以一芽一叶初展为标准，经摊放、杀青、揉捻、初焙、提毫制成，外形略扁，芽叶肥壮鲜嫩，沏泡杯中形似兰花，清香持久，滋味鲜爽，甘醇生津，回味无穷（图4-361）。

2008年获“中绿杯”名优茶评比金奖和中国（杭州）国际名茶博览会金奖。

到2018年，有茶园300余亩，年产量30吨，产值350万元，主销杭州、上海、广州、武汉、山东等地区。

图 4-360　绿谷伯温茶茶园

图 4-361　绿谷伯温茶

（九）仙宫雪毫

仙宫雪毫产于云和县仙宫湖畔。

产地处于南洞宫山脉和仙霞岭的抱揽之下，横穿中间的是川流不息的瓯江，常年云雾缭绕的茶园，气候温润暖湿，降水丰富，加之疏松肥沃的土壤，适宜茶树茁壮生长（图4-362）。

云和产茶早在唐开成（公元836—840年）年间，王万廪咏妙严寺诗中有句："坐来顿觉尘心静，一缕茶烟自袅空。"宋嘉定（公元1208—1224年）年间，王武锡偕同学诸子游社坛下，憩普光寺，有诗云："赌酒荒斋重洗盏，品茶古寺试烹泉。"清嘉庆（公元1796—1820年）年间，邑令陈治策在劳农篇五古三章中有句："苦茗敬相候，厥意何其诚。"清同治《云和县志・物产》载："茶，随处有之，以产高胥，云章者佳。"从史书所记可看出茶是云和传统名产。

图 4-362　仙宫雪毫茶园

云和县农业局自1993年开始创制仙宫雪毫茶，1994年制出样品，同年6月参加第十四届丽水地区名茶评比，荣获“地区一类名茶”；1995年、1999年、2001年连续三次获得浙江省“一类名茶”并取得省级名茶证书。

仙宫雪毫茶采摘标准为一芽一叶初展，经摊放、杀青、揉捻做形、初烘、摊凉回潮、整形提毫、足干制成，外形紧直，锋苗显秀，色泽绿翠多毫，内质香郁清馨，幽雅持久，滋味鲜甘浓爽，汤色嫩绿明亮，叶底肥壮成朵（图4-363）。

1995年仙宫雪毫茶在云和推广面积达200公顷，年产5吨。到2018年有生产面积4.1万亩，年产量1 140吨，产值1.29亿元，主要在当地销售，同时亦销往山东、上海、杭州、苏州等地区。

图 4-363　仙宫雪毫

（十）添清茶

添清茶产于云和浙江仙茶谷1号，由天清立体农业生态示范茶园制成，该企业成立于2007年4月，同年生产添清茶（图4-364）。

添清茶采摘标准为一芽一叶初展，经摊放、杀青、揉捻、做形、初烘、摊凉回潮、整形提毫、足干制成，外形条索紧结，卷曲如螺，白毫毕露，叶芽幼嫩，冲泡后茶叶徐徐舒展，上下翻飞，清香袭人，口味鲜爽生津（图4-365）。

2010年，获上海世博会名茶评比银奖。

2018年添清茶生产基地面积700亩，另有收购周边茶青制作，产量8.5吨，产值500万元，主销松阳、苏州、杭州等地。

图4-364　添清茶茶园

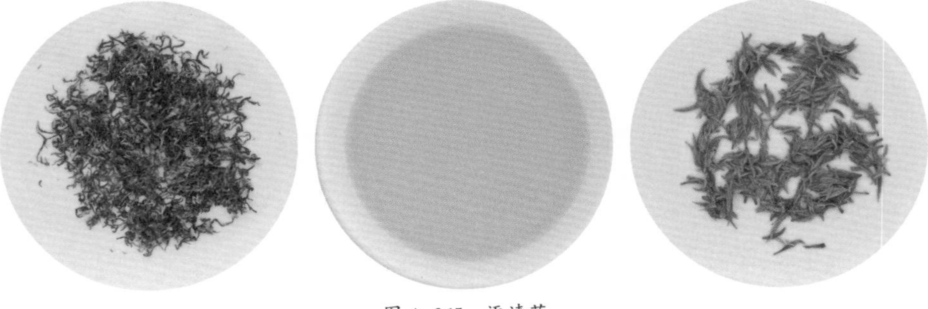

图4-365　添清茶

（十一）苏庭茶

苏庭茶产于云和县，由天峰茶厂于2004年创制。

天峰茶厂立于2004年，2007年被评为云和县重点农业龙头企业，2008年被评为丽水市龙头企业，2010年基地通过有机认证（图4-366）。

图 4-366　苏庭茶茶园

苏庭茶采摘标准为一芽一叶初展，经摊放、杀青、揉捻、做形、初烘、摊凉回潮、整形提毫、足干制成，外形卷曲成螺形，白毫显露，色泽翠绿，汤色明亮，叶底嫩绿匀称，具有花香味（图4-367）。

到2018年，苏庭茶面积150亩，年产量27.5吨，产值1 000万元，主销山东、上海、杭州、苏州等地区。

图 4-367　苏庭茶

（十二）庆元百山茶

庆元百山茶产于庆元县国家级自然保护区、江浙第二高峰百山祖山麓一带，因此得名庆元百山茶。

庆元县位于浙江西南边陲，山峦叠嶂，林木茂盛，气候温和湿润，雨量充沛，而且是瓯江、闽江、福安江三江源头，森林覆盖率高达86%，乃天然宜茶之地（图4-368）。同时我县处于适宜加工绿茶、红茶的小叶种种植区域的最南端，春茶开采比浙北、苏南等地早10~15天，极有利于名优茶生产，在2003年浙江省优势农产品区域布局规划中，庆元被列为浙江省优势茶叶区域；在2007年农业部发布的《绿色农产品区域布局规划（2006—2015年）》中，庆元又被列为全国绿茶特色区域。

庆元县产茶历史悠久，据明成化十八年（公元1482年）《处州府志》记载：庆元贡赋茶芽三斤。清雍正十一年（公元1733年）《处州府志》记载：茶叶成为货类。民国二十九年（公元1940年）《浙江农情》载：庆元茶叶面积5 410亩，产量1 610担。民国三十五年（公元1946年）《浙江经济月刊》载：庆元茶叶产量2 000担。1949年前，庆元茶叶的主要品类有炒青绿茶、红茶及少量乌龙茶。清光绪二年（公元1876年），庆元农民已成功制成“天堂山水仙”乌龙茶。民国时期，举水一带生产的“银屏茶”曾一度畅销于福

图4-368　庆元百山茶茶园

州、香港等地。

“庆元百山茶”产品主要有百山红茶和百山绿茶两个品类。“百山红茶”以一芽一叶至一芽二叶初展鲜叶为原料，经萎凋—揉捻—发酵—烘干等工艺制作而成，具有细秀显芽、乌润匀整、红亮清澈、甜香细腻、鲜醇甜润等独特的品质特征。“百山绿茶”采摘标准有单芽，也有一芽一叶至一芽二叶初展鲜叶，经摊青—杀青—整形理条—毛火—摊凉回潮—足火—整理提香制作而成，具有条索细直，满披白毫，形如银针，色泽翠绿，汤色清绿明亮，滋味甘醇爽，香气鲜醇，叶底嫩匀成朵（图4-369）。

图4-369 庆元百山茶

庆元百山茶由浙江百山茶业有限公司生产，企业成立于2003年10月，由庆元县百山茶厂转制而来，同年开始生产庆元百山绿茶，2007年开始创制百山红茶。企业自有茶园面积2 200亩，主要分布在松源薰山下、竹口大古寺、黄田桐山，其中核心基地位于松源街道熏山下村省级现代农业综合区内。公司联结基地4 000亩，与17家茶厂建立了生产合作关系，并在北京、天津、南京、济南、太原、杭州、苏州等大中城市开设“庆元百山茶”专卖店，在北京大兴成立了百山茶与休闲观光为一体的观光区150亩。

到2018年，庆元百山茶生产基地1 200亩，年产量8吨，年产值960万元。目前，“庆元百山茶”是庆元县茶叶生产量最大的茶叶品牌，已被列庆元县茶产业公共宣传品牌，产品主销本地及北京、南京、济南等大中城市。

（十三）碧玉春

碧玉春茶由原庆元县茶场于1986年创制，产地位于闽江上游、浙西南山区庆元县境内的百山祖、中子峰、薰山尖三山环抱地带，有闽江之源松源溪的碧波绿水涓涓长流，林木郁葱，水汽横生，雾海茫茫，山泉淙淙，气候冬暖夏凉，雨水充沛，土壤深厚肥沃（图4-370）。

庆元县产茶历史悠久。（详见本节庆元百山茶）

碧玉春茶选用迎霜、乌牛早、鸠坑种等良种茶树的幼嫩单芽为原料，经摊放、杀青、揉捻、做形、烘干等工序制成，外形挺直，呈针形，色泽绿翠，香高持久，汤色嫩绿明亮，滋味鲜醇，叶底嫩绿匀整（图4-371）。据生化分析，成茶水浸出物45.9％，多酚类含量29.8％，氨基酸总量3.8％。1988年后连续3届全省名茶评比均被评为省一类名茶，荣获省名茶证书。1995年在第二届中国农业博览会上获金奖。

图 4-370　碧玉春茶园

到2018年，碧玉春茶生产基地1 000亩，年产量4吨，年产值450万元，产品主销本地及北京、南京、济南等大中城市。

图 4-371　碧玉春

图 4-372　龙溪绿茶茶园

（十四）龙溪绿茶

龙溪绿茶产于庆元县龙溪乡。

长期以来，龙溪乡农民除了传统产业种植水稻外，做香菇是他们收入的主要经济来源。2000年，龙溪乡决定调整产业结构，充分利用气候、生态和劳务输出留下的大量闲置土地优势，发展茶产业（图4-372）。

图 4-373　龙溪绿茶

龙溪绿茶品类有龙溪云雾茶（扁茶类）、龙溪香茶等，具“绿叶清汤、滋味浓醇、高香持久、耐冲泡”的品质特点（图4-373）。

到2018年，龙溪绿茶生产基地1 000亩，茶叶年产量40吨，年产值520万元，产品在庆元县内占有60%的市场份额，同时也销往济南、上海、北京、杭州等城市。全乡有茶园面积300亩以上的茶叶专业村2个，百亩连片茶叶基地4个；有专业从事茶叶生产的规范化合作社（农场）5个，规范化茶叶加工厂5家，其中1家已通过QS认证，全乡有2 345亩茶园已通过无公害认证，并有831亩茶园通过有机认证，龙溪绿茶生产专用注册商标有“龙峰云雾”“九坑云雾”“鱼富”等3个。

（十五）云屏茶

云屏茶产于庆元县举水乡月山村，由庆元县举水云屏农产品专业合作社生产，现注册有“云屏茶”和“举水红茶”两个商标。

月山村是“全国特色景观旅游名村”“中国环境优美乡村”。茶叶基地位于举水乡月山村境内海拔1 260米的银屏山上，这里山峦叠嶂，林木茂盛，气候温和湿润，雨量充沛，土质为独特的岩山黑土，酸碱度适中，乃天然宜茶之地（图4–374）。

民国时期，庆元县第一位农民企业家季观远先生便以雄伟陡峭的银屏峰作为茶叶商标图案，利用银屏山独特的自然条件所生产的优质茶叶制作出的银屏茶，进行对外贸易。

近年来，基地内农户组建了“庆元县举水云屏农产品专业合作社”开展组织化生产，由“举水银屏”红茶加工技艺的传承人吴树荣任理事长。所产云屏茶色泽绿润，汤色清绿明亮，滋味鲜爽，香味浓郁，深受消费者喜爱。所产的“举水红茶”品质优良，汤色红艳明亮，滋味甘鲜醇厚，香气馥郁，乃红茶中的上品（图4–375），2013年荣获“浙茶杯”红茶评比“优胜奖”。

2018年，云屏茶生产基地1 800亩，年产量45吨，产值900万元。

图 4–375　云屏茶

图 4–374　云屏茶茶园

（十六）仙都笋峰茶

仙都笋峰是1984年新创名茶，产于缙云县仙都，因形神似拨地而起，高耸入云的仙都石笋而得名。

仙都原名缙云山，此地群山环抱，万谷云烟，山奇石异，林木葱郁，气候温和，素有“仙家洞天之地”“天遣林泉”之称。早在南北朝就盛名于世。唐贞观元年（公元627年），缙云山被列为道家十大名山之列。北宋道书记载为“三十六洞天之第二十九洞天”。仙都有72奇峰、29名洞、18处古迹，处处引人入胜（图4–376）。

仙都产茶，早在宋代。明万历《括苍汇记》载有“缙云物产多茶”，“缙云贡茶三斤”。仙都笋峰主要产地有杜桥、建设、大集、姓叶、牛大坑、南青等茶场。其中杜桥是最早创制地，也是当前主要产地之一，20多公顷茶园沿山谷缓坡而植。此处土壤为红壤类、黄泥土种、石质壤土，pH值5.6，有效土层100厘米以上，质地疏松肥沃，微量元素丰富。特别是含钾量较高，对于促进茶树营养物质的吸收和含氮物质的形成具有重要作用。这里日照短，云雾弥漫，年平均温度17℃，年降水量1 437毫米。另外，大集、姓叶、牛大坑、南青等茶场，地处括苍山景区东侧脉，地势高峻，茶园大多分布在海拔500~700米高山密林地带，产地层峦叠嶂，林木参天，泉鸣谷应，植被茂盛，土壤有机质丰富，并且夏无酷暑，云雾缭绕，紫外光多，日夜温差大。

图 4–376　仙都笋峰茶茶园

1984年，缙云县农业局周淑兰高级农艺师、童裳延农艺师等创制仙都笋峰茶。

仙都笋峰茶品种以本地群体良种、龙井43为主，经摊放、青锅、摊凉回潮、提毫、烘干制成，外形条索浑直带扁，芽峰挺秀，银白隐翠，香高持久，味鲜醇浓；汤色嫩绿明亮，叶底肥壮，嫩绿成朵。冲泡之后，芽芽竖立于杯底，犹如碧海之珊瑚，独具一格（图4–377）。

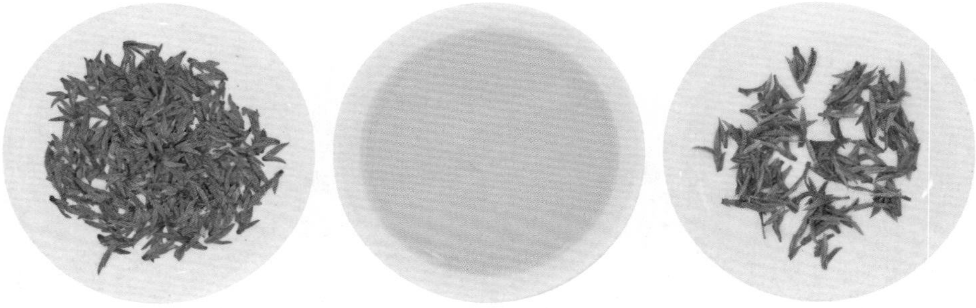

图 4–377 仙都笋峰茶

在1986年、1988年、1989年浙江省农业厅举办的全省名茶评比中，连续三次评为浙江省一类名茶，获省名茶证书。1991年在杭州国际茶文化节上获中国茶文化名茶奖。2002年荣获中国精品名茶博览会金奖。2005年荣获中国济南第三届国际茶博览会名茶评比金奖。2007年荣获中国（杭州）国际名茶暨第二届浙江绿茶博览会金奖。2008年荣获第二届浙江绿茶博览会金奖。获2009年成为中国茶叶博物馆第11个馆藏标准名茶。2010年被荣幸确定为上海世博会比利时欧盟馆的官方指定用茶，并荣获“世博之旅·浙江十大旅游名茶”。2009年、2010年连续荣获中国（上海）国际茶业博览会金奖。

1995年全县共有仙都笋峰茶生产基地100多公顷，年产量20多吨。到2018年拥有茶园面积4.8万亩，年产量1 576吨、产值2亿元，除本地销售外，还销往北京、上海、苏州、山东、杭州等地。

（十七）贡珠红茶

贡珠红茶是缙云县黄贡茶业有限公司在中国农业科学院茶叶研究所李强教授和县农业局高级农艺师胡惜丽等专家的指导下，开发出国内市场少见的“珠螺”形优质红茶（图4–378）。

贡珠红茶以一芽二叶到三、四叶鲜叶为原料，经萎凋—揉捻—发酵—初烘做形—烘干等工艺制作而成，具有外形油润显毫、圆结紧实、汤色红艳明亮、香气甜果香馥郁持久、浓强甘醇并持久耐泡、叶底完整等特点

（图4−379）。

2014年在世界茶联合会组织的第十届“国际名茶”评比中一举获得金奖。

2018年，贡珠红茶生产基地5 000亩，年产量8.6吨，产值900万元。

图 4−378　贡珠红茶茶园

图 4−379　贡珠红茶

（十八）仙都黄贡

仙都黄贡是产于缙云县的红茶。

相传宋末缙云人潜说友（公元1216—1288年），历知南康军、浙东安抚使、两浙转运使，将“仙都黄叶”贡与宋理宗，饮后食欲大开、精神大振，列为贡品。

仙都黄贡发源地大洋山位于缙云县城东南方、括苍山脉中段，主峰海拔高度1 500.6米，是浙东南沿海的第一峰。茶园主要分布于海拔700～1 200

米，总面积仅有300多亩，周边50千米无工业区，生长环境洁净。年平均温度14℃，有效积温4 445℃，年降水量1 530毫米，无霜期225天，土层深厚，有机质含量5%左右，pH值为5.3左右。其自然生态条件优越，常年多云雾，昼夜温差大，有利于茶叶内含物质的积累。因受小区气候的影响，茶芽萌发早迟有半月之差，具肥嫩、多茸、香高、耐冲泡之特色（图4-380）。

图 4-380 仙都黄贡茶园

2011年，在古代贡茶原有的制作基础上，通过中国农业科学院茶叶研究所白堃元、李强等著名教授与缙云县农业局高级农艺师胡惜丽、杨广谊等经多年来的反复实验，结合现代制作工艺流程，开发了“仙都黄贡”高山云雾红茶。

仙都黄贡红茶系用当地群体良种芽叶，经萎凋、揉捻、发酵、初烘、复烘、提香等工艺制成，外形条索紧细弯曲、油润显毫、汤色红艳明亮、香气甜果香馥郁持久、浓强甘醇并持久耐泡、叶底完整鲜亮，极具高山茶之特色（图4-381）。其内含物质成分经农业部茶叶质量监督检测中心测定。总灰分5.4%，水浸出物45.4%，酚氨比10.3，咖啡碱3.9%，总分为93.5分。

图 4-381 仙都黄贡

仙都黄贡生产后，多次参加省、国家、国际大奖。2013年被浙江省“浙茶杯”首届红茶评比金奖；同年，第十届“浙茶杯”全国名茶评比一等奖。2014年第十届“国际名茶”评比金奖。

2018年，仙都黄贡生产基地5 000亩，年产量20吨，产值1 400万元。产品主要销往上海、江苏、广东、山东、北京等省市。

（十九）遂昌龍谷茶

遂昌龍谷茶产于遂昌县，因明代著名剧作家汤显祖曾做遂昌县令，尚留“龍谷”二字的真迹而得名。

茶叶是遂昌县传统经济作物，生产历史悠久。据县志记载，早在隋唐时期遂昌已是全国55个产茶县之一，北宋崇宁元年（公元1102年），遂昌茶坊是全国40个大茶坊之一。明万历年间（公元1593—1597年），时任遂昌知县的汤显祖，曾写有《竹屿烹茶》一诗：“君子山前放午衙，湿烟青竹弄云霞。烧将玉井峰前水，来试桃溪雨后茶”。20世纪60年代末到70年代初，遂昌县开始规模化发展茶园，1974年被列为全国100个茶叶生产基地县之一，1984年被列为全国八大眉茶出口基地县之一（图4-382）。

2001年，为加快山区农民致富，遂昌将茶产业确立为全县两大主导产业之一，“龍谷茶”为全县茶叶主导品牌。到2010年，龍谷茶已开发出龍谷丽人茶、龍谷垂柳茶、龍谷白茶、龍谷香茶、龍谷毛峰茶、龍谷红茶等系列产品。

图4-382 遂昌龍谷茶茶园

龍谷丽人茶是龍谷茶的主打产品，是2001年创制的针芽形绿茶，经摊放、杀青、手揉、理条（干燥）制成，该茶条索浑直似眉，色泽翠绿显毫，香气清幽持久，滋味甘醇爽口，叶底细嫩明亮，冲泡杯中，茶芽直竖，亭亭玉立、恰似丽人曼舞，具有高山云雾茶的特有韵味，故名“龍谷丽人”（图4-383）。

龍谷丽人茶先后荣获第三届、第四届、第八届、第九届国际名茶评比金奖，第一回国际名茶品评会准日本大赏，2002中国精品名茶博览会金奖，2003年上海国际茶文化节绿茶类金奖，2003年、2004年、2005年、2006年浙江省农博会金奖，2004年被评为浙江省一类名茶，2004年浙江名牌产

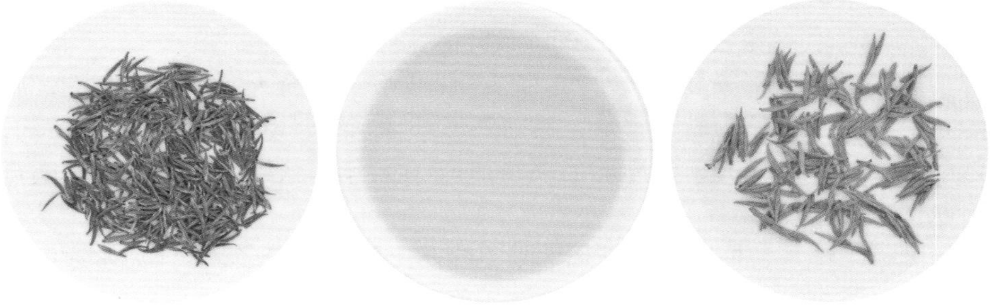

图 4-383　遂昌龍谷茶

品，2005年济南第三届国际茶博会金奖，2005年、2010年获得浙江十大旅游名茶称号，2005年第三届（济南）国际茶叶博览会金奖，2006年、2010年浙江绿茶博览会金奖，2007年被认定为浙江省著名商标，2010年第八届（台湾）国际茶博会金奖，2010年获得浙江世博十大旅游名茶，丽水市旅游商品设计大赛优秀奖。到2013年龍谷丽人茶产量约15吨，产值约1 150万元。

龍谷垂柳茶，曾名龍谷梦柳茶，是由遂昌县龍谷名茶开发中心下属企业生产的扁体名茶，也是龍谷茶中产量最高的产品，以《牡丹亭》中年轻书生柳梦梅比喻此茶而命名。龍谷垂柳茶以龙井工艺生产，条形扁平挺削、匀齐完整，色泽翠绿光润，冲泡后嫩香持久、滋味鲜醇爽口，汤色嫩绿明亮，叶底细嫩成朵嫩绿明亮。其中以白叶1号生产的垂柳茶也名龍谷白茶、龍谷玉茗。2005年，获第三届（济南）国际茶叶博览会金奖。

遂昌香茶创制于1993年，是为应内销市场、符合大宗消费创制的优质绿茶，其中优等品为龍谷香茶，具有外形细嫩紧结，翠绿隐毫，栗香持久，浓醇，叶底嫩绿明亮、匀净的品质特点。2006年，获第六届浙江绿茶博览会获优质奖。

龍谷毛峰茶包括三井毛峰和毛阳毛峰两个传统历史名茶［详见本章第一节传统名茶（丽水市）三井毛峰和毛阳毛峰］。

到2018年，遂昌龍谷茶面积7万亩，年产量1 120吨，产值3.65亿元，主销北京、杭州、南京等地。

（二十）春来早

春来早产于遂昌县中西部瓯江、乌溪江流域。

春来早产区境内有海拔1 724米的九龙山和海拔1 621米的白马山，阻挡着西北风的侵入，故冬暖夏凉，气候温和，年平均气温16.8℃，无霜期236～285天，年降水量1 495～1 637毫米，年日照时数1 840小时左右。产区土质松软，土层深厚，呈酸性，有机质含量丰富（图4-384）。

春来早以群体种早芽所制，尤以迎霜品种原料制作为最佳，经摊青、杀青、揉捻、做条、烘干制成，条索肥壮紧结，色泽翠绿显毫，香气清高持久，滋味浓醇鲜爽，汤色黄绿明亮，叶底嫩匀黄亮（图4-385）。据检测，成茶水分含量6%，水浸出物43.6%，灰分5%，粗纤维9.1%。

1987年开始多次参加全省名茶评比，前后连续3次被评为浙江省一类名茶，1991年被授予浙江省名茶证书。

到1995年春来早产区已发展到妙高、大柘、石练、湖山等8个乡镇，采摘面积600多公顷，其中迎霜良种园有130多公顷，产量已达15吨。到

图 4-384　春来早茶园

图 4-385　春来早

2018年，有生产基地3 000亩，年产量5吨，产值200万元，主销杭州、上海、南京、苏州等城市。

（二十一）珍华红

珍华红产于遂昌大柘一带，是2010年浙江省遂昌县永安茶叶专业合作社创制的红茶，由小种红茶、金骏眉、银骏眉等产品组成（图4-386）。

珍华红品种以金萱、土茶、银霜、池边3号、龙井43号为主，以摊青、萎凋、揉捏、发酵、烘干制成。珍华小种红茶条索肥壮，色泽乌润，冲水后汤色艳红，经久耐泡，滋味醇馥，气味芬芳浓烈，有桂元汤、蜜枣味，叶底明亮（图4-387）。珍华金骏眉紧结纤细，黑金相间，汤色金黄明亮，红薯香浓郁，顺滑甘甜。珍华银骏眉条形细索，黑色伴有独特的白毫，高山韵香，滋味醇厚汤色金黄。

到2018年，珍华红生产面积800亩，年产量5吨，产值180万元，主销浙江、上海、福建、广州、山东、哈尔滨等地。

图 4-387 珍华红

图 4-386 珍华红茶园

（二十二）松阳银猴

松阳银猴产于松阳县，是1981年创制的地方名茶。

松阳县地处浙西南山区，瓯江上游。《松阳县志》云："广谷大川，足征灵淑，名山伟泽，壮观东南。"唐代诗人王维的"按节下松阳，清江响饶吹"，宋代松阳状元沈晦的"惟此桃花源，四塞无他虞"的诗句，正是对松阳自然环境的生动描绘和赞叹。松阳以她独特的山水田园，融汇于浙江绿谷，秀山丽水之中，成为国家生态示范区。松阳土层深厚，土质肥沃，宜茶土壤广布全县，丘陵低山广阔，土层深厚，一般在50厘米以上，结构疏松，养分丰富，有机质含量3%左右，含氮0.178%，磷0.013%，pH值4.5~5.5。同时，茶区常年云雾缭绕，湿热相宜，对形成茶叶优异的天然品质十分有利。松阳县气候属中亚热带季风气候，具有四季分明，雨量充沛，冬暖春早，无霜期长的特点。年平均气温14.2~17.7℃，1月平均气温6.3℃，7月平均气温28.1℃，全年≥10℃积温4 453~5 634℃，全年无霜期206~236天。年日照时数1 600~1 848小时，年平均降水量1 511~1 844.9毫米，年均雨日171天，春夏季降水较集中，平均相对湿度为75%，漫射光充足，非常适合茶树生长（图4-388）。

松阳产茶历史悠久。据史料记载：唐武德四年（公元621年），松阳升为松州，来自周边云和、龙泉等地的茶叶就汇聚在松州街头交易，唐代著名道

图4-388　松阳银猴茶园

教法师叶法善（公元616—720年），在松阳卯山永宁观修炼期间，所制茶叶“竹叶形、深绿色，茶水色清、味醇”，并取名为“卯山仙茶”，被列为贡品。除了卯山仙茶之外，当时松阳的横山茶、下街茶也为地方名茶。唐代大诗人戴叔伦《题横山寺》：“偶入横山寺，湖山景最幽。露涵松翠湿，风涌浪花浮。老衲供茶碗，斜阳送客舟。自缘归思促，不得更迟留。”

至宋代，松阳饮茶之风日甚，茶道盛行。松阳人祖谦禅师曾居西屏山白鹤殿修行，他是当时有名的“斗茶”高手，与大诗人苏东坡也有交情。一日，与苏东坡相会品茗，为苏东坡“斗茶”。苏东坡赞叹祖谦茶道精深，乃赠诗《西屏山》：“道人晓出西屏山，来试茶点三昧手。忽惊午盏兔毫斑，打作春瓮鹅儿酒。天台乳花世不见，玉川凤液今何有？东坡有意续茶经，要使祖谦名不朽。”

明朝时期，松阳茶业有了进一步发展. 据《松阳县志》记载：“明成化二十二年（公元1486年），松阳贡茶芽三斤”，“茶课等钞九千一十八锭一贯六百一十文铜钱九万一百八十一文。”茶课的数额比起县志所载其他课税，如房地赁、窑冶、铅坑等，要高出几十倍甚至上百倍。

明清时，松阳制茶技术上发生了变革，由炒青茶逐步替代了原来的蒸青茶，以横山茶为代表的炒制工艺，一直流传至今。

民国时期，据《松阳县志》记载，民国十八年（公元1929年）松阳茶叶获得首届西湖博览会一等奖。据民国二十六至二十八年（公元1937—1939年）3年工作概况记载：“本县植茶较多之区域，首推靖居区之小港及石仓源一带，茶叶品质优良者，当以云峰乡之横山茶，古市镇之卯山茶及下街茶为最，全县每年产茶千余担。抗战期间，产茶区域颇多沦陷，为维持茶叶原有国际市场，民国二十八年（公元1939年），始建于松阳的浙江省农业改进所，在横山村设立了省茶叶调整实验场，费工千余垦植茶园五十亩，栽植茶苗三万余株，并在横山创办了制茶厂。同年春还租赁茶园开展了仿制龙井茶，经市场试行推销，颇受社会欢迎。”示范场的设立，对当时浙南乃至全省茶叶生产起到了良好的示范作用。

1958年，松阳县撤县并入遂昌。20世纪50年代到70年代，松阳地区茶叶以烘青为主，60年代，原赤寿公社红连大队开垦出百余亩“红连示范茶园”，在其带动下，几年间全县规范茶园面积达到近万亩。到70年代转向炒青绿茶。

1981年春，原遂昌县农业局茶叶干部徐文义、卢良根在赤寿乡一个茶场用银猴茶树芽叶，开展新名茶创制工作。经反复试制，取得样品近1 000克，根据外形“条索拳曲似猴爪，白毫特多如镀银”特色取名为“银猴茶”。

银猴茶用多毫型福云品系良种幼嫩芽叶为原料，以摊放、杀青、揉捻、造形、烘干制成，外形条索肥壮弓弯，色绿光润，内质滋味鲜醇爽口，香高持久，汤色嫩绿清澈，叶底嫩绿成朵、匀齐明亮（图4–389）。据理化成分测定，干茶中茶多酚含量为31.7%，氨基酸含量为4.1%，水浸出物为46.1%。入杯冲泡，先浮后沉，徐徐展开，颇具观赏价值。头泡清香，二泡味醇，冲泡三四次香味犹存。

图 4–389　松阳银猴

1982年到1984年继续试制期间，参加了浙江省农业厅组织的名茶评比，赢得一致好评，连续获浙江省第三届、第四届、第五届一类名茶奖，并获得名茶证书。1985年被评为全国优质名茶。

随着1982年遂昌、松阳分县以后，银猴茶被分别称为“遂昌银猴”“松阳银猴”，成为两个孪生姐妹的一品名茶。松阳依托优越的自然环境，深厚的历史文化底蕴，以及浙南茶叶市场，把茶叶作为农业增效、农民增收的县域支柱产业来培育，大力实施“科技兴茶、龙头兴茶、市场兴茶、文化兴茶”战略。2003年，确定“松阳银猴”品牌为全县茶叶主导品牌。2008年起，每年在松阳举办中国茶商大会银猴茶叶节。

松阳银猴先后获得诸多荣誉。2001年，获浙江省精品名茶展示会金奖、中国浙江国际农业博览会金奖。2003年，获浙江省名牌产品。2004年，获浙江省首届十大名茶。2008年获浙江绿茶博览会金奖。2009年，获浙江省第二届十大名茶。

到2018年，松阳县茶园面积达12.7万亩，全县茶叶产量14 920吨，产值12.7亿元。浙南茶叶市场2010年茶叶交易量5.12万吨，交易额17.8亿元，居全省之首。产品主销丽水本地及杭州、上海、北京、济南、西安、沈阳等地。

图 4-390　松阳香茶茶园

(二十三) 松阳香茶

松阳香茶产于松阳县内，20世纪70年代初，松阳茶农在传承松阳唐朝时期的地方名茶横山茶、下街茶加工工艺的基础上创新开发"松阳香茶"这一介于名茶和大宗茶之间的优质绿茶，现为丽水香茶的主体之一(图4-390)。

松阳香茶经摊放、杀青、摊凉回潮、揉捻、解块、干燥制成，外形条索细紧、色泽翠润、香高持久、滋味浓爽、汤色绿亮、叶底绿明，具有"色绿、香高、味浓"的品质特征(图4-391)。2002年"松阳香茶"工艺技术研究与开发项目获丽水市农业丰收二等奖。

图 4-391　松阳香茶

"松阳香茶"的开发生产改变了长期以来大宗消费茶质量低、价格低、数量大的传统观念。

1997年，松阳香茶开始畅销于济南、青岛等北方市场，到2018年，松阳香茶生产面积8.9万亩，年产量9 400吨，产值6.62亿元，已在济南、青岛等全国各大茶叶市场上成为绿茶大众消费的主导产品，占了绿茶大众消费80％以上的市场份额。

（二十四）惠明白茶

惠明白茶产于景宁县，为景宁畲族自治县惠明茶行业协会成员于2008年共同创制的名茶（图4-392）。

惠明白茶原料为景宁白化茶树品种"景白1号""景白2号"。

景白1号为珍稀变异白化茶树品种，于1973年经惠明寺村当地畲民引荐，农业等部门科技人员在惠明寺寺院后惠明茶树品种茶园发现白化茶母株（图4-393）。1974—1999年对白茶母株进行保护，并开展扦插试验，但未成功。2000—2005年列入景宁白茶种质资源调查课题，浙江奇尔茶业有限公司开展嫁接繁育，获得成功。2006—2010年，建立白茶品种选育区域试验园，开展品种基础研究。其特征特性为：灌木，叶椭圆形，绿色，叶面隆起富光泽。每年2月底至3月初开始萌芽，3月底至4月初开采。新发芽头初

图 4-392　惠明白茶茶园

为浅绿色，一芽一叶初展开始变成乳白色，芽、叶、茎、脉全白，一芽一叶至一芽三叶期乳白色最为显著，5月气温升高后叶色逐步复绿。嫁接和扦插方式繁殖的后代，继承了变异单株白化的遗传性状，十分稳定。春茶氨基酸含量是常规品种的2~3倍，茶多酚却低一半，酚氨比合理，成品茶外形色泽金黄显珍贵，滋味清爽且鲜醇。耐高温、干旱优势明显，耐寒性强，抗病性、抗虫性与对照相当。

图 4-393　惠明白茶祖

景白2号为珍稀变异白化茶树品种，于1985年农业部门科技人员在张村茶场开展惠明茶树品种品性鉴定时，发现变异白化单株。1986—1999年对变异白化单株进行保护及植物学特性观察。2000—2005年列入景宁白茶种质资源调查课题，并开展大田扦插繁殖试验，获得成功。2006—2010年，在澄照乡漈头村、三石村建立白茶品种选育区域试验园，开展品种基础研究。其特征特性为：灌木，叶椭圆形，叶片黄绿色，叶面隆起。每年2月底芽头开始萌动，3—6月新萌发芽头初为乳黄色，随着芽头生长，逐渐转为黄白色，芽、叶、茎、脉全白，7—8月逐步转为绿色，秋季（9—10月）“小阳春”，随着气温回落，萌发芽头又呈黄白色，白化程度与春茶无异。扦插和嫁接的方式繁殖后代，不仅保持了变异单株白化的遗传特性，新发芽、叶色泽黄亮，艳丽洁白，且性状十分稳定。春茶氨基酸含量是常规品种的2~3倍，茶多酚却低于一半，酚氨比合理，干茶金黄，汤色淡黄，叶底明黄，香气特高，滋味特别鲜爽，感官品质“三黄二特”。耐高温干旱，耐寒性较强，抗病性、抗虫性与对照相当。

惠明白茶特级以一芽一叶初展为采摘标准，经摊青、杀青、理条、回潮、复理条、烘干制成，外形肥壮呈燕尾状；色泽嫩黄鲜活带绿；汤色嫩黄明亮；香气嫩香悠长带蛋黄香；滋味鲜爽浓醇，叶底嫩黄匀亮（图4-394）。

图 4-394　惠明白茶

惠明白茶是金奖惠明茶的高端精品，是景宁县的公共品牌。目前以浙江奇尔产业有限公司生产的“白玉仙茶”尤为特出，在2009年荣获浙江省农业博览会金奖。

到2018年，惠明白茶的生产基地面积1.5万亩，年产量150吨，产值1.2亿元，产品除主销浙江外，还销往上海、江苏、山东、北京、广州等省市。

参考文献

陈爽文，2001. 中华茶叶五千年 [M]. 北京：人民出版社 .

陈祖槼，朱自振，1981. 中国茶叶历史资料选辑 [M]. 北京：农业出版社 .

淳安县志编纂委员会，1985. 淳安县志 [M]. 杭州：浙江人民出版社 .

范樟友，1991. 桐庐县志 [M]. 杭州：浙江人民出版社 .

上海图书馆，2002. 中国与世博：历史记录（1851—1940）[M]. 上海：上海科学技术文献出版社 .

余杭县志编纂委员会，1990. 余杭县志 [M]. 杭州：浙江人民出版社 .

浙江省茶叶学会《浙江茶叶》编写组，1985. 浙江茶叶 [M]. 杭州：浙江科学技术出版社 .

朱家骥，阮浩耕，2004. 西湖全书 [M]. 杭州：杭州出版社 .